老子教我來創業

墨子連山　著

成功的方法論與心態

老子《道德經》與現代企業的雙劍合璧？
著重自我修□與領導藝術，強化個人品格與團隊管理，
以「實踐」□本，結合古今智慧，指引創業與人生的道路！

目錄

哪些人一定要讀這本書

我們是否見過這樣一種人，在公司遭遇了同事的抱怨，就以為同事跟自己過不去？而實際上，那位同事只是想把專案做好，怨這種人只是因為這種人拖了那位同事的後腿。

你以為人家做好專案，是想巴結上司？實際上，人家根本沒把上司放在眼裡，有人拖後腿，就算是上司也一樣地抱怨。

你以為人家急功近利，只想升職加薪？實際上，人家根本沒把公司放在眼裡，這個公司只是他的一個跳板，做好專案只是為了在履歷上增加亮點，然後跳去更大的企業。

你以為人家是個陰謀家，只是在利用公司、上司和同事？實際上，人家真心地希望大家都能夠成長、能夠變好，一個好漢三個幫，多個朋友多條路，到了大企業，還希望在這邊培養出來的人才也能帶過去，助他一臂之力。

你以為人家是鳳凰男，不顧一切地往上飛？實際上，人家不求名、不求利，只希望透過成長去做更大的事，因而獲取更極致的體驗，這些體驗可以幫助他完善自己的價值觀。

你以為人家是修仙真人，只顧一人得道？實際上，人家心裡清楚，憑一己之力沒有辦法滿足個人極大的好奇心，他希望我們也能像他一樣，無論做什麼，都能夠追求極致，物質上共贏、精神上共成長。

這就是所謂的「降維打擊」，也就是老子所說的「外其身而身存，後其身而身先」。

30年前機緣巧合我開始讀《道德經》，起初懵懵懂懂，直至讀到那句

「夫唯不爭，故天下莫能與之爭」時方如醍醐灌頂，豁然開朗。30年來經歷過幾次創業的風風雨雨，在不斷的實踐中身體力行，每當無法處理矛盾的對立時，那就上升一個維度，在更高的維度上，去尋找衝突的統一，不斷升維的過程也就是成長的過程。

《道德經》是一部完整的思想框架，辯證法也只是其冰山一角，其思想之深邃與博大可見一斑。所以，我實在不敢說讀懂了《道德經》，應該說是老子跨越兩千多年看透了我，又或者正是這些先賢聖人用經典塑造了今天的我，所以不敢說是「我注老子」，應是「老子注我」。

在撰寫本書之前，要先向各位讀者說明：

第一，我只陳述我的實踐體驗。既然是實踐，大致上就是我和我周圍的事情。我周圍能有什麼事情呢？無非就是創業、生活和學習之類，雖然平平無奇，但處處都是修行。但願本書能在創業、職場、管理等幾個方面造成拋磚引玉的作用。

第二，因為是實踐體驗，所以就沒有參考其他解讀，而是直接對照原文。畢竟我不是什麼學者，我是一位「習者」，也就是修習（實踐）者，寫出來的也不是什麼論文，所以也就不去追求什麼善本，不會刻意咬文嚼字，如果真有關鍵字影響理解，我會查字源演化，一直追溯到甲骨文。《道德經》有很多排比、各種同質的比喻，前後呼應，因此容錯率還是蠻高的，幾個字的差異很難影響到我們對大方向的理解。這樣做其實也不是全無好處的，拋開魚龍混雜的注疏之後，便可以帶著自己的目的來讀，直奔主題。

第三，身為一名實踐者，我不敢保證自己說的都「對」，但是可以保證，但凡我說的都是自己的真實想法，並且經過了親身驗證。既然經過實踐，自然就排除了絕大部分迷信成分，包括神祕主義和對權威的迷信。而所有實踐的目標，當然是「有用」，「對錯」反倒沒那麼重要了。至於什麼

是有用，這個大主題會在之後陸續展開。

第四，我並不崇尚道家，更跟道教沒有一點關係，甚至稱不上狂熱的國學愛好者。在我看來，道、儒、法、墨只是道路之爭，根本目標沒有衝突。甚至中國哲學與西方哲學也沒有根本衝突，只是研究方法不同而已。所以，這裡不會有門派之爭。

第五，我曾經帶著批判的眼光審視《道德經》，但最後確實沒有發現明顯的糟粕，所以不是我迷信經典，實在是能力有限，挑不出毛病。從另一個角度看，《道德經》確實也展現了老子思想之精。當然，這應該也與表達方式有關，畢竟只有五千言，意境占了大部分，所以正如前面所述，只好得意而忘言了。

那麼，哪些人一定要讀這本書呢？創業者一定要讀。為什麼？因為創業時沒有人為我們設定目標，而我們卻需要為自己、團隊、使用者設定目標。團隊有 10 人，我們就要經受 10 人的質疑，有 100 人就要經受 100 人的質疑，有 1,000 人就要經受 1,000 人的質疑，如果是一個網路產品，放在網上就要經受千百萬使用者的質疑。

如何才能經得起這些質疑？我們需要一套框架，一套包含了本體論、認識論、價值觀、方法論的完備框架。

這個框架去哪裡找？去《道德經》中找。《道德經》正是這樣一套框架，而本書則是在經歷無數實踐之後，對這個框架的一個總結。

這本書的正確開啟方式

《道德經》的體例跟《論語》差不多，屬於語錄體。我們得弄明白一個前提，那就是古往今來，人們日常說話通常是不會用書面語的。老子也不例外，平時跟人聊天也不會張口閉口「道可道，非常道」，他說的一定是白話。就像我們現在說話一樣，可以引經據典，但要是滿口的「之乎者也」，有人搭理才怪。現代人如此，古人也是如此。

古代書寫的成本高，所以古人用文言文作書面語，現實原因就是為了降低書寫成本，否則像我現在這樣囉唆、不加節制地說起來沒完，一本書刻出來可能要等個十年八年，可真的要一字千金了。

既要節約成本，又要把話說明白，怎麼辦？古人有辦法，他們從用字上面下功夫。首先，盡量不要出現廢話，這就跟當年拍電報是一個意思，按字收費，所以大家都斟酌再三，力求用最簡單的幾個字把事情說清楚。例如：父親生病快不行了，你快點回來。轉化成電報就是：父危速回。其次，要把每一個字用精，最大限度地挖掘單個漢字的潛能，真的是咬文嚼字。所以，文言文裡面的任何一個字都不是隨便用的，用口語解釋恐怕有的字能寫一句話，有的字可以寫篇文章，甚至有的字都夠寫一部書了。例如這個「道」字，寫它的早已不止一部書，古往今來注疏無數，可現在看來，還是沒寫清楚。最後，古人發現篇幅實在太受局限，就算把單個字的潛力發揮到極致，也還是寫不清楚，那怎麼辦？於是，他們創造出了一種叫「意境」的東西，就是透過文字給我們以想像空間，方法可以是比喻。雖然說得沒那麼嚴謹，甚至也不那麼清楚，但是可以為你指個方向，你自己往那個方向走，邊走邊看，走得遠了看得多了，自己就明白了。明白之後，這些文字也就不再重要，這叫「得意忘言」。

這是古人極高明的地方，透過「意境」試圖把自然語言的能力壓榨乾淨，以至於文學、歷史、哲學、藝術自古就分不了家，詩詞歌賦、議論文章，他們既是哲學的載體，同時又是文學藝術的體裁，其本身就是對美的追求。

當然，有優勢就必然有劣勢，優勢和劣勢並存。優勢是有深度，甚至使人常讀常新，也可以讓人浮想聯翩，隨著閱歷的增加，領悟也就增加了。所以，理解《道德經》靠的主要不是「學」，而是「習」，也就是練習實踐。好比一個人籃球理論知識看得再多，也學不會打球，對不對？怎麼才能學會呢？去球場練才行。打一場比賽再去對照理論，看看問題在哪裡，帶著答案回去再打，把毛病改掉，如此往復，就可以成為高手。也正是因為這個特點，理論上的一些文字、語句有些出入就沒必要吹毛求疵了，這些偏差在實踐之後都會自然而然地被校正過來。管他寫的是分解訓練、還是協調發力呢！只要我們最後把標準動作做熟練、變成了肌肉記憶，自然就成了高手，誰在運動場上打球還會想著「哎喲，我這個動作不標準吧？」

劣勢也同樣明顯，就是犧牲了精度。西方以他們的語言為原型，提取出了形式邏輯，進而有了數學，數學也是一種語言，它是語言應用的另一個極端，追求精確。數學對模糊是零容忍的，必須清晰地定義每一個概念，每一個數字和符號的定義都不能變，變了就是錯誤。而數學之美也正在於此，基於幾個直觀的公理就可以建構出一棟摩天大樓，而且整個系統之精密與優雅，足以讓人產生美的享受。只不過，這種精密必然犧牲了深度，它將客觀世界做了高度抽象，高度之高以至當我們把它還原到客觀世界時，已經找不到完美的對應物，例如最簡單的射線在客觀世界中就找不到，連光線都是彎曲的，還有什麼事物可以是平直的呢？這種高度抽象使得數學在描述複雜系統時捉襟見肘，例如，我們甚至沒辦法預測任何一個

人的行為，因為那背後是一個混沌系統。

所以，人類在未來很長一段時間的探索中，自然語言與數學語言必然缺一不可。而漢語系統在目前看來，是最完善的自然語言系統，因為每一個文字都可以追溯到甲骨文，再到金文、小篆、隸書和楷書，這就把每一個文字變成了一部電影，其資訊量遠超字母語言，甚至在維度上都將碾壓字母語言。

扯遠了，還是回到《道德經》。上面說了這麼多，就是要告訴大家，不要鑽到文字堆裡面去，讀書是為了實踐，不是為了研究茴香的茴字有幾種寫法。弄明白文字的含義就好，重點是結合實踐去體悟文字的意境，有人為我們指了條路，我們就不要總是盯著人家的手指看，說：「你這不是手指頭嗎？怎麼是路呢？」

《道德經》之所以寫成這樣，除了前面講的成本限制、自然語言局限等客觀因素外，還有一個重要的客觀因素就是，它不是老子本人靜下心來一氣呵成寫出來的。相傳，關令尹喜賴求著老子為他講「道」，然後他將老子講的內容記錄成書。這樣一來問題可就多了。首先老子是不是真的講透了？《道德經》是講了沒錯，但是也太過濃縮了吧？老子當時是怎麼講的？現在已經無從得知了。就算當時真的講透了，那關令尹喜聽得怎麼樣，記錄得怎麼樣，理解得怎麼樣，這就又隔了一層吧？然後，尹喜再根據自己的理解，整理成五千言《道德經》，這已經是幾手資訊了？再之後，經歷幾千年的傳抄變成了現在這樣，誰能說得清楚老子原話怎麼說的？

這些語錄中，有些重複了，有些順序可疑，有些甚至可能真的就抄錯了，但是全篇看來，恰恰是這些重複使得容錯率大大提高，以至我們有興趣去還原老子核心思想。當然了，這冗餘也可能就是有意為之，正是人家高明的地方。所以呢，勸各位還是別煞費苦心地當書蟲了，文字、語句、

結構通通不重要，什麼才重要？學以致用才重要，讀了《道德經》，覺得自己理解了，如果能在生活、工作、學習中應用並獲益，那就說明我們理解對了。

使用這個方法確保讀懂本書

本書體系雖然複雜，但一切複雜問題最初都是技術問題，因此在開始閱讀之前，不妨先來談談「如何讀書」，掌握方法之後自然事半功倍，所謂磨刀不誤砍柴工。

讀書面臨的首要問題並不是沒時間、不想讀、不知道讀什麼、讀不懂，這幾個問題都是其次，最大的障礙是開始讀。對於任何新事物，開始總是最難的，啟動需要外力，維持等速運動則不需要，就是這個道理。而難以啟動的最大原因是，讀書慢讀著費力，半天看不了幾頁，甚至要一個字一個字在心裡默唸出來才能讀得下去，這就是閱讀技術的問題了。是技術，就需要訓練，要訓練就要制定訓練計畫，而一個好的訓練計畫的關鍵就是建立一個快速回饋機制。對於回饋機制而言，雖然負回饋也不可或缺，但是我們更需要也更難獲取的卻是正回饋，如果沒有正回饋則不符合人性，負回饋會令人有挫敗感，讓人看不到希望，容易中途放棄。我們不妨就把本書作為自己讀書計畫的啟動，從這本書開始練習自己的閱讀技術。

用本書訓練閱讀能力，比較差的情況是，剛開始讀書時要用手指指著每個字，一個字一個字看下去；好一點的，不用手指了，改成在心裡默唸，這兩種都是最初級的方式，效率非常低，究其原因就是對文字不熟悉，找不到關鍵詞，所以只能逐字掃描。為了提升速度，我們需要強迫自己改變習慣，而首先要改變的是不能把字唸出來，在心裡唸出來也不行。透過眼睛看，然後理解再往下看。就像我們在運動時要先學習標準動作一樣，讀書第一個標準動作就是不許唸，包括不許在心裡唸。如何才能做到不唸呢？一是刻意提醒自己，二是要掃描得足夠快，第二點比第一點更重要。掃描太快什麼都讀不懂怎麼辦？不要緊，我們做好一個預期，這本書

要讀十遍，而第一遍只是為了擺脫陌生感，並不需要讀懂。有了這樣的預期是不是就不再擔心速度影響效果了？我並沒有開玩笑，我的意思就是建議各位用掃描的方法快速讀十遍。讀十遍之後你會發現，次數多，但每次用時很短，總時長反而會縮短，而理解卻比原來透澈得多。如果能夠堅持這種方法不放棄，少則一週，多則一月，就能做到不唸了。

做到不唸之後，閱讀速度會明顯加快，但是仍然不夠快，因為看書時用眼的習慣還是錯誤的，眼睛還是在逐字掃描。這時我們要開始鍛鍊找關鍵詞的能力，先從一行中開始找，注意不是一句話，而是紙面上的一行，否則去找句子的起止也會浪費時間。這個過程會長一些，可能要一個月甚至幾個月時間，但這是最高效的閱讀方式，沒有之一，就像跑步必須擺臂一樣，是被無數實踐驗證過的，所以按照標準訓練，不要浪費時間重複發明輪子。

熟練了在一行中找到關鍵詞後，閱讀的速度會大幅提升，這時已經邁過了閱讀技術的門檻，並且開始走上了正循環，擺脫了枯燥的基礎訓練，就能夠開始從閱讀中獲得樂趣了。當然，即便僅僅針對技術而言，這也只是入門，如果把閱讀分為十個段位，這時我們在一段。不過邁過了這個門檻，訓練就不用咬牙強迫自己了，因為我們可能已經輕微上癮了。在技術方面，還需要繼續加快識別關鍵詞的效率，開始從一個自然段中去尋找關鍵詞，這時閱讀速度應該是最初的幾倍了。當然，這時候對關鍵詞的把握可能不是特別準，所以在掃描了一遍關鍵詞後，還是沒有讀懂，那就需要增加可識別字詞的數量，即做第二次掃描，因為掃描的速度非常快，所以即便一頁書掃描三四遍，也遠比逐字默唸還快。

到了逐段掃描的程度，基本就到了二段，眼腦的配合已經比較協調了。這時候容易犯的錯誤是抑制不住快速閱讀的衝動，這樣會忽略掉很多重要細節，因為對語言的感覺還不夠靈敏，或者說「讀商」還不夠高，看

到一個關鍵詞很可能不確定是不是該再次掃描,或者根本沒有識別出來而略過了。這個階段要抑制住求快的衝動,我們還只有二級段位,是個技術還未成熟的初學者,我們仍然要以訓練技術為主,即每頁刻意增加兩三次掃描,即便自己認為沒有必要,甚至掃描之後發現確實沒有必要時仍然要這樣做,這是提升「讀商」的關鍵,只有累積了足夠多的經驗,包括需要再次掃描的和不需要再次掃描的兩種實踐經驗之後,在面對新的一頁時才能夠根據第一次掃描進行判斷,是否需要進行額外的掃描。

所謂「讀商」是個模糊概念,並不用刻意追求,就像智商一樣,都是以成敗論英雄的馬後砲,所以不必糾結,我杜撰這個詞只是為了更簡單地表述而已。在大致能夠判斷是否需要再次掃描後,閱讀速度和閱讀品質基本合格了,這時可以升為三段。到此,技術問題已經基本解決,接下來就應該關注後面的問題了,即讀什麼書?讀書有什麼用?按照我們的訓練計畫,假設已經熟讀本書,那麼這個時候我們要考慮選書了。我們可能已經不再迷惑於讀書有什麼用這個問題,不管有什麼用,至少可以讓自己覺得很過癮,就像運動一樣,這其實是一個很好的狀態,即去掉了功利目的,若非如此,則不能享受讀書的樂趣,這時我們要準備書單了。

這之前我們還是要說一說讀書的意義,基本有以下幾類:發現那些以前不知道自己不知道的;獲得那些已知道自己不知道的;印證那些自己認為知道的。第一類,發現不知道自己不知道的,也叫認知突破。功利地講,這種收穫的意義最大,可以讓我們發現另一個世界,然而其獲得也最難。難度有二,一是書的品質良莠不齊,觀點千奇百怪,起初我們可能看著都新鮮,覺得醍醐灌頂,而實際上有些只是譁眾取寵,只是我們缺乏經驗不好分辨。對於這一點,一個比較好的解決辦法是盡量讀經典,因為經典作品的作者通常是他那個年代的佼佼者,而且經典書籍經過了千百年優勝劣汰的篩選流傳下來,是經過了考驗的。當然讀經典也有個問題,就是

通常比較晦澀難懂，甚至有些是文言文，所以退一步，去讀一些後人對經典的註解或者解讀（例如本書），然後再回過頭去看經典。二是既然是不知道自己不知道的，那麼就無法有的放矢地去尋書，只能透過多閱讀去碰運氣，這一點並沒有什麼別的好辦法，只能加大基數，量變引起質變。

第二類則簡單很多，因為我們知道想要了解什麼，即便大多數時候不那麼清晰，但至少會有線索，可以去網上搜尋，去讀別人列出的書單。當然，這只是從讀書角度而言相對容易，即便找到了書，如何讀懂，如何納入到自己的知識體系，再如何融會貫通到實踐當中，這些都是所謂「學習」的問題，在後文會談到。

第三類，看似沒什麼實際價值，實則不然。原因有二：一是當我們尚未形成完備的思想體系時，面臨的最大問題就是不知道自己是對還是錯，如果有前輩能告訴自己這裡錯了，則可以改，如果告訴自己那裡對了，則可以排除一個不需要改的部分，這些確定的部分以後會成為思想體系的骨幹，即已經證明了是對的部分，骨幹多了體系也就穩了；二是，有時我們會與作者觀點一致，好像跨越時空遇到良師益友，交流到深處會心一笑，一切盡在不言中，有朋自遠方來不亦樂乎？

形成自己的書單後，就到了四段，關於讀書，無論以多麼苛刻的標準去衡量，我們都已經入門了。讀書雖然始於技術，但終於藝術。所謂藝術，即是一個混沌系統，因素層出不窮，關係錯綜複雜，無法精確描述。例如讀書的更高境界，至少包含了三個層面，一是建立自己的知識體系，把所獲取的知識關聯成網，再組成多維結構的立體網，這樣才能記得住、實踐中才能用得上；二是在實踐中的運用，紙上得來終覺淺，絕知此事要躬行；三是價值觀的建立。以上三點都留待後文中再談了。

第一章　使命

既然人總會死的，那活著為什麼

道可道，非常道；名可名，非常名。無名，天地之始；有名，萬物之母。故常無欲，以觀其妙；常有欲，以觀其徼。此兩者同出而異名，同謂之玄。玄之又玄，眾妙之門。（第一章）

道是什麼？道是一切真理在人心中的投影，也就是一種模型，這種模型完美到可以解釋宇宙萬事萬物的一切歷史，並且預測它們的未來。

為什麼是人心中的投影，而不是客觀存在的本體呢？因為我們連投影都還搞不清楚，去研究本體有意義嗎？包子要一個一個地吃，我們一個都還沒吃到，就說自己要吃第十個，可怎麼吃呢？而且，對於客觀世界的本體而言，根本是可不可知的問題。

大家都見過太陽，太陽晒著很熱對不對？所以我們想像了太陽很熱。但是有多熱呢？沒人說得清楚。哦，書上說太陽表面溫度幾千度？可幾千度是多熱呢？我們能說得清楚嗎？別說幾千度了，500度有多熱，誰感受過嗎？

是不是有人以為我想宣揚虛無主義？恰恰相反，我想說的是人具有主觀能動性，人可以去認知客觀世界，只是這種認知具有很大的局限性，而第一個門檻就是我們的感官。我們對客觀世界的一切認知都來自於「感」：聽到、看到、觸控到，等等，這叫做感效能力。這種感效能力是目前（注意是目前，將來人類說不定可以用腦機介面）人類從客觀世界獲取資訊的唯一管道。不信？我們可以試著找找反例，看看有什麼認知是可以不透過感效能力而直接獲得的，恐怕找不到吧？

有了「感」之後我們就認知了嗎？不是，還需要一個叫做「覺」的過程。例如我們發呆的時候，雖然睜著眼，有人在我們周圍走動，他們反射的光到達了我們的視網膜，我們的大腦也接收到了訊號，可自己就是沒看見，這叫「視而不見」，也就是沒有「覺」。

如何才能「覺」？我們需要一個「注意」的過程，也就是把一種叫「意」的東西注入「感」上面，只有這樣才能「覺」。好比手機開著相機鏡頭，但是沒有按快門，雖然螢幕上也會出現影像，但是過後不留，想重看是看不到的，這個快門控制的就是我們的「意」。

那麼是不是「覺」了之後就「知」呢？仍然不是，這之後，「意」會開始「動」，它能且僅能被導向三個維度。

第一個，導向「欲」。例如我們肚子咕咕叫，肚子有了「感」，我們「注意」了，這個感也就「覺」了，然後馬上就會想吃飯，想吃飯就是我們的「欲」，食慾，它是求生欲的一種。如果我們無所事事，任由自己的「意」繼續遊走，它會自然而然地流向「情」，於是我們便有了情緒。如果可以馬上吃到飯，就會感覺「喜」；如果不能馬上吃到飯，則會感覺「怨」。如果我們仍然放縱「意」，他會為我們帶來一個「念」，就是「去找吃的」。這條路最短，也是人們最熟悉的路，所以大多數人一旦「感覺」之後，通常沿著這條路走下去，小孩子最明顯，餓了就哭，吃飽就笑。

第二個，導向「惻」。現在叫同情心，這個過程叫做「恕」，恕，即共情。如果我們的「意」關注到了「惻」，那麼接下去它會把我們導向「義」，告訴我們什麼是「應該」。這個過程叫做「忠」，不偏不倚心之中也。如果再往深處分析，為什麼就應該這麼做呢？我們會發現，支撐「義」的是「仁」，仁者愛人，即大愛，己欲立而立人，己欲達而達人，這個過程叫做「成」，即完全。而如果我們在實踐中不斷踐行、訓練這條路徑，終有一日融會貫通，把它固化到自己的潛意識裡，隨心所欲不踰矩，這時候我

們就有了「德」，言直心直行直也，這個過程叫做「品」，即不斷篩選不斷累積。用現代話說，這個能力叫做價值理性，「德」就是加強版的「價值觀」。這條路徑很長，需要注入大量的「意」，因此一般人很難走得通，絕大多數人，甚至從來就沒意識到它的存在。這就是《道德經》中的「德」，當然這裡我們還是先講「道」，遇到了「德」我們再講。

第三個，導向「名」。也就是概念，就是「名可名，非常名」的名。這個過程叫做「認」，認原來寫作「忍」，從言從忍，也就是以語言去切割、分類。至此，我們終於關聯到第 句。「名」就是把「感」的資訊抽象出來而形成的那個概念。這種抽象程度之高，必然會損失掉很多細節。例如，蘋果是一個概念，但是我們能夠完全描述清楚蘋果是什麼嗎？圓的、拳頭大小、紅色，甜的？紅色石榴也符合這個特徵，它是蘋果嗎？青蘋果不紅，它不是蘋果嗎？剛長出來的蘋果又小又澀，它不是蘋果嗎？所以，我們甚至連蘋果都沒辦法用「名」來定義清楚，就更別說其他更複雜的概念了。這就是「名可名，非常名」。用現代話說，這個能力叫做「知性」，即形成「名」即概念的能力，因為它是一切「知」的開始。

有了「名」，我們繼續注「意」，就有了「理」，「理」本義是製玉的過程。這個過程叫做「識」，就是把語言組織起來，語言的最小表意單位就是概念，所以也就是把「名」組織起來。用現在的話說，「理」就是邏輯，包括了樸素邏輯、形式邏輯以及辯證法，統稱工具理性。

繼續注「意」往下走，終於到了「知」，從口從矢，即口傳弓箭的使用經驗，指有用的經驗。這裡一定要注意，非得是有用的經驗才是「知」，如果這個經驗沒有用，或者我們了解之後不能用，那便還是不知，這就是後來王陽明先生所說的「知行合一」。而這個過程就叫做「格」，枝條分叉，也就是把「理」像枝條一樣全部關聯起來，所以有「格物窮理」，而關聯起來之後才能叫做「知」，所以叫「格物致知」。

　　如果再繼續，那就可以望見「道」了，即一個首領帶著大家行走在路上，這還是一個與人有關的字。所以，這個「道」指的不是宇宙的客觀規律，而是這種規律在人心中的對映，是人心中的「道」。求「道」的過程需要占用「意」的全部「頻寬」，這個過程叫做「悟」，即吾心之全部。「悟」這種能力的背後是一個混沌系統，單純的理效能力已經於事無補，必須調動價值理性才能「悟道」。因為已經跳出了工具理性的能力範疇，也跳出了「情欲念」的直覺範疇，甚至跳出了價值理性的能力範疇，所以「道」是無法用語言來描述的，或者說自然語言這種工具不具備為「道」建立具體形象的能力，這就是「道可道，非常道」。

　　道和名，這兩個核心概念理解了之後，後面的就好理解了。

　　我們為「天地之始」強行賦予了一個概念，叫做「無」；為「天地之母」再強行賦予一個概念，叫做「有」。為什麼要用這兩個字，因為最接近事實嘛！能用兩個接近事實的字來命名就已經很不錯了，我們只要記住它們叫有和無就好，沒有為什麼，就是不可名、不可道。

　　為什麼說「有」、「無」這兩個字接近我們要描述的對象呢？因為「天地之始」就是什麼都沒有嘛，沒有能量，沒有空間，也沒有時間，雖然有個「奇點」，但是沒有時間，所以也沒辦法說它是有吧？因為所謂有，總要先存在一個時刻，那個時刻有什麼，這才是人類的認知過程，但是連時間都沒有，還能有什麼呢？所以叫它「無」最合適。在大爆炸之後的一個普朗克（Planck）時間，也就是一個物理上最小單位的時間、這個瞬間之後，能量、空間、時間產生了，即便還是高度扭曲的，但是現在我們所使用的所有的基礎概念在那一刻就已經產生了，所以叫它「有」也很合適。

　　當然，我們可以說，以上這些物理理論都只是在我們自己心中，只有當我們認同它是正確的，它對於我們來說才存在，否則它對於我們來說就不存在。這就是心物二元論的爭議所在，而這種最底層的爭議恰恰既不可

證實，又不可證偽。所以，我們不應該陷入這種注定沒有結果的爭論之中，我們可以理解成自己的心之始才是自己的天地之始，這對實踐並沒有一絲一毫的影響。

我們要如何去「悟」道呢？剛才講到不能依靠工具理性，適用工具理性的前提是「有」，只有「有」了之後，才會有客觀存在，才能有「名」，才能有「理」，才能有「知」，這些東西都是用來為客觀存在進行分類劃界的，也就是文中說的那個「徼」。但是，「道」是個混沌系統，工具理性對它無能為力，所以我們要把工具理性這個維度捨棄掉，當它不存在，當所有的維度都不存在，進入「無」的狀態，不分維度，不分工具，把整個心徹底貫通，全力以赴地去「觀」，才能「觀其妙」。

「觀其徼」是分析，用的是工具理解能力；「觀其妙」是綜合，用的是價值理解能力。好比仰望星空，觀銀河之壯美，難道有人會去一顆一顆數著星星看嗎？當然也可以，但是那樣就只能「觀其徼」，最後得出個數字，但錯過了整個銀河的壯美。

不過呢，這話老子又說回來了，不管是「有」還是「無」，它們的本源是一樣的，都是客觀存在於人心上的對映，這就叫「同出而異名」。

「有」可以用工具理性去分析，但是工具理性的基礎「名」卻定義不清楚；「無」可以用價值理性去審美，但「美」是什麼也說不清楚。既然都說不清楚，那就叫「玄」吧。什麼是玄？就是繅絲之後、染色之前懸掛著的一束束絲。這個字簡直用得太妙了，千絲萬縷，連綿不絕，無色但又有著無限可能，懸掛起來上不及天，下不及地，老子真是語言藝術的大師。

然後呢？我們就一下看看這個，一下看看那個，一下弄弄這個，一下弄弄那個，「玄之又玄」，這就是了解奧妙的「門」吧！這扇門通向道：去建立一個能夠預測一切未來的完美宇宙模型，就是我們的人生意義。

什麼是人的「絕對自由」

名與身孰親？身與貨孰多？得與亡孰病？是故甚愛必大費，多藏必厚亡。知足不辱，知止不殆，可以長久。（第四十四章）

對我們來說虛名和生命哪個更重要？生命和利益哪個更珍貴？獲取名利卻損害健康哪個更有害？過度地愛慕虛名必然付出巨大的代價，過多地聚斂財富必然招致慘重的損失。知足就不會有恥辱，適可而止就不會陷入險境，如此才是長久之計。

這一章沒什麼不好理解的地方，只不過，古人的認知存在一個缺陷，他們只關注到了求生欲、繁殖欲兩個私欲，但卻並沒有發現求知欲和美欲兩個通欲。由此引發的問題是什麼呢？那就是，很多人把知足和知止當成了「將就」和「得過且過」的代名詞，這就徹底扭曲了老子的意思。

老子針對的只是名與貨，用現在的話說就是虛名和金錢。這兩樣東西對應的是繁殖欲和求生欲，這兩種欲望用不著那麼多名和利就可以滿足，但是人們演化出來的「危機感」使得我們不懂得適可而止，貪得無厭地追求名利，這才是老子所說的需要知足和知止的方面。但是，求知欲和美欲則截然相反。求知欲，對應的是我們認知模型的精度和廣度。只有保證了模型能夠精確預測萬事萬物，我們才能擺脫恐懼，擺脫恐懼之後，人類才能實現最大的心之慰藉。

美欲，對應了模型的簡潔優雅。只有保證了模型的簡潔與優雅，我們才能夠理解、掌握並用以預測未來。當人類可以預測全部未來，心便是宇宙，便求得了道，人便實現了自由。這種自由是絕對的，因為沒有什麼不能被我預測，也不再有某種「存在」可以預測我，我即宇宙。這種自由，就叫「絕對自由」。

對於創業者來說，我們追求道的理想結果，正是這種絕對自由。如何

能夠實現絕對自由？這就需要我們永無止境地追求知識，不知疲倦地追求美。具體來說，就是在每一個我們所從事的領域追求極致。學習上要把知識融會貫通，工作上要把行業鑽研通透，做人追求隨心所欲不踰矩。讀書要讀透，玩也要玩透，蜻蜓點水、淺嘗輒止是不可取的。要系統訓練，讓自己達到自身的「極致」，這樣我們才能理解籃球之美、象棋之美、書畫之美……等等，也才能夠獲取極致體驗。

在眾多領域中，創業帶給我們的體驗是獨一無二的，時而孤獨無助，時而眾志成城，時而徬徨不定，時而堅定不移，時而如臨深淵，時而一步登天，這些極致體驗恐怕不是「工作」能夠獲得的吧？而我們需要的恰恰就是這些極致體驗，它們是我們用來建構自身價值觀所必需的磚石。那些低水準的重複，對我們毫無用處，最好不要在上面浪費本不允裕的生命。當我們逐漸累積極致體驗，價值觀逐步完善，我們便更接近道。

道既大且遠，看不到盡頭，我們畢生追求道，終點在哪裡呢？人生不是百米賽跑，也不是馬拉松，人生是 12 分鐘跑。我們從出生便外出尋找道，用盡一生的時間努力奔跑，死亡是比賽結束的哨音。當哨音響起，我們停下腳步，這沒什麼可沮喪的。反而應懷著迫不及待的心情回顧自己之前無暇顧及的來時路，看看自己是否離道更近了一些？

生而為人，為何而戰

夫唯兵者，不祥之器，物或惡之，故有道者不處。君子居則貴左，用兵則貴右。兵者，不祥之器，非君子之器，不得已而用之，恬淡為上。勝而不美，而美之者，是樂殺人。夫樂殺人者，則不可以得志於天下矣。吉事尚左，凶事尚右。偏將軍居左，上將軍居右，言以喪禮處之。殺人之眾，以哀悲莅之，戰勝，以喪禮處之。（第三十一章）

《孫子兵法》中的用兵思想恐怕是脫胎於《道德經》的。有興趣的朋友，讀完本章倒是可以接著讀讀《孫子兵法》，你會發現就像讀了大綱再讀正文，毫無違和感。

兵，甲骨文的字形是兩隻手拿著一把大斧，指殺人工具，引申為戰爭。所以說兵器是不吉利的，不光是人，萬物都厭惡它。為什麼厭惡它？因為兵器就是用來殺伐破壞的，見到樹要砍，見到獸要殺，萬物怎麼能不「厭惡」？當然這是擬人的修辭，我們不要過度的聯想解讀。既然沒人歡迎它，所以追求道的人當然不會與戰爭為伍。

君子，就是古代貴族，後來成為一種對他人的尊稱，老子、孔子這個「子」就是從這來的。春秋時期，禮崩樂壞，諸侯需要人才去爭霸，原有的貴族遠遠滿足不了需求，所以平民就有了上升管道。想上升就需要教育，孔子把平民教育規模化與體系化了，同時也把君子這個詞引申了，這才有了我們現在與「小人」相對的那個「君子」。當然，小人原本也是與君子相對的，但是並沒有貶義，就是指被統治的那些人，這個詞也是後來才被發展出了貶義。老子講的這個君子，就是指當時的統治者，也就是貴族，那個時候還沒有出現引申義。

貴族以左為貴，古人是講陰陽的，通常左為陽，所以貴左。當然，這種觀念並不是一成不變的，其實是一種風尚。老子那個時候正好是流行貴左，但是兵器肯定是要右手拿著，畢竟左撇子少，所以軍隊中是尚右的。

為什麼這樣呢？老子解釋了，因為兵器不吉利，不是貴族的器具，迫不得已才會使用。恬，意為安靜。所以，君子對待戰爭應以平心靜氣、淡然處之。即便得勝也不可洋洋自得，那些享受勝利的人，就是嗜殺之人。嗜殺之人，是不可能實現自己志向的。

吉利的事情崇尚左，凶險的事情，則崇尚右。偏將軍，也就是副將，站在左邊，而上將軍，也就是主將則站在右邊。談論戰爭時，就如同參加

喪禮，心情沉重。既然殺人多，就應該以悲痛、哀傷的心情哭泣，即便勝了也應該如同舉行喪禮一般，以沉痛之心對待。

有人以為老子是反對禮的，看看本章說的是什麼？全篇講的就是用兵之禮。禮這個東西的核心其實就是公德，是所有社會個體價值觀的最大公約數。任何一個文明、民族、國家都必然有一個價值核心，而這個價值核心的外在表現一是語言，二就是「禮」，也就是對行為舉止不成文的規定。所以，我們注意老子對禮的闡述方式，是不是跟孔子如出一轍？

為什麼軍隊裡面要有這種禮？為什麼貴右？為什麼副將在左、主將在右？因為凶事都尚右。例如喪禮，就是以右為尊。為什麼用兵跟喪禮等同？因為用兵就要殺人，殺人就有喪禮，喪禮是凶事，要悲痛哀悼，所以用兵自然也是凶事。還不只是一般的凶事，一將功成萬骨枯，一場戰爭就相當於幾萬場喪禮，沒有什麼比這更大的凶事了吧？所以，戰爭就是破壞，沒有任何一個人、一種植物、一種動物，甚至一種東西希望自己被破壞吧？這就是道。

我們這個世界有一個特點，那就是破壞特別容易，但是建設特別難。例如，一杯清水，我們想把它弄髒，只需要往裡面滴一滴墨，整杯水就變成黑色，容不容易？但是，如果再想把這杯黑水變成清水，那可就難嘍！又要過濾，又要蒸餾，沒個幾小時肯定搞不定。所以你看，破壞是一秒鐘，建設是幾小時，明顯不對等。為了描述混亂，人類發明了一個概念，叫做「熵」，代表封閉系統的混亂程度。系統越混亂，熵就越大。經過觀察，人們發現，封閉系統總是傾向於保持熵增的趨勢，幾乎所有系統都向著混亂無序發展。這確實夠讓人絕望的，甚至直接引發過虛無主義狂潮。不過剛才說的是幾乎，那就說明還有例外，沒錯，引力系統就是個例外。所以，感謝萬有引力吧！它以一己之力把徘徊的人類從虛無主義深淵拉了回來。

　　人類文明從古至今始終堅持不懈在做的事其實只是一件，那就是製造「負熵」，也就是使萬事萬物變得更加有序。而秩序，正是人類審美的根源。我們需要食物維持生命，所以產生了食慾；我們需要配偶維持基因的延續，所以產生了性慾；我們需要把雜亂無章的資訊變為有序的知識，而知識維持了我們的精神生命，是我們的精神食糧，所以我們產生了求知慾；個體的精神組成了文明，個體精神之間的互動方式叫做共鳴，共鳴的介質則是「美」，所以產生了美慾。更確切的說法是，正是因為有了這四種基本欲望，人類受它們共同驅使，不停地勞動，生物基因和文明基因才得以在自然選擇的優勝劣汰中存活至今。這四種欲望缺一不可，所有的其他欲望則都是這四種基本欲望的綜合，所以說「人欲唯四，生性知美」。

　　這四種欲望最終其實只是一種欲望，那就是追求秩序的欲望。人類在追求秩序的道路上步履蹣跚，這很難但我們不得不做。因為我們之所以為人，就是因為我們在追求秩序。追求秩序，便是「德」的核心，也就是我們價值觀的核心。而極致的秩序，便是「道」。

　　既然千辛萬苦建設秩序尚如履薄冰，我們怎麼還能有勇氣去破壞呢？這就是為什麼老子說「有道者不處」。

　　「禮」是人類文明的秩序，所以老子既然追求「道」，追求「秩序」，又怎麼會反對「禮」這種秩序呢？這一點，後面我還會講到，老子反對的「禮」只是那種刻意為之的禮，是一種表面的有序，而表面有序遮掩的恰恰是內部的混亂，那些假仁假義，才是老子反對的。

　　我們批判孔子的封建禮教時，實際上批判的是什麼呢？只是他那個時代禮的內容而已，並不是禮的本身。而且，就算批判內容，也只是批判了其中的一小部分瑕疵，然而終究瑕不掩瑜，其主要內容直到現在我們仍在身體力行，只是嘴上不說了而已。例如父慈子孝、尊師重教、尊老愛幼與扶危濟困。這些東西不論到了什麼年代都不會變。

今日之社會需要的不是破壞「禮」，而是建設「禮」。舊的已經被推倒，可是新的還沒建立起來，以至於在很多事情上，我們無所適從，各種本土和外來結合，顯得不倫不類且滑稽可笑。例如，婚禮，本來是莊重溫馨的儀式，現在被搞得如同低俗演出一般；喪禮，本來是悲傷肅穆的儀式，現在被搞得像得了失心瘋一般。從生活小事上來說，日常吃飯搶著結帳這種事，看起來像是在打架；進電梯兩個人謙讓半天，堵住一大堆人……這些都是「禮」的缺失導致的後果。如果沒讀過《禮記》，大多數人可能想像不到，早在幾千年前，我們就有關於這些大事小事的規矩。謙讓第一次叫辭，第二次叫固辭，這就已經很堅決了，除非極特殊情況，否則就不能再謙讓了，再謙讓就是失禮。就算事情特殊，最多也只能辭三次，例如受禪讓的皇帝……如果大家現在都按規矩來，就可以做到適可而止，生活豈不是更輕鬆了？

對於創業者而言，不論我們的使命是什麼，其核心必然是創造某種秩序，秩序產生某種價值，價值的表現形式對內就是我們的企業文化，對外就是公司的品牌形象。而這種價值就是公司的價值觀，而公司價值觀的主體部分則來自創始人的個人價值觀。

所以，身為企業創始人，我們什麼都可以不管，什麼都可以不做，唯獨兩件事一定要親自監督，一是企業文化，二是品牌形象。當然，這兩件事歸根結柢其實只是一件事，那就是價值觀，以及由它衍生出來的那個使命。

一心想發財就真的能發財嗎

持而盈之，不如其已；揣而銳之，不可常保。金玉滿堂，莫之能守。富貴而驕，自遺其咎。功遂身退，天之道。（第九章）

這又是被誤解較多的一章。

「不如其已」，這個好理解，就是不如適可而止。關鍵是什麼叫「持而盈之」？不理解這個，就不知道老子說的是什麼適可而止。很多人把這句話理解成做什麼都不要追求極致，都要適可而止。於是那些好吃懶做的可算找到依據了，你看老子都說了，不能追求極致，要適可而止，憑什麼讓我考高分？憑什麼讓我出業績？憑什麼讓我把預算抓準、保證系統沒有漏洞？差不多就可以了！

我們說《道德經》是詩的語言，詩也有詩的問題，也就是只有那些有了基本價值觀的人才能看懂，才能獲益，而那些連基本價值觀都沒有的人，看不懂，亂理解，反而容易被誤導。而偏偏越是沒什麼基礎的人，自己越認為自己了不起，所以只能在錯誤的路上越走越遠，拉都拉不回來。

持，拿著端著，總之就是刻意持續著；盈，是個動詞，使之盈，也是一個主動、刻意的行為，就是刻意去追求完滿。

揣，不管各個版本裡這個字用的是什麼，但是都不影響我們對這句話的理解，就是刻意使其尖銳。

所以，我們再放到句子裡面去理解，老子說的是什麼？是不要「刻意」追求那些盈啊、銳啊之類的「功利」。怕我們理解偏了，誤以為是什麼都不追求、混吃等死，人家還特意補充了幾句來相互印證，「金玉」、「富貴」這些功利太多了，守不住，會出問題。

功利和非功利有什麼區別？很多人分不清楚。例如我們上班，如果目的只是為了賺錢，這就是功利。老子就勸我們，不要刻意追求賺錢。我們刻意追求賺錢，反而賺不到錢，這就是為什麼那麼多人問，「我都已經很努力了，為什麼還是賺不到錢」。因為我們事事向錢看，跟周圍的人斤斤計較且錙銖必較，人家怎麼可能跟我們合作？不合作怎麼可能賺到錢？越賺不到錢越著急，越著急就越盯著眼前這點薪水，越看越覺得少。就這麼

點錢，憑什麼讓我努力，於是每天想方設法上班摸魚，甚至提問「怎麼才能光明正大地摸魚」。當別人不計回報、透過工作磨練自己、提升自己的時候，我們卻在那裡一邊摸魚一邊罵人家「工作狂」，結果呢？人家升遷加薪，我們還是那點薪水。

其實，我們如果把目的定為創造價值，結果可能就截然不同了。怎麼創造價值？正確的做法是，自己努力做好每一件事，獲取業績；幫助周圍每一個人，讓大家都獲取業績；讓公司越做越好。

有些創業者，他們倒不急於賺錢，但他們急於上市集資，這個目標雖然長遠了些，但畢竟還是功利的。只要是功利的，就必然存在同樣的問題，我們會刻意追求上市，就會與人爭利，與使用者爭利、與員工爭利或是與投資人爭利。只要我們爭利，人家就必然會反過來跟我們爭利，爭起來就沒辦法合作，不合作就很難產生利益，如此惡性循環，我們的目的就很難達成，求之不得便灰心喪氣、一蹶不振。

一個真正的創業者，必須要有一個使命，使命不能是功利的，不是要賺多少錢、要多麼出名、要把企業做多大，而是把產品做好、把服務做好，甚至創造出一種新的模式，在更高層次上發現人們的需求並滿足他們。透過解決人們的需求創造價值，當我們創造出價值的時候，社會機制和市場機制必然會回饋給我們與價值同等的功利，或者名或者錢，或者兩者兼而有之。

這才是正確的起跑姿勢。起跑姿勢正確並不能保證我們能跑到終點，但起跑姿勢錯誤，是一定跑不到終點的，甚至跑不了多遠就要摔倒。

有人可能會說，那些靠投機取巧發展起來的「暴發戶」你怎麼解釋？不用我來解釋，老子不是說了，我們如果只看著功利，即使金玉滿堂也守不住，富貴之後驕奢淫逸，是自取滅亡。這不是詛咒有錢人，不是仇富，這就是客觀規律。

有個關於買樂透與都更戶拿到錢之後重新返貧的統計，有興趣可以去查查，只能說怵目驚心。還有一些關於暴發戶、賭徒及股民致富之後返貧的調查，其比例同樣駭人聽聞。

為什麼會這樣？因為我們的財富、地位要與我們創造的價值對等，這是社會規律。我們能夠創造的價值，又要與我們的德，也就是價值觀對等，也就是我們有多麼高的人生追求，才能夠創造多麼大的價值。這也可以解釋剛才那個問題，為什麼越想賺錢越賺不到錢。

很多暴發戶，最初致富確實有很大的運氣成分，但是隨著財富的增加，人家不斷地學習、成長，有意識地提升自己的「德」，逐漸地把目標轉移到創造價值之上，補課補得好，最終也會創造出與財富相匹配的價值。

當今是有史以來最好的時代，正處在發展的上升期，網路、物流、交通、製造等基礎設施發展迅速，但人們卻還有大量的需求沒有被滿足，物質的需求總體上改善了一些，精神的需求還很不平衡、很不充分。

我們這一代創業者又不用去走老一輩的彎路，我們有的是時間和精力去把使命想清楚再去創業，或者就算沒想清楚就開始了，也沒關係，隨時隨地可以補課。「使命」才是創業者的精神支柱，有了「使命」才能有「雖千萬人吾往矣」的氣魄。

功遂身退，不是讓你成功了就退休，老子沒有退休一說。這裡說的退，就是「後其身」，就是「外其身」，有了功績，不要與人爭，把功績讓給別人，誰願意要誰要，反正我不要。為什麼我不要？不只是看不上，更因為看不到。我的使命是什麼呀？達到了嗎？還遠著呢！功遂身退，絕不是讓你退休、甩手不管了，是讓你不要爭名奪利，而要把心思放在使命上，一心去追求道。

使命能不能當飯吃

人之生也柔弱，其死也堅強。萬物草木之生也柔脆，其死也枯槁。故堅強者死之徒，柔弱者生之徒。是以兵強則滅，木強則折。強大處下，柔弱處上。（第七十六章）

人生下來的時候軟乎乎，死的時候硬挺挺。草木生長的時候柔軟脆弱，死的時候枯槁僵硬。所以，堅強的人死路一條，柔弱的人生生不息。窮兵黷武招致覆滅，就像樹木又硬又直容易被風吹折。逞強是下策，柔弱方為上策。

毫無主見，隨波逐流，別人說什麼就是什麼，自己一味跟風，這算柔弱嗎？這只是單純的弱，並不柔。《說文》：「弱，橈也，」本義是因受力而彎曲變形，會意為差、劣、鬆軟、力氣小等。柔，《說文》中寫道：「凡木曲者可直，直者可曲，曰柔。」可見，柔不等於弱。

怎麼才能柔弱？恰恰是需要一個清晰明確的目標，這個目標是唯一的，即便遙不可及，卻「雖千萬人吾往矣」。只有當一個人有了這樣一個目標，他才不會計較眼前的蠅頭小利，才會不計個人得失，一往無前。這種目標才可以被稱為使命。沒有使命，韓信不會忍受胯下之恥，終成一代兵仙；司馬遷不會忍受腐刑之辱，著《史記》終成史家絕唱；范仲淹不會一天一碗粥分成四塊，寒窗苦讀，終成一代賢相……

很多人說，使命不能當飯吃，那是因為你的使命只是吃飯，最多也就加上個飽暖思淫欲。這種使命確實不能當飯吃，不但不能當飯吃，很可能會被擁有同樣使命的人把你當飯吃了。可偏偏就是物以類聚，我們越爭名奪利，圍在自己身邊的就越是跟自己一樣爭名奪利的人。越是被這樣的人圍著，我就越不會相信還有人真的會有「使命」。自己現在爭得頭破血流，越爭眼越紅，越爭肚子越餓，到最後眼睛裡全是對手，對手的眼睛裡

也全是自己，剩下只有一條路，不是我吃了你，就是你吃了我。

反觀把使命當飯吃的人，你們爭你們的，與我的使命相比，這點雞毛蒜皮的小事算什麼呢？做專案你想邀功，給你；你想升職，讓你升；你想摸魚，讓你摸。在我眼裡，你們不是對手，甚至你們都不是玩家，也就是遊戲裡面的 NPC（非玩家角色）罷了。我要的是鍛鍊自己，我想做更多的事，做更多的事就可以獲得更極致的體驗。做了 100 萬的專案，我就知道 100 萬的專案怎麼做；做了 1,000 萬的專案，我就知道 1,000 萬的專案怎麼做；做了 10 億的專案，我就知道所有的專案怎麼做。當了經理，我就知道管理 30 人是什麼體驗；當了總監，我就知道管理 100 人是什麼體驗；當了創業者，我就知道建立一個公司是什麼體驗；建立過一個公司，我帶兵就多多益善。當我們做大做強之後，說不定還會遇到當年那些「NPC」，這麼多年過去了，他們一點也沒有變。

我們希望打造一個怎樣的「理想國」

小國寡民。使有什伯之器而不用，使民重死而不遠徙。雖有舟輿，無所乘之；雖有甲兵，無所陳之；使人復結繩而用之。甘其食，美其服，安其居，樂其俗。鄰國相望，雞犬之聲相聞，民至老死，不相往來。（第八十章）

這是老子的理想國。

治國要實現的願景是什麼呢？國土很小，人民很少。什、伯，都是軍隊編制，十人為什，百人為伯。什伯之器，就是軍隊用的兵器。雖然有充足的武力，卻沒有用武之地。人民生活美好，不會輕生，也不肯遷徙。雖然有船有車，但平時用不著乘坐。雖然有盔甲刀兵，卻沒有展示的機會。沒有繁文縟節，結繩記事的方法就夠用。

　　豐衣足食，安居樂業，人丁興旺，國與國距離不遠，沒有那麼多荒郊野嶺，彼此可以望見，雞鳴犬吠可以聽到。可即便近，人民仍然不會來回遷徙。為什麼？因為哪裡都可以安居樂業，還需要麻煩什麼呢？

　　幾千年後，我們追求的還是老子的理想國。《禮記》中〈禮運篇〉說：「大道之行也，天下為公。選賢與能，講信修睦。故人不獨親其親，不獨子其子，使老有所終，壯有所用，幼有所長，矜寡孤獨廢疾者皆有所養，男有分，女有歸。貨惡其棄於地也，不必藏於己；力惡其不出於身也，不必為己。是故謀閉而不興，盜竊亂賊而不作，故外戶而不閉，是謂大同。」

　　儒家的「大同」與老子的「理想國」如出一轍。墨子講「兼愛」、「非攻」和「交相利」，殊途同歸。幾千年來，多少英雄豪傑，拋頭顱灑熱血，我們的追求始終沒有變過。

第二章　價值觀

老子的世界觀

道沖，而用之或不盈。淵兮，似萬物之宗：挫其銳，解其紛；和其光，同其塵。湛兮，似或存。吾不知誰之子，象帝之先。（第四章）

「沖」這個字很有意思，經常跟「虛」連起來，叫沖虛，所以看起來他們的意思相似。既然叫相似，那就必然有不同，這又是矛盾的對立統一。有人說：沖，古代通盅，從皿從中，意思就是器皿內部的空間。虛是指大土堆，意思是四周空，跟盅正好是相對的，一個是外空，一個是內空。外空可以無邊無際，同時也無依無靠；內空，卻在外面還有一個承載。

所以說虛心，就是說把心變得空曠些，不要被認知束縛，表達這個意思就不能用「盅心」。但是道就只能是「盅」而不能是「虛」，因為它承載了萬物，萬物出乎其中，它不能虛，所以這裡老子再次強調了「道可道」，只不過說出來了就不是「常道」而已，這不是虛無主義。

道雖然像中空的器皿，但它又跟普通器皿不同，因為它運轉起來永遠不會滿，「不盈」就是它的一個本質屬性。既然裝不滿，說它像盅也不大準確，更有些像不見底的深潭，這個深潭可能就是萬物的祖先吧！

道做了什麼呢？它消除並化解了萬物的鋒芒，使它們沒有任何一種與眾不同；它解開了萬物的紛亂，還記得之前的「玄」吧？紛字從絞絲旁，即亂七八糟且糾纏不清的絲，這些亂絲被道解開之後，就成了「玄」，掛起來可以染色的絲。

道還做了什麼呢？它使萬物的光相「和」，這個「和」我們要特別注意了，如果我們要用兩個字形容中華文明的特點，「和」就是其中之一，而

另一個就是「中」，連起來就是「中和」。古往今來，諸子百家，不論他們的道路之爭、口舌之爭有多激烈，但從來沒有人否定這兩個字。

我們看看《中庸》裡面的解釋：「喜怒哀樂之未發，謂之中；發而皆中節，謂之和。」這是以情緒舉例，但是我們可以引申一下，什麼叫中？有但不表現出來叫做中。什麼叫和？表現出來的與萬事萬物相和諧叫和。《中庸》全篇講的就是這兩個字，而《中庸》是四書之一，足見其重要性了。

「中」以後遇到了再講，我們先講「和」。和，古字是「龢」，左面是排管樂器，禾表音。所以，和字最初就指這種樂器演奏起來，雖然有很多竹管，發出很多音，但是這些音形成了和聲，不但不互相影響，反而相得益彰，聽上去比單個音還要動聽，這就叫「和」，實際上也就是最大程度、最深層次且最廣泛的共贏。

我們現在提倡和諧社會，就是希望社會之中，人與人之間能夠合作共贏、彼此成就、交相利及兼相愛。把周圍的人當作朋友，我們每天就如同朋友聚會；把周圍的人當敵人，每天就如同去戰場赴死，提心吊膽，惶惶不可終日。但是，要注意的一點是，為什麼只是「和」光，不能是「同」光，而只能「同」塵呢？因為如果萬事萬物的光都一樣，那人不就什麼也分辨不出來了嘛！那樣的話，人就不會演化出眼睛這個器官了。

那為什麼要「同其塵」而不是「和其塵」呢？塵指的是最微小的單位。同字從凡從口，「凡」是古代抬東西用的「擔架」，要兩個人動作一致才能用，否則一邊高一邊低，東西不就掉下去了？所以，道要把萬事萬物的最小單位統一起來，否則所有事物連最基本單位都不同，那這個道怎麼執行它的機制呢？

「道」是指人心中的「道」，而不是那個客觀存在，只是那個客觀存在於我們意識中的投影，或者說是我們的意識把客觀存在高度抽象之後建立的一個模糊的模型。為什麼要抽象？為什麼還模糊呢？

一是因為我們的感效能力有限，無法獲取客觀世界的完整資訊，我們能看到紫外線嗎？能聽到超音波嗎？我就只有這些米粒，能做多少飯？

二是因為我們的知效能力有限，就是前面講的「名可名，非常名」，我們連基本概念都無法清楚定義，怎麼建立精確的模型？給我一攤稀水泥，我能蓋一棟房子？得有磚塊才行，對吧？可我們的知效能力連磚塊都還燒不好呢！

三是因為我們的理效能力有限，當然了，有了前面兩個拖後腿的作為基底，我們對精確模型已經可望而不可及了，多一個壞消息其實也只是雪上加霜，蝨子多了也就不癢了。理性工具中，目前用得最多，也被認為相對可靠的一種叫「形式邏輯」，運用得好，我們基於少量直觀公理，用演繹法便可以演繹出無窮無盡的定理用於描述客觀存在，這個過程就是建立模型。可是這套公理系統自己證明了一個「不完備性定理」，簡單說就是，只要一套公理系統符合邏輯，那麼它就必然存在不能被證實、也不能被證偽的命題。而這種命題，通常就是公理系統的基礎 —— 公理。有什麼影響呢？它說明了「形式邏輯」這棵大樹看似枝繁葉茂，但它卻沒有根！沒有根會怎麼樣？沒有根的話，說不定哪天說倒就倒了，一片葉子都留不下，從頭到尾可能都是錯的。聽了這個消息我們絕望嗎？

不過好消息是，基於形式邏輯做出的推理，經過實驗驗證形成的知識，到目前為止還都是穩定可靠的，我們叫它們科學知識。另一個好消息是，我們不只有形式邏輯，我們還有樸素邏輯和辯證法，而我們恰恰就是這方面的高手，不但可以演繹，還可以類比和歸納，還可以用發展的眼光看問題。有了科學精神的加持之後，中華文明的迴歸開始了。

中華文明的特點是什麼？「中」與「和」嘛！就像道，承載萬物，永無休止；深不見底，源源不絕；澄澈通透，若有若無。你說這個道是怎麼來的呢？我不知道。我只知道，它是一切「象」的源頭。

最後還要補充解釋一下「象」，這個字在甲骨文中就是一頭大象的形狀，畫得還特別像。而甲骨文出現在商朝，說明商朝那時候，中原還有大象呢！這倒是件有趣的事。後來這個字引申為看到的影像，再後來就引申為我們透過感效能力獲取的一切資訊的總和。

跟象並列的還有兩個字，一個是體，一個是用。體，在西方哲學體系裡面叫「being」，在他們的語言系統裡是繫動詞「be」的變形。如果詳細分析語義的話，中文裡面沒有一個嚴絲合縫對應的詞，現在翻譯成「存在」這樣一個彆扭的詞也是迫不得已。

我記得回答過一個問題，為什麼哲學家都不說人話？簡單地說，就是因為他們陳述的不是人事。西方哲學追求嚴謹，崇尚形式邏輯，所以不願意用類比法，非要用演繹法，所以只好自己發明一些詞，用以精確區分它的概念與傳統概念。所以像什麼客觀存在、物自體、自在和自在之物這些東西便應運而生了。

這樣做似乎有點過頭了，既然可以使用自然語言進行闡釋，為什麼非要執著於形式邏輯、演繹法呢？類比也是自然語言的一部分嘛！既然選擇了這個工具，發揮它的優勢就好了，不然選擇其他語言，例如數學不好嗎？當然，數學工具的能力恐怕不足，只能用自然語言。可又不甘心好好用，本來沒有乒乓球拍，只能拿著網球拍代替，就這樣還非得追求乒乓球拍的握拍姿勢嗎？當然了，用網球握拍姿勢打乒乓球可能效果不怎麼好，但是至少要比現在強一點吧？

我的欲望太多怎麼辦

五色令人目盲，五音令人耳聾，五味令人口爽，馳騁畋獵令人心發狂，難得之貨令人行妨。是以聖人為腹不為目，故去彼取此。（第十二章）

老子是一位語言大師，而語言大師首先必須是一位生活的觀察者與實踐者，需時時留心並事事留意，凡事追本溯源，輔之以思辨，寫出來的文字方能打動人心。

首先要說清楚，我們沒必要追究什麼五行對應五色、五音、五味等之類的東西，至少在這裡沒必要。五行確實是中國古人建立的、用於預測客觀世界的模型。但是現在我們有了科學模型，這個模型經過了更嚴謹的邏輯檢驗和實驗驗證，它的可靠性跟實用性顯然優於古人的模型。既然這樣，我們以新的科學模型為基礎去疊代（Itcrative Method）就好了，用老了的話說，「有之以為利，無之以為用」，還是要跳出來，想清楚自己的目的，我們不是要為誰的模型來爭高下，我們是為了道，為宇宙建立模型，模型只是工具，那當然是什麼工具好用就用什麼工具了。

那怎麼看待五行學說？把它當作文化來看，而不是當作描述客觀規律的模型。區別在於，看文化時，我們側重其外延和引申義，追求的是模糊的境界，而不是精確的表述。文化的用途在於生成價值判斷，而不是事實判斷。好比有人畫畫，善於畫馬，即便馬畫得再好，人人稱美，也不算標本，真正研究馬的習性、構造、生理等細節的，還必須是動物學家。

那麼畫家就沒有可取之處了嗎？當然不是，他們為人類創造藝術，創造美，而追求美是人類四個基本欲望之一。科學發展到今天，毫無疑問已經是當今最可靠的模型了。所以可以用科學解決的問題，就要用科學解決。科學解決不了的，需要突破邊界的，我們才需要求諸文化。例如關於光速恆定的基本假設、關於量子態疊加（superposition principle）、關於宇宙大爆炸之前、關於黑洞之內等等。這些基本假設是數學和形式邏輯無法生成的，這才是文化發揮作用的時候，而文化的載體是自然語言。

就拿「相對論」（Theory of relativity）來說，其最根本的假設是光速恆定和時空彎曲，基於這兩個假設，透過數學，就可以推整出一系列的模型

來預測宇宙，這些當時令人匪夷所思的預言，現在已經被實驗逐一證實了。例如透過水星進動，證實了光的彎曲，進而證明了時空在大質量天體周圍會產生彎曲；觀測到了引力波；觀測到了黑洞⋯⋯

但是，這些觀測卻仍然只能說明相對論是目前預測宏觀宇宙的最優模型，可是為什麼不是理論最優模型呢？因為看起來並不是，愛因斯坦（Albert Einstein）也認為不是，他的晚年一直在努力試圖創造大統一理論模型，而目前看來，相對論在微觀尺度上仍然與量子力學存在著不可調和的矛盾。量子力學的基本原理之一是「不確定性原理」（uncertainty principle），這個原理基於時空不連續假設，而廣義相對論的基礎，則是假設時空連續。這在當前的科學框架裡面已經是截然對立的兩個方向，水火不容。

如何調和這麼底層的衝突？恐怕需要引入更加底層的假設。可是這已經是理論框架的最底層了，再往下鑽就鑿穿了，下面什麼都沒有了呀！沒關係，我們還有文化，還有藝術，還有想像力。總有一天人類會靈光乍現，再次給出一個如「時空彎曲」一樣天馬行空的假設，在新的假設下，我們可以調和原來的模型衝突，並且建造更偉大的模型。

所以你看，文化就是這樣，不鳴則已，一鳴驚人。我們回到原文，為什麼說老子有生活？因為五色令人目盲，還真就是這麼回事。例如霓虹燈看多了，我們會覺得看什麼都灰濛濛的沒有顏色。人的感官系統就是這樣，高強度訊號接收多了，就會逐漸適應，適應之後，對那些低強度訊號的刺激，反應就不敏銳了。老子雖然沒見過霓虹燈，但我猜想他是看過五彩旗幟與錦衣雲裳的，所以他才能總結出這一句。

五音令人耳聾，這句就更貼近生活了。去 KTV 唱過歌的人都知道有個混音功能吧？這個功能就是為我們的人聲增加泛音，有了泛音，聲音就不再乾巴巴的，聽起來好聽，而且也更容易融入伴奏中。所謂泛音，就是

在主音之外增加了音量小一些的音，使得主音不再單純。我們平時說話也有胸腔共鳴與鼻腔共鳴，這些都會產生泛音。為什麼在樓梯間唱歌覺得好聽？也是因為回聲增加了泛音。但是，試試把混音調到最大，那就真的聽不清楚唱的是什麼了，不管咬字多清楚，聽起來都是模糊一片，好像近視眼摘了眼鏡看世界。這就是老子所說，五音令人耳聾。

五味令人口爽，這個「爽」可不是現在「爽快」的意思，這個「爽」是「爽約」的「爽」，往偏一點說，意思就是吃不出來食物的美味。如果單獨看這句話，是分不清楚老子究竟是什麼意思的，也可以解釋成五味吃著就是爽，這麼看來，老子說話還挺時尚的。但是，觀其上下文，我們可就跑偏了，因為前面說的都是目盲跟耳聾，所以呢，這個只能是爽約的爽。

說到吃，我倒是有個心得。很長一段時間，因為一天只吃兩餐，甚至一餐，所以中間那段時間還是挺餓的。餓得實在受不了了再去吃飯就不能狼吞虎嚥，那樣胃受不了，所以我就嘗試著細嚼慢嚥。當我咬了一口饅頭慢慢咀嚼的時候，這輩子第一次發覺，原來饅頭是甜的，而且有著濃郁的麵香。後來，我就愛上了這口味，餓的時候，就喜歡撕著饅頭小口嚼，邊嚼邊品，甚至捨不得嚥下去，真是人間美味。

現在有一種菜，叫「下飯菜」，聽起來好像是飯很難吃，非要就著這種菜才能嚥得下去似的。我猜很多人長這麼大了，可能還沒品嘗過米香吧？顯然不是大家沒吃過米飯，而是因為大家認為米飯需要用菜被帶下肚裡的，米飯本身能有什麼味道呢？大家認為菜才有味道。菜是什麼味道呢？其實我們也不知道，因為只能吃出來一堆調味料的味道，像川菜的調味料那麼多，可能連調味都吃不出來，最後就剩下麻辣鹹了。

你說老子是不是很有生活情趣？馳騁畋獵，現代人可能很少有機會嘗試了，但是大家知道有很多人釣魚上癮吧？為什麼那麼枯燥無聊的事會有人上癮呢？因為漁獵是人類的天性，是求生欲的表現。我們的祖先在上百

萬年的時間裡，始終是吃了上頓沒下頓的狀態。那些不喜歡漁獵的個體，因為缺少獵物早就被餓死了，他們的基因自然也就被淘汰了。篩選下來的，個個都是求生欲極強的好獵手。為了求生，只擅長漁獵是遠遠不夠的，我們必須熱愛漁獵，甚至為之瘋狂。這種基因延續下來，不用說老子那個年代，就是到了現代，仍然有著不可磨滅的痕跡。如果現在開放狩獵，這項運動絕對是第一大運動，地球上的大型動物可能不到一年就會被一掃而光。

為了保護生態，現在可能只有極少數地區允許狩獵了，而且狩獵需要狩獵證，還只能獵取規定的幾樣獵物。不能狩獵了，人們只好轉向釣魚。還有採摘，費那麼大的力氣以及花那麼多錢和時間，要的是什麼？這其實也是滿足求生欲的一種展現。原始人採集欲望與漁獵欲望都強，而女性的採集欲應該多於男性。

難得之貨，令人行妨。這個還用解釋嗎？被偷的、被搶的、讓人眼紅因妒生恨的都是值錢東西吧？什麼值錢？物以稀為貴，越難得就越值錢。

老子說了這麼多，實際上就說了一件事，求生欲跟繁殖欲這兩種基本欲望，統稱為私欲。他們是人的四種基本欲望中的兩個，另外兩個是求知欲和美欲。人的所有欲望都是由這四種欲望綜合而成的。不過，古人受客觀條件局限，他們在提到欲望時只強調了求生欲跟繁殖欲，並沒有意識到求知欲和美欲也是人的基本欲望。這一點我們心裡要有數，否則我們就無法解釋好奇心和強迫症了，古人忽視了這兩點，結果導致他們認為「學海無涯苦作舟」，這是我要批判的。

話說回來，老子對求生欲跟繁殖欲的描述是很到位的，他得出的結論就是，這兩種欲望適可而止就得了，別吃著自己碗裡的，還看著別人碗裡的，給我兩大碗米飯我能吃得下嗎？這就叫「為腹不為目」。

老子的這個說法，確實要比儒家的「克己復禮」高明許多。實際上，

我們並不需要「克」，正好相反，我們清淨平淡，正是為了更好地滿足這兩種基本欲望，這應該叫「疏」。疏導自己的欲望，滿足它，透過把它引向正途的方式加以利用。其實，儒家的本意跟老子所倡議的本沒有差異，最終都是要使人恬淡從容，只不過這個「克」字用得略顯生硬，於是一些道學先生便硬生生把大家拉向了封建禮教的歧途，可憐又可氣。

有人可能不理解，不就是一個字嘛，至於生這麼大氣嗎？這還真不是一個字的問題，這是一個方向的問題。如果我們「克己」，食色倒還好，可以隨便克，大不了就是營養不良而已，也沒什麼大不了。但是，好奇心、追求美的欲望我們也要克嗎？克了好奇心，誰還會去求知？克了追求美，誰還會創造美？這就不是身體營養不良那麼簡單了，這會導致精神的營養不良。

所以，對於所有欲望，不要一味地克，要疏堵結合，以疏為主。

如何建構自己的價值觀

孔德之容，唯道是從。道之為物，唯恍唯惚。惚兮恍兮，其中有像；恍兮惚兮，其中有物。窈兮冥兮，其中有精；其精甚真，其中有信。自古及今，其名不去，以閱眾甫。吾何以知眾甫之狀哉？以此。（第二十一章）

這個「孔」，不是孔洞的意思，而是大、美好等意思。這個容，指儲存、收納，引申為氣量、樣貌。

前文中不是說不掉書袋的嗎？為什麼又開始說文解字了呢？因為這一章很重要，而市面上的翻譯非常敷衍，以至於把人繞得雲山霧罩，不知所以。很多別有用心之人把這章套上神祕主義外衣，打著老子的旗號到處招搖撞騙，害人不淺。怎麼才能撥亂反正？其實也不難，把意思說明白、給

一個嚴謹的解釋，大家逐漸就會接受這個解釋了。所以，正如老子說的，不要刻意而為，我們越是強迫人家信什麼，人家反而會警惕地打量我們，覺得我們是不是有所企圖？我們要做的只是把好東西拿出來，大家都不傻，看到了自然就會選擇我們。這需要一個過程，慢慢來，不著急，也急不得。

所以這句話是老子在講「德」與「道」之間的關係，通達且符合邏輯的德，其所涵蓋的內容必然是遵從且僅遵從於道的。為什麼這句話那麼重要？因為這句是老子第一次明示了德與道的關係。為什麼德與道的關係那麼重要？因為只有把德與道連繫起來，我們的整個思想體系才能融會貫通，才能達到那個「一」。這個「一」不論在老子這裡，還是在孔子那裡，都出現過，而且都是點睛之筆。老子後面會說「聖人抱一為天下式」，而孔子說「吾道一以貫之」，這兩個「一」都是一個意思，就是指「孔德」，也就是無所不包、通順並符合邏輯的價值觀。自己的所思所想、所作所為，皆是在這個德的指導下完成的，前後一致，知行合一。在這種德的指導下不停地實踐，越來越多的行動就會逐漸被固化到潛意識裡面。當我們的大部分行動都能夠由潛意識支配時，做什麼便都圓融無礙且一氣呵成，用老子的話說就叫「能嬰兒乎」，用孔子的話說就叫「隨心所欲不踰矩」。

舉個例子就好理解了。就像我們打籃球，練習投籃。第一步，肯定是學標準動作，對不對？怎麼學標準動作？看喬丹（Michael Jeffrey Jordan）進球合集嗎？那樣恐怕永遠學不會投籃。因為喬丹的動作太連貫、太快，實戰中還增加了很多其他細節，例如滯空、閃躲等。身為一個初學者，我們根本分不清哪些是標準動作，哪些是實戰技巧，就更不用說那些技術細節了。所以，很多籃球愛好者都覺得喬丹投籃帥氣，就都學喬丹投籃，結果沒有一個學得像的，動作都不對，投籃就不準，就更別說帥了。

所以，練投籃就要從分解動作練起。手指、手腕、小臂、大臂、腰

腹、腿、腳，每個環節都有技術標準，需要一項一項地看教學示範，自己模仿著做，錄下來對比著標準來復盤，如此反覆練習，一點一點揪出細節，把每一個部分都做標準。

這樣就夠了嗎？當然不行，當我們練好所有部分之後會發現，這些部分之間是脫節的，自己甚至覺得做好一個動作就必定做不好下一個動作。那怎麼辦？還需要去練習連貫。就是把兩個部分之間打通，讓它們自然而然地發生，一氣呵成。練好這個，我們的投籃就已經很準、很帥了。

那這樣就夠了嗎？還是不夠，練習時命中率 80%，比賽中的命中率大概只有 40%。為什麼呢？因為比賽現場的情況瞬息萬變，我們必須適應環境，盡可能地減小外界對自己動作的干擾，這樣在比賽中才能穩定地發揮水準。

這樣總該夠了吧？還可以更好，那就是透過反覆的訓練，把動作、應變全部都固化到自己的潛意識裡面，以至於不論外部是什麼情況，我們都只會用標準動作投籃。外部的干擾來了，自己就會下意識地調整身體，自然而然地在干擾下完成標準動作。這種反應之快、行動之自然，絕不是臨時起意能夠想出來的，只能靠日積月累與熟能生巧。到了這種境界，我們才可以說自己會投籃，也才能被稱為高手。

打籃球已經比較複雜了，但做人比打籃球豈止複雜千百倍。雖然訓練的原理一樣，但是很少有人能想像出來，做人這麼一件複雜的事情，居然可以像打籃球一樣，透過學習、實踐，固化到潛意識裡，實現「隨心所欲不踰矩」？老子和孔子兩位宗師異口同聲地給出了答案，可以！

那麼既然說德是唯道是從的，我們接下來就要說一下道了，怎麼才能追隨道呢？老子這次沒有使用類比法，而是選擇了歸納法。之前習慣了類比的同學，到這可能就有點無所適從，習慣性地還把這些話當作了類比。然而人家本來是平鋪直敘的，我們非要去類比，能比出什麼呢？只能比出

點神祕主義了。

老子的寫作方法，跟我們現代人並沒有區別，只是用了文言文而已。手法無非「賦比興」，這三種手法從《詩經》開始就沒變過，即便到了現在，只要是寫作就逃不出這三種手段。所以，人家之前「比」了不少，但是寫文章也不能全篇都是比喻，所以這裡就換了個口味，改成了平鋪直敘。既然人家直白地說了，就別執著於非得追求言外之意了。人家有言外之意的時候可以去體會，可人家就沒有言外之意，有什麼能體會的呢？能把書面意思理解了，就已經很不錯了，因為這段涉及了形而上的東西，還是有些複雜。

道，恍惚不明，讓人看不清楚，但其中卻有「象」；模糊不清，讓人捉摸不定，但其中卻有「物」。什麼是物？不是一般而言的那些事物，我們感知到的萬事萬物，在這裡叫做「象」。什麼東西的象呢？是物的象。這個物指的就是與象對應的那個「形而上」的物，用現代話說叫存在、自在、自在之物、物自體……是不是還不如老子說得好理解？

「物」這個東西「隱藏」於「象」的背後，我們不但沒有「接觸」過它，而且理論上也不可能直接「接觸」它，所以就很難理解它。那我們為什麼認為一定有物呢？因為我們看到了、聽到了、摸到了「象」。象，又是古人用得絕妙的一個字，甲骨文就是大象的形狀，畫得唯妙唯肖。後來引申為我們感知到的東西。為什麼說它絕妙？因為我們有個成語，就叫「盲人摸象」，有了這個詞就不需要我再多做解釋了，我們對世界的感知就是「盲人摸象」。

我們透過感知到的象，去判斷其背後有「物」的存在。當然，也有人認為「象」就是我們自己生成的，心在晚上生成的「象」就叫「夢」。那麼既然心在晚上可以自行生成象，為什麼就不能在白天生成象呢？顯然，也是可以的，白日做夢嘛！也就是幻想。那既然幻覺也可以生成象，我們怎

麼知道自己認為的象就是由物生成的,而不是由幻覺生成的呢?於是,就有了「唯心主義」。

隨著腦科學與認知科學的發展,當我們了解了大腦的認知機制之後,逐漸開始放棄「唯心世界」。人就像一部手機,眼睛就是鏡頭,耳朵就是麥克風,我們透過這些器官收集訊號,然後傳輸給大腦處理。沒有外部訊號,我們則沒得處理,這個模型淺顯易懂,能夠很好地做出預測,並且很多預測經過了實驗驗證,有這麼好的一個模型,為什麼還要「唯心主義」呢?

這裡面複雜的是人有幾百億個神經元,這些神經元彼此可以互相作用、產生連結。我大膽猜測一下,這種神經元的連結可能正是人類想像力的生理基礎。而想像力則是人進行一切複雜思考的基礎能力。如此多數量的神經元,如此複雜的作用關係,已經是一個混沌系統了。然而,我們連最簡單的「三體」問題都還無法給出解析模型,就更別提神經元系統了。

世間萬物正好也是一個混沌系統,千絲萬縷,包羅萬象,而且我們又感知不到「物」,各種器官雖然感知到了「象」,可那程度也就勝過盲人一點罷了,那麼請問,我們要如何去追求道呢?

答案就是利用我們自己的那套混沌系統去「悟」。如老子所說,這些象和物雖然深遠幽暗、昏暗莫辨,但是其中卻有一些「精」。「精」這個字就又引起人們的聯想了,說是精氣、精華等,各種牛鬼蛇神都出來了。「精」這個字,意思就是好米,引申為精華。老子從頭到尾都是在講道和德,人家不會動不動就精神分裂給你來兩句修仙真言的。

這個精,指的就是諸多象中那些能展現道之精髓者,例如水、玄牝、谷、玄鑑等等,這些象在書中一再出現,他們就是老子認為最能展現道的那些象之精華。而這些象也十分真切,展現出來的那些規律也是足以令人信服的。

以上就是老子所闡述的追尋道的方法，用現在的話說，就是同時採用類比法和歸納法，不斷類比，不斷歸納，反覆疊代（Iterative Method），不停地接近於道。

從今天一直向前追溯到古時候，有些「名」一直都在。名，前面講過，就是概念，是語言的最小單位。哪些概念一直都在呢？象、物、精、信等這些用來引導人們追尋道的概念。正是因為有了這些概念，我們才能去認識萬事萬物。甫字，甲骨文就是田中長出青苗的圖像，引申指萬事萬物。這個字很多人不去查字源，胡亂解釋，反而弄得讀者如墜雲霧，我們這裡不得不再解釋一下。

我們憑什麼能認識萬事萬物？就憑上面這個方法。也就是憑藉對萬事萬物的觀察，抽象出其中的精華，透過這些精華來建構我們的價值觀，透過不斷踐行價值判斷來疊代（Iterative Method）價值觀，使之符合邏輯、完備且宏大，最後用這套宏大的價值混沌系統中湧現出來的價值理效能力去悟道。

以人為本，恐怕我們別無選擇

有物混成，先天地生。寂兮寥兮，獨立不改，周行而不殆，可以為天下母。吾不知其名，字之曰「道」，強為之名曰「大」。大曰逝，逝曰遠，遠曰反。故道大，天大，地大，王亦大。域中有四大，而王居其一焉。人法地，地法天，天法道，道法自然。（第二十五章）

這是至關重要的一章，雖然還是在描述道，但實際上闡述了人與道的關係。確定人與道的關係為什麼至關重要？因為，這是一個最基礎的假設，是我們思考一切問題的前提。是道服務於人，還是人服務於道？如果只是人無條件服從於道，那麼就變成了宗教，只不過最上面的那個主宰不

是個人，而是個叫「道」的概念而已。

而老子在這章明確地指出了，「王亦大」，「域中有四大，而王居其一」，這再清晰不過地表明了立場，人與道是並立關係！各位就不要費力往宗教上面聯想了！中華文明在幾千年時間裡，始終走的是「人本」路線，直到今天從未改變。

描寫道的這段，其實倒沒什麼新鮮的，我們快速看一下。有一個東西在天地之前就已經有了。它無聲無形，獨立執行，沒有什麼可以改變它。它周而復始，從不停止，可以生成天地。我不知道它叫什麼，勉為其難地給它命名為「道」，用一個概念形容它叫「大」。大到可以不停地延展開去，延展到遙遠之處，遙遠到返回到原點，好像一個大圓圈，無始無終，無窮無盡。所以道大、天大、地大、王也大。宇宙之中有四大，而人占有一席之地。可人又何德何能，敢與道、天、地並立？因為，人效法地，地效法天，天效法道。那麼道效法誰呢？道誰也不效法，它就是那個樣子。

最後這句「道法自然」非常神奇，我不知道老子是怎麼透過觀察與思辨得出這個結論的，但這個結論與現有的科學模型高度吻合。當然，我們千萬不能說老子是科學的，因為老子的方法只是思辨，並沒有實驗驗證，所以即便他得出的結論與科學結論一致，也不是科學。

但是這事很有意思，因為按照一般人的習慣，是為客觀世界找一個「第一因」，例如盤古、上帝、神等。因為只有這樣，看起來才有說服力，符合人類的樸素認知。更進一步，會說客觀世界是個無限循環，是個圓圈，或者莫比烏斯（Moebius）帶，沒頭沒尾，無始無終，例如六道輪迴，等等。這樣也還算好理解，因為無始無終聽起來情感上也能接受。

可極少有人敢說，第一因就是那樣的，之前再沒有原因了。因為，這不符合人們的直觀感受，聽起來就像是根本沒有解釋問題，而是反駁對方了。而老子卻偏偏就這麼實誠，義正詞嚴地說「道法自然」。如此理直氣

壯，居然使得很多人不敢相信這句話就是字面意思而沒有引申。所以，這些人想方設法地去找言外之意，最後自然又是五花八門、千奇百怪了。

有人又會問，為什麼你就敢確定老子這句就沒有言外之意呢？因為老子整個這章用的都是平鋪直敘的手法，「人法地，地法天，天法道」這一系列排比，也說得堅實篤定，除非說最後一句的時候突然精神分裂了，否則不大可能偏偏在此處多出來一個言外之意。再與前後文綜合來看，「道可道，非常道」、「強字之曰道」……儼然就是學術風範，如此嚴謹的一代宗師，總不會在最嚴謹的問題上給我們來點奇特的弦外之音吧？

而且，道法自然這個解釋，正與現在的「大爆炸」（Big Bang）理論相合。簡單地說，大爆炸理論認為，在大爆炸之前，只存在一個「奇點」（Initial singularity）。那時候還沒有空間，也沒有時間。既然沒有時間，自然就沒有因果，沒有因果，自然就沒有邏輯，沒有邏輯，自然就沒有一切物理定律。所以為什麼會產生大爆炸？答案是沒有原因，因為那時候根本不存在因果的概念，連時間都還沒有產生呢！或者說，如果有一個類似「原因」的東西存在，那麼這個東西必然存在於四維時空之外，也就是存在於更高維度的空間或者平行宇宙。鑑於人類的直覺在宏觀尺度和微觀尺度上從來沒有對過，我猜測，人類直觀地認為僅僅存在單一宇宙這個直觀判斷，正確的可能性微乎其微，反倒是存在平行宇宙的機率可能更大一些。

扯遠了，還是回到「大爆炸」。奇點爆炸的一個普朗克（Max Planck）時間（即理論上最小時間單位）之後，產生了空間和時間，以及現在作用於萬事萬物的物理定律。這個狀態，正好對應到了老子所說的「道生一」，這個一就是那個四維時空以及一切規律，也就是這個宇宙。宇宙的定義，上下四方謂之宇，古往今來謂之宙。宇宙就是整個四維時空，當然包括時空本身以及其中的萬事萬物。

天法道，也就對應上了。天，不只是指頭頂上的藍天，而是指一切包裹著地的那個東西以及地，也就是我們之前說的這個宇宙，也就是那個「一」。地法大，也對應上了，地就是我們腳下的大地，以及在地上的世間萬物，其中自然也包含了人。人法地，也就好懂了。這可能是最早的環境決定論（Environmental determinism），這也是演化論的單純思辨版。這不是一個比喻，人的外表、性格和文化特徵主要就是由地理因素決定的，當然，決定的方式不是「風水」，而是演化。順便說一句，「風水」最初講的其實就是人類與地理之間的關係，只不過後來逐漸被迷信化了。

例如風水上喜歡山南水北，為什麼？因為人生存需要水源，所以要臨近水；但是洪水來了，離得太近，住得太低會被水淹死，所以要選擇山坡上；中國很早就進入了農耕文明，農耕需要充足的日光照射，又需要充足的水源，同時不能被洪水淹沒，山南水北的半山腰上，條件全部滿足。同時山可以抵擋北方的寒流以及游牧部落騷擾……於是山南水北就成了風水寶地。

關於環境決定論也有很多例子。例如中原大地有著廣袤的平原、充足的日照和降水，適合農作物生長，所以這片土地孕育了中華民族這個農耕文明；而希臘多山，陸地交通不便，但愛琴海上島嶼相望，風和日麗，非常適合航行，所以古希臘依託航海技術發展出了商業文明。

老子應該正是觀察到了不同氣候、地形、水土塑造了不同地域，而人們也各具特色的樣貌、性格與習俗，才總結了這句「人法地」。今天看來，真是一語道破天機。

講了這麼多，不禁感嘆於幾千年前的一位老人居然憑藉思辨就寫出了這五千字，傳誦至今仍然字字珠璣。感嘆之餘，更重要的是要看老子是如何推理出「天人、地大、道大、王亦大」以及「域中有四大，而王居其一」的。因為，人透過天地效法的就是道，所以人是可以追求道的，透過追求

道，人可以同於「道」，正是因為人有了這樣的主觀能動性和可能性，所以人才有資格與道、天、地並立。

這就是老子的「人本」精神。對於我們創業者來說，不管我們的使命具體是什麼，但服務於人、為人創造價值這一點是不可動搖的。這裡面的人既包括了使用者，也包括了團隊。永遠把人當人，不要把人當作機器，永遠為人創造價值，而不是為資本，秉持人本主義，生而為人，我們別無選擇。

心不正就什麼事都做不成

上德不德，是以有德；下德不失德，是以無德。上德無為而無以為，下德為之而有以為。上仁為之而無以為，上義為之而有以為，上禮為之而莫之應，則攘臂而扔之。故失道而後德，失德而後仁，失仁而後義，失義而後禮。夫禮者，忠信之薄而亂之首。前識者，道之華而愚之始。是以大丈夫處其厚，不居其薄；處其實，不居其華。故去彼取此。（第三十八章）

這一章語出驚人，仁義禮智被全盤否定，很多人據此說老子是反對儒家的，也有人把老子理解成了虛無主義，更有甚者據此認為老子是反人類、反社會的。

為什麼會這樣？最主要的原因，還是自己的心不正。很多人心裡充滿了怨毒，怨父母沒讓自己當上富二代，怨同事、同學奮鬥而讓自己顯得一無是處，怨老闆、資本家剝削自己，怨男性沒出息養不起自己，怨女性拜金看不上自己，怨社會不能給自己豪宅名車，怨職場疲憊而自己也找不到事少錢多又體面的工作，怨中華文明不能讓自己找到精神支柱。戴著墨鏡的人，就算站在大太陽底下，也會覺得世界黯淡無光。

次要原因是，這段講得確實有些晦澀，如果大家沒有接受過良好文言

文訓練，沒有接受過系統邏輯訓練，沒有足夠閱歷，無法理解確實情有可原。之所以說這是次要原因，是因為那些「心正」但能力不夠的人，人家看不懂，不看就可以了，無法理解，一笑了之就可以了，絕不會拿老子當幌子去散發負能量，因為人家根本沒有負能量。

　　有的版本把這章作為全篇首章，也額外增加了理解《道德經》的難度。但是，好處也不是沒有，他使得《道德經》變成了一部懸疑片，最後會有一個大反轉，讀完會讓人恍然大悟，「原來老子說的是這麼回事啊」！這種設計給人的衝擊力可能會更強。沿著老子一貫的思路來理解，只需要在老子反對的對象前面加上「刻意標榜」這個定語，那一切困惑就迎刃而解了。

　　上德並不刻意去追求德，因為追求的是道，所以有德。追求德和追求道有什麼區別？好比我們打羽毛球，練高遠球標準動作，高手是把這些標準動作訓練成了肌肉記憶，只要球來了，自然而然地就會打出一整套連貫的標準動作。他會去想每一個環節做得是不是標準、動作是不是連貫、發力是不是集中嗎？不會。正是因為他不想，所以動作才能行雲流水，才能把高遠球打好。

　　下德刻意地去追求德，唯恐失去德，所以無德。還是打高遠球，新手訓練一定是從分解動作練起，蹬地、轉胯、轉肩、揮臂、旋腕和收指，每個動作都有很多的細節，需要一項一項地打磨。整個一遍練下來，分解動作沒問題了，就要練習連貫了。很多環節是同步的，還有一些環節是動力鏈，一環扣一環，連貫做不好，無論怎麼打都很彆扭，還不如之前業餘瞎打。為什麼不能連貫？因為練得不夠，沒有把動作融進潛意識，每個動作都需要想，這一想就慢了，慢了動力鏈就斷了，斷了就發不出力了，高遠球自然也打不遠。下德的人就是這樣，他們時時刻刻、心心念念想著「德」，為人處世不自然，反而會讓人覺得惺惺作態。為了獲得「德」這種

回報而去做事，就好像為了把標準動作做對而去打球，反而適得其反打不好，所以叫做無德。

上德不會刻意作為，是因為「本應如此」，為什麼本應如此？因為道就是這樣，沒有為什麼，這就是前面說的「道可道，非常道」。我們追求道的過程中，心裡形成了一個半成品模型，那個模型就叫做德，現在叫價值觀。雖然還不是道，但它具備了道的混沌特徵，就是說不清。為什麼覺得星空很美？不知道，語言無法描述，也不用描述，美就是美，這才是德。如果我們能列出一二三四來論證星空的美，那論述的已經不是星空，也不是美，而是具體的一二三四這些概念了。所以，老子才說「下德無為而有以為」。意思就是，雖然不刻意去做什麼，但仍然有一個不刻意而為的理由，哪怕理由是為了愛、為了道義、為了信用，這些未必不好，但就德而言，已經是下德了。

如果德做不到，那就只能退而求其次追求仁了，仁者愛人。大家可能就困惑了，愛人有什麼不好呢？為什麼老子要批判仁愛精神呢？請各位注意，老子並沒有評價好壞，老子說過「美之為美，斯惡也」，人家認為價值判斷沒有固定標準，只是相對而言，所以他不會犯這種低級錯誤打臉自己的。老子之所以說仁是一個退而求其次的選擇，只是因為與德相比，他確實就是退而求其次了，這是一個事實，或者說這是形式邏輯推導的必然結果，並不帶有任何主觀因素。

為了理解這一點，我們要回顧一下，究竟什麼是德？道是宇宙萬物在人心中的投影，或者說，道是人類思維為宇宙建立的一個完美模型，它是一個理想狀態。人類很難達到那個理想狀態，因為我們用於建立複雜模型的最有效的工具是語言，廣義的語言包括了自然語言、數學語言、機器語言等等。全部這些語言加在一起，也沒辦法建立一個完美模型。但是，幸好我們可以用類比的方式去建立一個模糊模型。這個模型雖然不精確，也

不完美，不能做到百分百預測萬事萬物，但它終究還是更接近於道了。這個我們心中模糊的、不完美的、追尋著道所建立起來的半成品模型，就叫做德。

道的特點是，以萬物為芻狗；德的特點與道類似，以百姓為芻狗。芻狗這個意象很重要，也是一個非常具體的比喻。芻狗是草扎的狗，粗製濫造，祭祀之後不是燒了就是扔了，其本身毫無價值。但是，它是祭品，所以又很神聖。因為不結實，要輕拿輕放，加倍小心。祭祀的時候擺在祭壇前面，人們對著祭壇行禮，看起來也就是對著芻狗行禮。一句話總結，就叫「對你好，但與你無關」。所以，德就是這樣，沒有任何目的，沒有任何企圖，你之所以覺得我對你好，其實並不是我為你做了什麼，而是我在追尋著道，而你這個芻狗恰好沾光了而已。

各位覺得這種德，自己可以做到嗎？是不是很難做到？難就對了，因為老子所講的德根本就不是為我們普通人講的，而是為天子講的，諸侯勉強也可以參考，至於諸侯以下的士大夫都已經不適用了，那就更別說平民百姓了。為什麼天子要修德呢？因為天子富有天下，任何一點喜怒好惡都會被一層層逐漸放大。上有所好，下必甚焉，所以對待任何事、任何人都要慎之又慎。一個合格的天子不能偏愛任何一個人，因為這種偏愛會給予這個人極大的權力，以至於權力失衡；也不能偏好一件事，喜好戰爭就會引發窮兵黷武，喜好女色就會引發荒淫無度；甚至喜歡閱讀、藝文、體育都不行，因為會有人鑽營取巧，投其所好，自己也會玩物喪志。所以，天子這個角色不是人，天子是天的代表，他的所有行為要盡可能地符合道，所以他追求的是德。

可是現在已經沒有天子了，為什麼我們還要學習《道德經》呢？難道我們也要學習做天子不成？天子雖然沒有了，權力的焦點卻永遠都在，國家需要一個領導者，企業也需要一個老闆，家裡需要一家之主，這些角色

在他們的管理範圍內，就相當於天子。就算是一個普通人，也會有不同的角色，對父母是子女，對子女是父母，對老婆是老公，對朋友是朋友，對老闆是員工，對員工是老闆。這麼多的角色要怎麼管理？我們自己也需要一個天子的角色去統管所有這些角色。而天子這個角色，所要追尋的就是道，指導行為的就是德。

一個人有很多不同的角色，也不可能只按照德的方式去扮演所有角色。於是就有了仁。仁的基礎是「惻」，也就是共情能力。看到嬰兒在井邊爬，光是想一想都要驚出一身冷汗吧？遇到這種情況，沒有人會置之不理吧？這就是孟子所說的「惻隱之心，人皆有之」。正是這種共情能力使人類天生心中就有符合仁的部分。

那為什麼說仁比德是退而求其次了呢？因為德離道最近，以德行事，不但可以使萬物眾生感受到我們對它的好，而且還可以使它獲利，可謂兩全其美。所以，德雖然沒有刻意得仁，但卻可以達到所有仁能夠達到的效果，可以說，道相容了德，德相容了仁。

那仁與德的區別是什麼呢？德的目標是道，仁只是過程中的副產品，我對你好但與你無關。仁的目標就是仁，我對你好就是為了你。求其上者得其中，很可能出現「婦人之仁」這一類仁而無用的東西，我只是愛你，但卻對你一點幫助都沒有。更糟糕的是，會出現「假仁」，我表演出一副仁的模樣就好了，反正這就是目標嘛，達到就好，管他怎麼達到呢？當然，這還不是最糟糕的。最糟糕的是，有人會藉著仁的名義實施道德綁架，或者強行把自己的喜好強加於人。

搭車就有年紀大一點的人倚老賣老，強行要求年輕人讓座，不讓座就惡語相向，說人家沒教養；孩子刮了人家的車，家長不但不道歉，還說對方斥責孩子是大人欺負小孩；自己聽歌覺得好，就必須讓別人聽，說不好聽都不行……

例子太多，就不一一列舉了。孔子也意識到了仁存在的這些問題，所以當子貢問孔子，如果一輩子只遵行一句話，應該是哪句話？孔子並沒有說「己欲立而立人，己欲達而達人」，而是說「己所不欲勿施於人」。就是擔心後世曲解，替道德綁架找藉口，可謂一片仁心啊！

而德就沒有仁的這些問題，因為德是個人的事，不論是心還是行，都與他人無關，所以不可能被利用或者歪曲。所以，老子說「失道而後德，失德而後仁」。而義對於仁而言則又退而求其次了。義，可以理解為「儀」，指儀式，引申為一種人與人之間的精神契約。如果說仁還是符合人的本心、主動去愛人的話，那麼義則帶有被動性。這違背了人的私欲，會影響求生欲或繁殖欲。既然違背了私欲，義的推動力就不能只來自於人的內在自發，而需要藉助外力，最主要的就是來自於他人的評價。這樣一來，問題就更大了，既然義來自他人評價，那如果有人透過影響他人的評價來確定我們是義還是不義，我們的自由豈不捏在了他人手裡？

這種擔心並不是多餘的，中國古代王朝後來真的就走上了這條邪路，黨同伐異、封建禮教、愚忠愚孝……這些都根源於義。當然，這並不說明義有什麼不好，好像一把刀，可以用來動手術治病救人，也可以用來殺人。有人用刀殺了人，我們總不能去指責刀匠生產了刀吧？不是刀殺人，是人殺人。孟子提倡義，只不過是磨了一把鋒利的刀。把刀磨得鋒利無比不是孟子的錯，後世的人不用這把鋒利無比的刀治病救人，反而拿它去殺人，誰才是凶手？

無論如何，與仁相比，義的危險性更大，所以老子才說，仁做不到了再退而求其次才追求義。如果精神層面連義都做不到了，那就只好追求形式上的禮了，到了這個地步，已經是沒有辦法的辦法了。所以老子形容禮，是需要刻意而為的，就算刻意推廣，結果卻是「莫之應，則攘臂而扔之」。攘，甲骨文的字形中左邊是手臂，右邊是莊重的禮服，指舉起手臂

露出手臂，對於著正裝的人來說這是很粗魯的舉動。扔，甲骨文字形是手裡抓起一根樹枝，指抓住一個東西丟出去。這個描寫就非常形象了，就是我們去推銷東西，人家不理我，我就強拉住硬塞給人家，用現在的話說就叫強迫推銷。

前面說義已經帶有強迫性了，但好歹還只是語言、態度上的強迫，雖然也算強迫，但並不強硬。可到了禮，可就真要動手了，古代不講禮法，是要被判刑的，例如用了不該用的車子、穿了不該穿的衣服等，再嚴重點，可能就要被砍頭了。

道德仁義禮，就是一步步妥協，逐步退而求其次的過程。從道的自然，到德的效法自然，再到仁的發自內心主動愛人，再到義的半自發半強迫的犧牲，最後到禮的完全形式化的行為標準。所以老子說，到了刻意強調禮的時候，必然是道德仁義這些內在的、自發的東西已經淡薄到極致了。不忠不信的人太多了，迫不得已，才只好用禮去規範他們。所以，禮就是「亂之首」。這個首字要注意，很多人把他翻譯成罪魁禍首，顯然曲解了老子的意思。老子說禮是迫不得已的產物，可沒說是因為禮才迫不得已的，因果不能搞混了。首，就是頭，也指起始點。罪魁禍首這個詞，要到明朝才出現，老子那個時候是沒有這個用法的。所以，老子說禮是「亂之首」，就是字面意思，到了禮就要開始亂了，禮是亂的起始表現，而不是說因為有了禮才會亂。

前識者，識與認相對，我們現在常說認識，要先認而後識。認（認），從言從忍，指用言語對事物進行分割，分割成什麼呢？分割成名，也就是概念。識，從言從織，指把語言關聯起來，也就是把概念連線起來。概念連線起來就是理，從玉從裡，指玉上雕琢的花紋，引申義指概念之間的連線，是不是很具體？而理繼續綜合就變成了知，也就是有用的經驗。所以，前識，指的就是這些理和這些知。

　　老子把前識比喻為「道之華」，華心是花，華而不實就是只開花不結果。意思就是，這些理和知雖然看起來很美，但那只是形式，如果我們刻意追求這些，那就是「愚」的開始。之前講過「意」，也就是我們的注意力，這東西很活潑，但若放任不管，它就會像猿猴一樣四處亂竄。注意力不集中，自然就顯得愚蠢了。老子用這個字是想說，如果我們被「花」吸引，把心全部放在理和知上面，看花看太多，就會亂花漸欲迷人眼，反而分辨不清事物了。

　　所以，大夫們不居住於薄的地方，薄的是什麼，是禮；而應該處於厚的地方，厚的是什麼，道德仁義，道最厚，依次遞減。不應該居住於花，花是什麼，理和知；而應該處於果實，果實是什麼，當然是心中那個半成品的道，也就是德了。

　　老子講這些，是講給大夫聽的嗎？當然不是，仍然是講給天子、君主聽的，所以最後才有這麼一句「故去彼取此」。意思就是，因為大夫們應該處其厚、處其實，所以我們身為創業者的，要取其厚且取其實，為我們的團隊營造良好環境，這樣才能把大家凝聚起來，自己才能無為而無不為！

　　創業者之於公司而言，在某種意義上來說，其實就是那個君主了。

人是什麼

　　道生之，德畜之，物形之，勢成之。是以萬物莫不尊道而貴德。道之尊，德之貴，夫莫之命而常自然。故道生之，德畜之，長之育之，亭之毒之，養之覆之。生而不有，為而不恃，長而不宰，是謂玄德。（第五十一章）

　　這一章我們講講人。

　　何為人？道生成了人這個精神與軀體對立統一的衝突體。德，養了人

的精神（古時候稱之為「心」）。人在情緒大起大落時，血壓會產生急遽變化，而心臟對這種變化的感受最明顯，古人又不重視解剖學知識，所以他們便誤以為「心」是精神的載體。很多語言都對心賦予了器官以外的意義，例如英文說「with all my heart」（全心全意地）。到現在，在「心」的諸多含義中，反而是心臟這個器官的含義並不重要了，而表示「精神」的那個含義才是最重要的。德畜之，養的就是心，而決定身的行動的也是心，所以德養的就是身心合一的人的整體了。

物質形成了人的軀體，古時候稱之為「身」，與「心」相對。我們在這裡，有必要為「身」與「心」這兩個關鍵概念立一個清晰的定義，否則後面講起來會不清楚。我們在人的「感效能力」上方畫一條界線，這條界限以內的，我們稱之為心，以外的稱之為身，當然，「感性」屬於心，它是心與外界溝通的入口，也是心的一切運動的發端。

所謂感性，就是人類透過感覺器官去獲取外部世界的資訊，包括視覺、聽覺、嗅覺等。這些器官之於人，就好像各種感測器之於手機，例如眼睛就好像鏡頭，把外界的圖像蒐集起來，加工成資訊傳送給處理器，處理器透過程式來處理這些資訊，最終形成判斷，即要做什麼，這也就是「應」。這個由感到應的過程，就是我們熟知的「感應」，所謂「天人感應」原本說的就是人的認知機制發揮作用的這個過程，只不過後來被別有用心之徒給神祕化了。

人腦就是手機中央處理器（Central Processing Unit，簡稱 CPU）的角色，屬於硬體，而那些處理資訊的程式，就是「心」了，是軟體。這個軟體從外部獲取資訊的介面，就叫做「感性」。獲取資訊之後緊接著的一步，就是把資訊分門別類，形成概念，也就是「名」。概念是一切知識的起點，所以我們把形成概念的能力稱為狹義的「知性」。當然廣義的知性還包括了透過「工具理性」加工，最終產生「知」的一系列過程。

有了概念之後，我們對概念進行分類、聚類與類比，使概念之間形成連結，這種能力叫做「理性」也叫做「邏輯」。由於這種理性主要針對客觀世界，實際上是人類理解世界的一種工具，所以也稱為「工具理性」。

與工具理性對應的，是人類進行美與醜、善與惡等價值判斷的理性，這種理性被稱為「價值理性」。一個人的價值理性是如何形成的？說不清楚，背後是一個混沌系統，這個混沌系統，現在被稱為價值觀，也就是老子所說的「德」。

除了工具理性和價值理性之外，人類還有另外一種判斷模式，那就是直接觸發欲望、產生情緒、腦子裡閃現出一個念頭。這條路徑很原始，動物也有，我們人對它駕輕就熟。所以絕大多數人感覺不到這是一條路徑，反而覺得這就是感性那個點本身，所以他們將這條線路誤稱作了「感性」。確切地說，這種一閃而過的線路應該叫做「直覺」，它是一種動物本能，就是「覺」了之後一直到欲、到情、到念，一條線下來中間沒有轉彎，所以才叫「直覺」。

以上就是心作為軟體的三個模組以及身與心的界定。

回過頭來，我們再說一下「勢成之」。勢指的就是事物依靠力量而隨著時間逐漸成長的過程。勢成之，就是說人是具有時間維度的，一個人並不僅僅是當前時間節點上的切片，而是一切歷史與未來的總和。我們可以把人想像成一條時間軸上面的蟲子，出生是頭，死亡是尾，從出生到死亡的這一段，便是人。

老子用這四句定義了人。人即是由道生出的心與身對立統一的衝突體，這個衝突體具備一切道的特性，它不是靜止的，而是運動的，是透過自我否定不斷發展的，是量變引起質變的，是與其相關的一切過去以及一切未來的總和。

人最貴重的是什麼呢？當然是心。但心裡面又包含了欲、情、念；

名、理、知；惻、仁、德，這三個維度，就叫它們「道心三維」好了。這三個維度互相垂直，互相作用，其中哪個才是最重要的呢？答案當然是「德」。

我們來做幾個思想實驗，證明一下這個觀點。首先，德能不能控制「欲、情、念」一線？假如我們和父母都一天沒吃飯了，這時候有人給了一碗飯，請問我們會不會像野獸一樣去爭搶呢？很大機率是不會的對不對？是什麼限制了我們的求生欲，阻止了搶飯吃的念頭呢？當然是德。因為我們的德不允許自己與父母搶食，同樣父母的德也不允許與我們搶食。最終，大家可能一人吃上一點，雖然都吃不飽，但是都能活下來。這也是人類演化出「價值理性」的原因，因為只有這樣，群體才能夠利益最大化。

其次，德能不能控制「名、理、知」一線？假如我們和孩子遇到火災，看著熊熊燃燒的大火，自己心裡清楚得很，如果自己一個人跑，應該可以逃出，而如果揹著孩子一起，很可能大人孩子一起葬身火海。我們會拋下孩子嗎？很大機率不會，對不對？寧可共赴黃泉，也不能一人獨活。是什麼限制了我們的求生欲，讓自己奮不顧身救孩子呢？當然還是德。因為自己的德不允許自己拋棄自己的孩子，那樣就算逃了出來，後半輩子也無時無刻不被良心譴責。這也是人類演化出「價值理性」的原因，雖然短期看是一個雙輸局面，但是我們的犧牲可以感召無數人，每個人能捨己為人一點，整個群體會獲得難以想像的收益。

最後，我們用反證法驗證一下，如果最重要的是「工具理性」會怎麼樣？工具理性的特點是，只要假設相同，結論就必然相同。如果人只具有工具理性的話，理論上所有人對同一件事物的判斷就是完全一致的。判斷一致，行為也就一致，如果所有人的行為都一致了，人與人的區別是什麼呢？我之所以為我，正是因為我與他人的判斷不同、行為不同，否則，我

不就是個不能自主的機器人？所有人不都成了同樣的機器？

如果最重要的是「直覺」呢？那不就變成一群野獸了嗎？只知道吃飽了交配，人擋殺人，佛擋殺佛。以人類的戰鬥力，失去了社會合作，恐怕立刻就被「職業野生選手」秒殺了。

綜上，正著看反著看，人類最重要的只能是德，也就是價值觀，沒有之二。

而德是什麼？是個混沌系統對不對？混沌系統的特點是什麼？無法建立解析模型對不對？任何一個微小的輸入變化，都會引起巨人的輸出變化，也就是「蝴蝶效應」（Butterfly effect）。所以，德與道類似，我們知其然而不知其所以然。既然無法解析，那麼德對於我們來說就是「自然」的，本就是這樣，沒有為什麼。

道生成了人，德畜養了心，心引導著「工具理性」與「直覺」去指揮人。德使人成長，但同時也對人加以規範。德不會任由一個人野蠻生長，它會不斷匡正人的行為，最終使之成為對人類社會有用之人。

德庇護人，同時也磨練人。不得不說，老子對德的描寫非常形象。他告訴我們，德不是一個單純的褒義詞，德與仁不同，仁只是單純地愛人，德可不是。當我們按照自己的價值觀做事，就算窮困潦倒，被那些笑貧不笑娼的人看不起，德還可以是我們的避風港，讓疲憊的心靈休養生息。但是，一旦我們違背了自己的價值觀，例如拿了不義之財，就算其他人把自己高高捧起，德卻會在我們的心中種下一棵毒草，隨著時間推移，這棵毒草會越來越大，讓我們的良心飽受煎熬。

德畜養人，同時也折騰人。覆，字形中上面是一個扣著的器皿，下面是行和復，指顛倒。沒有人的價值觀是生下來之後就一成不變的。德在畜養人、使人成長的過程中也在不斷地否定，否定再否定，人才能夠成長。

讀書的時候，我們有沒有看不起周圍那些埋頭苦讀的好學生？說人家浪費大好青春而不去吃喝玩樂，是不是腦子壞了？剛工作的時候，我們是不是看不上主管，覺得他就會挑些雞毛蒜皮的小細節，還沒有自己有水準？

現在再回頭看，會不會後悔當年在學校沒有多讀幾本好書？如果那時候多讀幾本好書，自己是不是可以早想通一些人生的道理，不用苦苦掙扎、摸爬滾打這麼多年，直到翻開書才恍然大悟，原來自己辛辛苦苦總結的，先賢們早就已經說過了。

當了主管之後，看著下屬提交給自己的連格式都不統一的簡報、數字都對不上的報表，勉強壓抑著心中怒火，讓他們回去重做的時候，會不會為自己當初工作上的得過且過而臉紅？

一個人看十年前的自己覺得臉紅、丟臉，這是正常現象，說明我們的德沒有放棄自己。它生成了我們，卻不擁有我們；它指引我們作為，卻不自恃其功；它使我們成長，卻不主宰我們。這個說不清道不明的德，就叫做「玄德」，其實它才是真正的我們。

為什麼成大事者都有一顆赤子之心

含德之厚，比於赤子。蜂蠆虺蛇不螫，猛獸不據，攫鳥不搏。骨弱筋柔而握固。未知牝牡之合而全作，精之至也。終日號而不嗄，和之至也。知和曰常，知常曰明，益生曰祥，心使氣曰強。物壯則老，謂之不道，不道早已。（第五十五章）

又是神祕主義重災區！都說了儒道本是一脈相承，這一章的核心意象「赤子」使儒道兩家又撞上了。後來人能把儒、道分得那麼清楚，還一副你死我活、勢同水火的架勢，也真是夠為難他們的。

只要「赤子」這個意象一出現，老子就要使用比喻和誇張的修辭法了，因為不比喻、不誇張，一般人難以理解這個意象背後的含義。要我說，關於「赤子」，孔子解釋得就很好，就是「隨心所欲不踰矩」！

騎車騎熟了，不用想怎麼騎就可以騎得飛快。羽毛球練熟了，不用想怎麼打就可以贏得比賽。籃球練好了，不用什麼花俏動作，一個停頓加速急停跳投就得分了。邏輯練熟了，遇到問題不自覺地會問「是什麼」、「為什麼」、「如何做」，回答完問題就解決了。格物熟練了，有了念頭就會分析情緒，有了情緒就會分析欲望，有了私欲就引導向涵欲，自然就沒有邪念。情緒穩定了，學會了做人，有了完整的價值觀，一切行動遵照德的指引來做，自然就「隨心所欲不踰矩」了。

這種融會貫通，技術、方法、方法論、價值判斷全部融入潛意識之後，其表現就是「赤子」了，這就叫「含德之厚」。

赤子什麼樣？泰然自若地躺在那，毒蟲不蜇咬，猛獸不抓撓，猛禽不搏擊。筋骨雖然柔弱，但是手卻可以牢牢地握住東西，不知道男歡女愛之事，卻可以勃起，這就是活力到了極點。哭了一天，嗓子卻不沙啞，這就是「和」到了極點，發而皆中節謂之和，就是不早不晚、不快不慢、不多不少，正好在節度上。

再次強調一下，這就是比喻加點誇張的修辭法，諸位可千萬別當真。嬰兒演化出來的「可愛」模樣，倒是有可能降低野獸的攻擊欲望，不過萬一野獸好奇，過來用爪子抓個幾下，那可是很要命的，千萬不要嘗試。至於抓握得牢，這就是演化的結果了，據說是因為人類早期生活在樹上，嬰兒出生之後需要抓握樹枝避免掉下去，所以衍生出新生兒的抓握能力。勃起、哭鬧也是演化的結果，這沒什麼神祕的。

老子這段描寫，其實就是在為人指路的時候，因為路太遠，怕人不信，「明道若昧」嘛，所以用了一個誇張的動作去指。動作雖然誇張，但

也只是為了引起注意，我們關鍵還是要看人家指的路，別亂想那個誇張的動作是什麼意思了。

知道「和」叫做「常」，之前講過「和」了，如果選出中華文明最重要的兩個形容詞，「和」就是其中之一，另一個叫「中」。凡事有節度，符合節奏，在節點上，當然可以長久。知道「常」稱為「明」，自發光叫明，能長久的自然不可能依靠外力，自己必定是太陽。

益生日祥，不大好理解。祥，字形是示（祭壇）旁放了一隻羊，指預兆。老子那個年代，吉兆叫祥，凶兆也叫祥，例如祭祀死者的凶禮也叫「大祥」、「小祥」。這個字是到了很久之後，才逐漸演變得只剩下了吉兆，也就是「吉祥」的「祥」。所以，後面這兩句跟前兩句相對照，說的就是反面了。貪生縱欲就是凶兆，不順其自然地濫用精神氣力，叫做「強」，就是「強梁者不得其死」的「強」，也就是強橫的意思。

所以物壯而老，盛極而衰，因為違反了道，自尋死路就死得早。老子在說什麼？不自尋死路就不會死嘛！拿赤子做對比，讓我們追求私欲的時候也可以對照一下，看看自己是不是又自尋死路了？赤子無欲無求、人畜無害，所以大家自然也不會傷害他。赤子順其自然，不假裝，不做作，該哭就哭該笑就笑，精氣神十足，永遠不知疲倦。所以，我們想與別人爭名奪利的時候，違背良心的時候，曲意逢迎的時候，逢場作戲的時候，想想赤子會這樣做嗎？赤子不做，我做了，我不就是自尋死路嗎？

可是私欲永遠都有，控制不住怎麼辦？要透過格物去格自己的「欲情念」。格透澈之後自己看看，是求生欲還是繁殖欲沒有被滿足？吃不飽了還是找不到伴侶了？都不是？那我還想吃多少？要怎麼找到伴侶？把多餘的精神轉移到通欲上面去，去求知，去創造美，不好嗎？

第三章　認知

老子的三寶是什麼

　　天下皆謂我道大，似不肖。夫唯大，故似不肖。若肖，久矣其細也夫！我有三寶，持而保之：一曰慈，二曰儉，三曰不敢為天下先。慈，故能勇；儉，故能廣；不敢為天下先，故能成器長。今舍慈且勇，舍儉且廣，舍後且先，死矣。夫慈，以戰則勝，以守則固。天將救之，以慈衛之。（第六十七章）

　　老子應該是對很多人闡釋過他的思想，大家給他的回饋是，「你說這些大道理有沒有什麼用？」老子的回答是，就是因為大，才顯得沒用。如果有具體的作用的話，時間長了就變成了微小的技巧，那還是道嗎？

　　接下來，出現了一個很重要的概念，理解了這個概念也就理解了儒道之間的差別。這個概念就是「慈」，對應的儒家概念叫做「仁」。現在我們把「仁慈」並稱，已經變成了一個詞。可實際上，這兩個字是有很大差別的。慈，是上對下的愛，所謂父慈子孝是也。仁者，愛人，下對上，上對上，下對下，這些愛都叫做仁，但是，眾多的愛中，要把慈的那種上對下的愛刨除，剩下的才是仁。我們從來不會說父母對子女仁，而只會說父母對子女慈。

　　支撐慈的是德，為什麼要慈？因為我的價值觀認為慈是好的，所以我才要慈。所以，我雖然對萬物慈，但實際上並不是因為萬物，萬物還是祭壇前面的芻狗而已，而祭壇則是德，所祭祀的則是道。

　　支撐仁的是什麼？孔子沒有說。所以，在後代的儒家思想體系裡面，仁就是一切的根源，仁沒有原因，仁就是第一因。但孔子說過，「吾道

一以貫之」。雖然曾子解釋為「忠恕而已」,但那只是「吾道」的「用」,是「吾道」在實踐中的具體展現,但「體」是什麼?沒有記載。記載的只是「子不語:怪力亂神」和「未知生,焉知死」。從這些話可以看出,孔子對形而上的內容是非常克制的。不過,克制歸克制,這麼大的宗師,他不可能不貫通形而上與形而下。如果他的形而下沒有形而上的根基的話,不可能如此完整且符合邏輯。

從孔子問道於老子,以及孔子將「仁」作為形而下的根基,再加上種種思想的高度重疊,我們只能推測出一個結論,那就是孔子的形而上部分就是老子的形而上部分。也正是因為老子已經談得很清楚、很透澈了,所以孔子沒必要繼續談形而上,轉而將注意力放在了對形而下的研究上。

對於形而下,孔子與老子也進行了分工。老子講的所有內容,實際上針對的都是天子、君主,談的都是如何做一個合格的老闆,也就是為君之道。但是,老子卻幾乎一個字也沒有談及為臣之道以及為人之道。

我所實踐的《道德經》,也只是用於學習,用於做事,用於創業,用於做主管,最多當老闆的時候可以借鑑一下。至於如何做員工,如何做人,想應用《道德經》就不得不轉一個彎。要設立一個角色去做自己所有不同角色的「君」,就叫這個角色「心君」吧!然後,我們站在「心君」的立場上去應用《道德經》,引導我們承擔的各種不同角色,員工、子女、夫妻、朋友等等。

而孔子則不然,孔子講的是為臣之道以及為人之道,當然最終還是為人之道。也就是教我們這些普通人,如何去做一個人。看似有一些為君之道,但實際上孔子還是把君當作了人在教育,儘管你是君,但你首先得是個人。

一個真相呼之欲出,為什麼歷代帝王都是外示儒術,內尊黃老?因為老子才是真正的「帝師」,老子教的才是對症下藥的帝王心術,老子是帝王專業教練。而孔子是「人師」,是教育所有普通人為人處世的,是教「做

人」的專業教練。好比一個球隊裡的技術教練和體能教練，雖然都幫助球隊取得成績，但是術業有專攻，注重的東西並不一樣。

不過，對於一個人來說，老子和孔子兩位教練少了哪個都不行。少了老子，就不會做事，做不成事；少了孔子，就不會做人，做不好人。如果只有老子，雖然殺伐決斷、一呼百應、大業有成，但性情難免流於涼薄，不食人間煙火，生命缺少溫度。所以需要孔子從中調和，以仁愛之心施恩於人，人再以感恩之心報我以義，循環往復，人才有了人情味。

如果只有孔子，雖然有情有義，但別人一旦恩將仇報，自己則容易動搖，因為我們的仁沒有支撐，解釋不了不仁的行為。既然解釋不了，就容易拋棄仁愛，而墮入仇恨，走向另一個極端。這時候，就需要老子出來匡正，為我們解釋仁的背後是德，德的背後是道。我們可以不去追求仁，而去追求道，最終結果殊途同歸，一樣可以達到仁。

這就是儒道之別。老子只談慈，君主對子民，便如同父母對子女。子女一旦有危險，做父母的是不是會奮不顧身？這才是真正的勇。儉，是對自己節儉，可不是要求別人節儉。宗師們有一個共同特點，那就是為大家講述的所有標準，都是讓我們要求自己的，從不是讓我們去要求他人的，這叫「反求諸己」。「儉」就是控制自己的私欲，控制了自己的私欲，不與人爭利，才會獲得廣泛的擁戴。不敢為天下先也就是「後其身而身存」，後面遇到再展開。

如果捨本逐末，不追求慈而直接追求勇，那不就是好勇鬥狠、窮兵黷武了嗎？不追求克制私欲，卻一味要求別人遵從自己，不就成了荒淫無度了？自己事事爭先，卻要求別人把他們的利益讓給自己，不就是暴虐無道嗎？這些都是自尋死路。

如果我們愛團隊成員可以像愛子女一樣，必然會得到團隊的擁戴。團隊擁戴，萬眾一心，眾志成城，不就可以戰無不勝了嗎？還擔心守不住基

業？就算有強敵環伺，想要不被消滅，也只有打造慈愛的團隊，凝聚人心這一條路了。這一條道理，看起來就是專門對我們現在這些創業者說的。

有人可能會問，不是說以百姓為芻狗嗎？怎麼又像愛子女一樣了呢？有子女的倒是可以自己「格」一下，自己為什麼對子女好？是因為喜歡他們的樣貌嗎？是因為認同他們的價值觀嗎？是對他們有所圖嗎？肯定都不是，我們對子女好，就是因為他們是自己的子女，沒有原因。或者說，這是一個複雜原因，開始是動物本能的繁殖欲，相處久了又有了親情，親情是什麼？又是一個混沌系統，這不還是德嘛！所以，我們對子女好，與子女的人沒有關係，只是價值觀做出了一個價值判斷，說「應該如此」，便如此了。

老子說，對團隊也該如此。

如何做老闆

道常無名，樸雖小，天下莫能臣也。侯王若能守之，萬物將自賓，天地相合，以降甘露，民莫之令而自均。始制有名，名亦既有，夫亦將知止。知止可以不殆。譬道之在天下，猶川谷之於江海。（第三十二章）

本章講的是管理，從零到一講管理，為創業者量身定製。

上來還是先講道，不過沒什麼新鮮的，道是沒有一個明確概念的，這其實就是開宗明義講的「道可道，非常道。名可名，非常名」，換了個說法而已。樸，就是未經加工的木材。既然道外無物，那自然就不會有什麼力量去雕琢它，所以就是一塊原始的木料。

雖然小，但是沒有人可以使它臣服。還是一個道理，道外無物，天地人逐層效法於道，那自然道是至高無上的。如果創業者可以恪守道的法則，那麼萬物就會自行服從。這個道理跟「芻狗」類似，反過來想，我們

把自己擺在「芻狗」的位置上，所有人都要服從於自己身後的道，那就自然而然地服從於自己了。

天地相合，以降甘露。這是以天地做一個比喻，來形容君主的行為恪守了道的法則之後，就可以既占天時，又占地利，優勢占全，自然就會收穫「甘露」。甘露，就是甘甜的露水，沒什麼神祕的，就是比喻受益良多且雨露均霑。有了這麼多收益，子民自然就可以大有收穫。既然有足夠的利益，那我們連發號施令都不需要了，大家自己動手，就能豐衣足食。

有這麼一句話：「站在趨勢上，豬都能飛起來」。什麼是趨勢呢？很多人以為，趨勢是可以預測出來的，於是想方設法地去找趨勢，總是提問「未來十年最大的趨勢是什麼？」這種行為怎麼說呢？其實就跟那些整天計算樂透中獎號碼的人是一樣的。稍微學過點機率的人應該都明白，每次樂透都是獨立事件，之前的結果對下一次完全沒有影響，所以每次中獎的機率都是一個天文數字，只不過這個數字在分母上。好像拋硬幣，拋了一次正面，再拋會是什麼？仍然是正反面機率各百分之五十嘛，不管拋多少次，下一次的機率都是五五分布的。

我們覺得自己能預測拋硬幣嗎？既然不能，幹嘛要去預測趨勢呢？趨勢從來都不是預測出來的，趨勢是真刀真槍試出來的，當然這個過程很花錢，也可以說趨勢是花大錢砸出來的。

老子是怎麼教我們創造趨勢的？要恪守著道去做事。怎麼恪守？用現在的話說，就是要循著人們的需求，想方設法地為盡可能多的人提供價值，盡可能少地與人爭利，就是另一章講的「上善若水」與「利萬物而不爭」。做到這個，自然就創造出了趨勢。

你看，網際網路就把老子的思想用到了極致，為使用者提供各種便利，還不收錢。不但不收錢，很多時候還倒貼錢。很多網際網路平台就是這麼一路把平台做大，做到上市，一人得道，雞犬升天，員工自然是不待揚鞭自奮

蹄。這就是老子所說的,「天地相合,以降甘露,民莫之令而自均」。

不過,這只是開始,順風局自然怎麼打怎麼有。但是甘露不能持續地降、沒完沒了地降,不是說了「飄風不終朝」嗎?何況是甘露呢?紅利期過後,就會進入平台期,這時候就需要制定制度了,否則不就亂了秩序了?

怎麼制定呢?始制,就是開始建立制度。創立制度就要有「名」,之前講過,「名」用現在的話講就是概念,建立制度的第一步就是建立概念,在團隊裡把概念的定義講清楚。概念都包括什麼呢?首先就是目標,最長遠的那個目標叫使命,短一點的叫願景,再短一點叫策略,然後是年度預算、月度預算、週計畫等等。目標清晰之後,剩下的就是要劃分清楚權力和責任,被賦予權力的同時就要承擔責任,履行了責任就得利,履行不了就失利,這就是權力執行的最基本法則 —— 責、權、利匹配。上到天子,下到庶民,沒有例外。

權責的劃分要適可而止,也就是不能把權力無限地擴大。根據權責利匹配原則,我們的權力越大,承擔的責任也就越大,得失都會被同時放大。當我們的權力大到一定程度,自己已經承受不了相應的責任,那時候就完蛋了。所以,為了避免悲劇的發生,擴張權力得有節制,步伐大了便走不安穩。

怎麼才能有節制呢?當然還是向道學習呀,不就是「後其身而身先,外其身而身存」嘛!把自己放低,不剛愎自用、不窮奢極欲、不好大喜功、不自以為是。做到了,我們就是江海,因為最低,所有的河流都會匯流到你這裡,我們變得越來越強大,但卻不用擔心承受不住。

還是那句話,身為創業者,怎麼當好老闆?製造趨勢,建立機制,找對人才。然後要退居幕後,做好後勤,微調方向。剩下的放手讓他們去做就好了。

真的存在「天才」嗎

上士聞道，勤而行之；中士聞道，若存若亡；下士聞道，大笑之，不笑，不足以為道。故建言有之：「明道若昧，進道若退，夷道若纇，上德若谷，大白若辱，廣德若不足，建德若偷，質真若渝，大方無隅，大器晚成，大音希聲，大象無形。」道隱無名，夫唯道，善貸且成。（第四十一章）

這一章老子打算幫大家調整調整預期。本來應該在最前面給出預期的，至少這是我的習慣，對困難有了心理準備，才不至於半途而廢嘛。否則看了一句「道可道，非常道」，理解不了，就放棄了，豈不是對讀者太不友好了？這可能就是語錄體的固有缺陷吧，章節之間的關係太鬆散，所以預期到了全篇過半才被調整。

上士聞道，勤而行之。字面意思沒什麼可解釋的，幾乎就是白話。但是，聽起來好像是有一種人，不用學習，天生就是上士了。這種人一聽聞「道」，便心放光明、醍醐灌頂，馬上開始踐行了。孔子也說，「生而知之者，上也」，他認為舜就是天生的聖人。

可真的有天才存在嗎？我見過不少各個領域的「高手」，據我了解，到目前為止還沒有一個人承認自己是天才。他們受到讚譽時，只是應付一下蒙混過去，連謙虛都懶得謙虛的。為什麼不謙虛一下呢？就好像我們教小學生奧林匹克數學題，小學生肯定一臉崇拜地看著我們，說你真是個天才。那時候我們怎麼想？難道還真的一本正經跟小學生謙虛一番？說沒有沒有，我連國家隊都沒進去過。但是，人家畢竟認可我了，不給人家面子又不好，那就只能應付一下。

為什麼高手們不承認自己是天才？因為就算是喬丹（Michael Jeffrey Jordan），年輕的時候也差點進不去校隊。高手經歷得多了，遭遇困境多

了，想囂張也囂張不起來。孔子自己都說「我非生而知之者，好古，敏以求之者也」。你看，連聖人都不承認自己是天才，就不知道得多無知無畏的人才會認為自己是天才呢？

我們仔細讀書會發現一個規律，古人所說的「生而知之者」，都是對已故前人的評價。例如，孔子評價舜是天才，後人等孔子死後評價孔子是天才。為什麼一定要死後評價呢？因為生前說人家是天才，人家根本不承認嘛！既然生前人家不讓他人稱讚，那就只好在其死後用溢美之詞「報復性」地飽和「攻擊」了。

孔子崇古，尊重古聖先賢，本來初心是好的，就是給大家樹立完美的楷模，高標準嚴加要求地激勵人們向先賢學習。可後人沒有這個覺悟，把這事變成了教條，「君子時中」的教誨早被拋到九霄雲外去了。久而久之，一池清水變成了一坑爛泥，這也是老子不贊成標榜仁義禮智信的原因。

「上士」這個物種放在老子的體系中，其產生的唯一途徑就只能是基於「弱者道之用」理論了，即量變引起質變。中士聞道，若存若亡，有了朦朧的感覺之後，開始身體力行。不斷地在事上磨練，不斷地實踐，不斷地來回對照理論發現問題，有則改之，無則加勉，循環往復，一日貫通，終成上士。

三十年前，我讀到「後其身而身先，外其身而身存」時，靈光一閃，決定踐行。三十年來，風風雨雨、起起伏伏，以至今日。提筆時竟不敢說「我注老子」，當是「老子注我」，洋洋灑灑二十萬字，也只托出個冰山一角。這些總結，卻早已在幾千年前被一位宗師總結成了五千言，無怪乎孔子說「述而不作」，孟子說「遊於聖人之門者難為言」，誠不我欺！

下士聞道大笑之，乍一看還真憋不住笑了，老子這老人還真有意思，跨越幾千年罵人，罵得仍然歷歷在目、栩栩如生。可是仔細品味才發覺，老子哪裡有心思罵人，他只是說了一個殘酷的事實。

光明的道像是昏暗的。有人在路旁打羽毛球，沒有場地，比誰打得高、打得遠、能打多少個回合「和平球」。在他們看來，那些花錢去球館打球的人，一定是腦子有問題，要不就是錢白花的。不然為什麼明明可以免費玩的東西非要花錢玩呢？這就叫明道若昧。

前進的道像是在後退。有一天，我們厭倦了路旁打球，好奇球館裡大家怎麼打球，於是進去球館看了看。然後才發現，原來羽毛球是有規則的，是一項競技運動，原來打得那麼激烈。於是，我們也開始進館打球了。可是，本來在外面打得又高又遠、虎虎生風，到了場地上卻發現自己是最菜的那個，這就叫進道若退。

平坦的道像是崎嶇的。我們被困難折磨得受不了了，報名了課程開始正式練球。原來自己連握拍姿勢都不對，要從「蒼蠅拍」握法改成「菜刀」握法，突然一改連球都打不到了。好不容易適應了握拍，開始練習高遠球分解動作，做每個動作前都需要思考，於是動作總是慢半拍，感覺打得還不如以前了。分解動作練得差不多了，我們滿心歡喜地去挑戰人，結果反被打敗了，標準動作根本用不出來。只好繼續練動作連貫，練步法，練移動中擊球，練多球。每一項都很掙扎，過程都很絕望。終於有一天這些都練完了，再去球場打球的時候發現，只打高遠球就能將原來那些所謂的高手打得滿地找牙，這叫夷道若纇。

高尚的德低得像谷。這時的我們在別人眼裡儼然已經是高手了，但自己心裡卻很清楚自己幾斤幾兩。身為一名業餘三段選手，甚至跟業餘四段打都過不了十分。所以即便打敗了原來的「高手」們，自己卻不得不謙虛，反而更加努力地訓練提高自己。這叫上德若谷。

潔白無瑕好像藏汙納垢。別人好奇我們是怎麼變得這麼強的？我們一五一十地告訴他們，自己如何一點一點糾正動作，一點一點練習再複習，都是笨功夫，誰都可以做到的。可是他們偏不信，覺得我們一定是找

到了什麼「武功祕笈」，有了捷徑之後才一步登天的，這叫大白若辱。

廣大的德少得像不足。我們越訓練越發現，原來羽毛球是這樣的博大精深，這裡面的細節多如牛毛，而且每一個細節都是關鍵的。我們如飢似渴地訓練，感覺永無止境。這叫廣德若不足。

剛健的德好像在敷衍。每次訓練時我們都會把自己的動作錄下來，隔一陣子，就下場去重看錄影，分析自己的動作細節。在別人看來，這人可真夠懶的，打那麼兩下子就下去玩手機了，沒出息。可磨刀不誤砍柴工，偏偏是我們複習做得最好，練習得最勤，進步也最快，這叫建德若偷。

質樸真誠反而像是虛偽善變。當別人看到我們進步這麼快，打得這麼好，紛紛稱讚我們是天才。我們卻只是苦笑著搖搖頭，說：「我哪裡是天才，一個動作練了幾千次，仍然練不好，天才不是生下來就什麼都會的嗎？」在別人看來，明明天賦異稟，卻還遮遮掩掩，這人真虛偽，這叫質真若渝。

最方正的東西好似沒有四角。我們跟對手打球，打的就是最基本的四方球。經過苦練，自己的動作標準流暢，一致性也好，步伐輕盈，啟動迅速。偌大一個場地，我們站在中央，對方卻不知道該往哪裡打，因為根本找不出破綻，這叫大方無隅。

越貴重的器物製成得越晚。訓練的時候，別人都是練幾堂課，草草地把動作做一遍，看著差不多就去打著玩了。即便基本功不扎實，但已經可以打敗他人了，還有什麼可練的？只有我們每一個動作都反覆打磨，細嚼慢嚥。別人小球、吊球、殺球都練了一遍，可我還在執著於高遠球。等我去跟他們打比賽的時候，人家都已經打過好幾年了。別看他們打比賽多，但是我們一上場卻技驚四座，那時的我們在他們看來已經是神一般的存在了，這叫大器晚成。

羽毛球打到這個水準，我們自然掌握了一套方法論。之所以叫方法

論，就是因為不光是打羽毛球可以用，打乒乓球也可以用，所有運動都可以用，所有學習也都可以用，所有實踐也可以用。就是所謂的「一樣通，樣樣通」。

最宏偉的樂章反而聽不到聲音，讓我不禁聯想到「超弦理論」，物質最基本的單位是一根在高維空間震動的「弦」，這是宇宙的樂章，我們聽不到，也證明不了。當然，老子指的肯定不是「超弦理論」，可能是自然的樂章，可能是文明的樂章，誰知道呢？

最大的形象反而看不見它的形狀。宇宙大不大，我們能看到形狀嗎？天大、地大，人亦人，哪個我們可以看到形狀？當然，這裡的「人」指的就不能是人的「身」了，而是人的「心」，不是器官的心，而是精神的心。

最後當然還有最大的那個，道，看不見，說不得，道可道非常道，名可名非常名嘛！

不自尋死路就不會死

出生入死，生之徒十有三，死之徒十有三，人之生、動之死地亦十有三，夫何故？以其生生之厚。蓋聞善攝生者，陸行不遇兕虎，入軍不被甲兵。兕無所投其角，虎無所措其爪，兵無所容其刃。夫何故？以其無死地。（第五十章）

從生到死，總結成一句話，不自尋死路就不會死。長壽的有三分之一，短壽的有三分之一，這就是機率問題，沒什麼好說的。但是，本來可以長壽，可自己偏要自尋死路，最後真的自尋死路了的，也有三分之一。

這就奇怪了，為什麼會有人自尋死路呢？他們自尋死路，並不是不怕死，恰恰相反，是他們太怕死，以至於求生欲放縱過度，貪得無厭，最後反而自尋死路了。

為什麼善於求生的人出門遇不上老虎犀牛這些要命的猛獸？因為人家根本就不會去犀牛猛虎出沒的地方。言外之意是什麼？是有些人為了賺錢連命都不要了，去荒山野嶺獵殺老虎、犀牛，就是為了把老虎皮、犀牛角這些珍稀的東西賣了謀利。可賺錢為了什麼呢？為了衣食無憂，活得長久。問題是，他們能活著享受到衣食無憂嗎？

為什麼善於求生的君主入軍不會有血光之災？老子可不是宣揚什麼神功護體、刀槍不入，結合前面講過的用兵之法，人家還是在告訴君主「上兵伐謀」的道理。為什麼「兵無所容其刃？」因為人家就不跟你打，你怎麼對人家動刀子呢？這就叫沒有「死地」，用現代話說，就叫不去自尋死路。

有人可能又不以為然了，說「我又不會打獵，又不會打仗，老子說的這兩件事跟我有什麼關係呢」？這種表達方式叫做隱喻，是需要我們結合上下文讀懂言外之意的。我們確實沒法打獵、也發動不了戰爭，但是我能保證自己沒自尋死路嗎？

上學有沒有為了得第一名，就希望別的同學都考不好？甚至人家有問題問我，都故意不講清楚？工作中有沒有為了自己可以升遷加薪，就希望別的同事業績做不好？甚至暗中耍陰招、動手腳？平時聊天、喝酒、唱歌、打球，是不是總想自己出風頭，壓制別人？這些是不是自己處心積慮、明裡暗裡在搶別人的利益？這跟與虎謀皮、與兕謀角有什麼區別嗎？這與發動一場戰爭有什麼不同嗎？那些是自尋死路，這就不是自尋死路了嗎？

很多人處心積慮地想發財，絞盡腦汁也想不出辦法，所以見人就問，怎麼才能發財？下一個趨勢是什麼？做什麼可以年入百萬？其實，他們想的還是把別人口袋裡的錢放進自己的口袋裡，只不過不敢明目張膽地說出來而已。儘管嘴上不說，可心裡在想，只要心裡想了，就會表現在言行舉

止上。每個人都不傻，我盯著人家錢包，人家會沒有反應？設身處地一下，如果別人盯著自己的錢包，自己會是什麼反應？那如果有人進一步動自己的錢包呢？自己會跟他拚命吧？我盯著人家的錢包，動人家的錢包，人家又何嘗不會跟我拚命呢？一個人跟我拚命，恐怕已經難以負荷了吧？更何況我盯著那麼多人的錢包，那麼多人要跟我拚命呢？這不叫自尋死路，那什麼才叫自尋死路？

怎麼才能發財？怎麼才能成為人上人？第一步，就是忘了發財這回事，徹底打消人上人的念頭。找一件自己認為有意義的事，沉下心來、埋頭苦做。等這件事做好了，有了價值，對社會有了貢獻，經濟規律會回饋給我們財富，社會規律會回饋給我們地位，但這些只能是我們創造價值的副產品。想在樹蔭下乘涼，我們要種樹，而不是研究樹蔭。

為什麼說限制一個人的首先是他的認知

使我介然有知，行於大道，唯施是畏。大道甚夷，而民好徑。朝甚除，田甚蕪，倉甚虛。服文彩，帶利劍，厭飲食，財貨有餘，是謂盜竽。非道也哉！（第五十三章）

介，指堅定。施，通迤，指彎彎曲曲。一旦我對「道」有了了解，便會堅定不移地執行，行走於大道之上，唯一怕的就是誤入歧途。本來大道才是坦途，可偏偏有人喜歡耍小聰明抄捷徑。抄捷徑的結果是什麼呢？朝堂空空如也，田地荒蕪，穀倉空虛。而君主自己卻穿著華麗的服裝，佩戴著利劍，山珍海味都吃膩了，搜刮的財貨也用不完，這不就是強盜嗎？已經與道背道而馳了。

字面意思很好理解，也沒什麼爭議，可問題是有多少人能禁得住捷徑的誘惑，而堅定地去走大道呢？就說打羽毛球吧。業餘打球的裡面，百分

之九十的人握拍是錯的，他們把球拍當作「蒼蠅拍」握，為什麼？因為蒼蠅拍握習慣了呀，打球跟拍蒼蠅不是挺像的嗎？所以如何才方便，他們就如何握拍。如果有人告訴他們說，這種握拍不對，沒辦法發力，調整角度也不靈活，你覺得他們信嗎？不但不信，反而會嗤之以鼻。「我這麼握打得也挺好的，哪有這麼多規矩？」所以，這就是之前講的「夷道若纇」。

小部分人可能會嘗試一下標準握拍，但是剛換過來，可能連球都接不到了，於是他們就又放棄了正道，如何舒服就如何做。這就是捷徑的欺騙性，因為捷徑彎彎曲曲，乍一看路程短，而大道通天，沒有盡頭，看起來就讓人絕望。所以，絕大多數人禁不住捷徑的誘惑，誤入歧途，這就是老子提醒我們的「唯施是畏」。

職場跟球場有什麼不同呢？最終有所成就的，都是那些專注做事，不斷總結歸納，遇到問題解決問題，不貪圖功勞且負責任的人。反而你看那些巧言令色、油嘴滑舌的，可能一時哄得老闆開心，被表揚幾句，賞點小恩小惠。可長期看，打鐵還需自身硬，不長真本事就只能原地踏步。這些人沒本事，所以「寵辱若驚」，就會開始抱怨，開始傳播負能量，認為自己才華出眾，憑什麼不給自己升遷加薪？因為他們選擇的捷徑走著走著就轉彎了呀。習慣了捷徑自己發現不了，在明眼人看來，他們與升遷加薪早就已經南轅北轍了。再這樣抱怨下去，別說升遷加薪了，能不能保住工作都不好說。怎麼發現自己是不是南轅北轍呢？這很簡單，如果真有才華，這個公司有眼不識泰山沒關係，去市場上面試幾家，觀察人家能不能幫我升遷加薪便可得知，市場認可的是價值，長本事提升價值才是正道。

創業又何嘗不是這個道理？那些處心積慮想發財的，千方百計想出名的，請客送禮找關係的，我想問，各位覺得自己創造什麼價值了嗎？想發財的無非是想不勞而獲，想出名的無非是想招搖撞騙，找關係的無非是想把送出去的錢加倍賺回來嘛。難不成想發財是想讓世界更美好？想出名

是想教化百姓移風易俗？找關係是想為社會服務？真正這樣想的人，人家早就去埋頭苦做，根本沒有心思思考這些歪門邪道。而大道通天，最終成就事業的必定是那些人。

打球要從握拍開始，基本功一個部分一個部分地打磨，這是成為高手的唯一途徑。工作要把手頭的事一件一件做好，那些沉下心來做事的，就算是打雜都比別人俐落，你說老闆吩咐工作會找誰？創業需要有一個方向，朝著一個方向走，即便再慢，我們走上五十年，也比東一頭西一頭的人走得遠。

認知是什麼

吾言甚易知，甚易行；天下莫能知，莫能行。言有宗，事有君。夫唯無知，是以不我知。知我者希，則我者貴。是以聖人被褐懷玉。（第七十章）

「吾言甚易知，甚易行。天下莫能知，莫能行。」意思是我說的話很容易理解，也很容易踐行。可天下的人偏偏理解不了，踐行不了。你看，人家老子自己都說了，他說的是「易知易行」的，不知道那些扯神祕主義、修仙修真的人怎麼解釋這個「易知易行」。難道成仙也很容易？說不通嘛！老子講的就是實實在在做事成事、為君為父的道理。

為什麼這麼清楚的話有些人睜著眼就是看不懂呢？問題就出在「認知」上面。認（认），從言從忍，指透過語言對心中的事物進行分割。分割成什麼呢？之前講過，分割成名，也就是概念。把名組織起來的過程，叫做「識」。透過識，名被連線起來，成了一條條的樹枝，這就是「理」，也就是形式邏輯。這些樹枝進一步連線，就成了概念樹，這個過程叫做「格」，格的本意就是樹枝的分叉，而形成的概念樹就是「知」，也就是我

們現在說的「知識」。

所謂認知，就是從「認」開始，最後到「知」的過程。其中最關鍵的是什麼呢？是認，沒有認就不能形成名，沒有名就沒有理，沒有理就沒有知。認，是一切知的開始，認知最重要的也就是先要對事物形成一個概念。而所謂的認知缺失，就是說連概念都沒有，不知道自己不知道，這是最原始的狀態，也是最難突破的一關。

老子說，人不可能平白無故地說話，也不能莫名其妙地做事，總是要有原因的。原因之前還有原因，而根上的原因就叫「宗」、就叫「君」。

大家看不懂我說的話，做不到我說的事，正是因為他們「無知」。所謂無知，不是貶義詞，而是一個客觀的表述，就是他們沒有突破認知，不知道原來原因是有根的。更不知道還有這麼深奧的道理，可以把原因的原因說清楚，當然也就不會去聽、不會去做。最終結果就是，聽不懂也做不到。也就是「下士聞道，大笑之，不笑不足以為道」。所以說，能理解我的少之又少，能以我的話為圭臬付諸實踐的，更是難能可貴。這就是為什麼聖人穿著粗麻衣服，卻心懷寶玉的原因了。

有人會說，你們這就是自我心理安慰吧？都已經穿粗麻衣服了，還好意思說自己心懷寶玉？真有寶玉，為什麼不賣掉，買愛馬仕（Hermes）穿？你看，說來說去還是認知問題。我為什麼喜歡愛馬仕？總不會是因為衣服品質好吧？還不是因為穿出去有面子，顯得有錢，讓人另眼相看？可如果我真有了一百億，天天開著豪車去買愛馬仕，一個月之後還會覺得愛馬仕有多麼豪華嗎？而實際上，很多人認為的奢侈品，在歐美國家都是放在賣場特價區堆成山在賣的。我要是看到那個場景，還有興趣炫耀嗎？

很多教授在校園裡就騎著一輛破腳踏車上下班，給我一身愛馬仕，我就有信心碾壓騎破腳踏車的教授了？新一代的網際網路創業者，我們還真沒見過誰那麼熱衷名牌的，穿 T 恤、簡單的長褲和休閒鞋的倒是不少。他

們是買不起嗎？不是，他們是不在乎。不是裝出來的不在乎，而是他們的認知裡面就沒有這麼一件事，根本就不知道有錢了還要穿名牌。

你看，有錢人也有認知缺陷，他們對奢侈品沒有概念。聖人的認知也有缺陷，他們對錢沒有概念。而我們好多人的認知也有缺陷，就是只對錢有概念，反而對聖人的「美玉」沒有概念。區別是什麼？聖人沒有私欲，只有求知欲和美欲；我們則沒有通欲，而只有飲食男女這些私欲。

如何突破認知

知不知，上；不知知，病。夫唯病病，是以不病。聖人不病，以其病病，是以不病。（第七十一章）

接著上一章繼續講認知。知道自己不知道，很好。為什麼很好？因為既然知道自己不知道，必定是已經知道了「有那麼一個東西」自己不知道。例如我們發現自己不知道原來打好羽毛球還要練那麼多標準動作，這就很好，說明我們發現了標準動作這個概念的存在，自己也就突破了認知，下一步只需要繼續去了解標準動作的具體內容就好了。當然，那又是一個難關，需要突破另一個認知，那就是不騎車就永遠學不會騎車，不練習標準動作就永遠學不會標準動作這個認知。不是知道就行了，還要去實踐；也不是實踐就行了，還要參考標準後多加練習。這就是孔子說的「學而不思則罔，思而不學則殆」。也就是陽明先生說的「知行合一」。

不知道去突破認知，是病，必須要治。不知道羽毛球還有標準動作，打一輩子羽毛球，也還是個菜鳥，根本入不了門，連系統訓練一兩年的小朋友都打不過。不知道要為他人創造價值，絞盡腦汁想發財，一輩子也不會發財，除非買樂透中獎。不知道人與人要合作共贏，整天與人勾心鬥角，一輩子都只能停留在最底層，大家還都躲著我走。這難道不是最大的病嗎？

聖人不會得這種病，因為他知道這是病，他非常害怕患上這種病，所以他才不會得這種病。這句話老子說得太居高臨下了，沒給具體方法，怎麼才能不得病？如果我們怕自己的認知有局限，要如何做才能突破這個局限呢？老子沒有接下去說明，我就代勞一下。

想要突破認知，首先要深刻地認知到，在建立那個完美的宇宙模型之前，我們永遠都存在認知局限。或者說，我們一旦突破了所有的認知局限，我們就可以建立一個完美的宇宙模型，我們就可以精準地預測一切未來、控制一切未來。那時候的我自身即是宇宙，我即是道。我們現在可以嗎？不行。不但不行，而且離那時還很遠，道對我們來說遙不可及。所以，我們不但存在認知局限，而且是無比巨大的認知局限。

我唯一知道的就是我很無知！把這個觀念刻在骨子裡。那樣的話我們還能驕傲得起來嗎？還能自滿得起來嗎？這就為突破認知做好了準備，就是老子所說的「虛其心」。

下一步，就是我們前面一再強調的格物了。格自己的欲情念，格到了私欲，發現其實已經滿足了，那就把多餘的注意力放到求知和求美上面去。讓好奇心引領著我們不斷地探索未知世界，讓愛美之心帶著我們去發現和創造更多的美。每當自己發現一個新的領域，就可以突破一個認知。在充滿未知與美的領域盡情探索，追求極致，去獲取極致體驗。

不要在低水準層面上徘徊，不要重複發明輪子，努力尋找訓練方法，努力實踐，努力想辦法進步，不斷提升自己，讓自己在更高的水準層面上獲取更極致的體驗。這時，有人會引用莊子的話「吾生也有涯，而知也無涯，以有涯隨無涯，殆已」，人家道家不是說了，不要去求知嗎？你為什麼還讓我們去追求極致體驗？

老子說的是「無為而無不為」，而莊子說的是「其生若浮，其死若休」。老子是積極的，莊子是消極的。老子是入世的已經不能再入世的實

用主義；莊子則趨向於虛無主義，但又不是完全的虛無主義，他為虛無主義加了個唯一目的，就是「逍遙」。莊子顯然也有一個認知缺陷，那就是他沒有意識到還有一種方法叫做歸納法。我們沒有辦法了解所有種類的水果，但是我們卻可以歸納出一個水果的概念。有了這個概念，就足夠我們了解所有種類水果的大概屬性。雖然不精確，但這至少保證了我們不會墮入「無涯」之中。

應用在實踐中，我們可以在不同理論的學習過程中歸納出方法，進一步歸納出方法論，例如陽明先生的「知行合一」，就是一個最根源上的方法論。不論學什麼，做什麼，無非就是一邊學一邊實踐，一邊實踐一邊學，如此反覆累積成果。

只需要在三項運動上成為高手，例如籃球、足球與羽毛球，我們就一定可以掌握運動這個大類別的訓練方法，面對一個新的運動種類就可以快速上手。有多快？快到令人無法想像、不可思議，別人會叫我們「天才」，而所謂的「天才」，就是這樣產生的。

突破了運動領域，在藝術領域也可以快速突破，書法和畫畫無非就是手指的運動，唱歌無非就是氣息、聲帶和共鳴腔的運動，跳舞本身就是運動。另一大領域是腦力運動，數學是個非常好的突破點。學好了數學，就可以熟練使用工具理性，也就是形式邏輯。而一切科學都是透過數學語言進行表述的，其核心就是形式邏輯與實驗驗證。所以，學通了數學，就學通了一切科學。

有了形式邏輯的基礎，工作中遇到問題，分析問題自然易如反掌，無非就是在不斷對概念進行分類和聚類。追問「是什麼」，對核心概念進行分類，從而得出精確定義。追問「為什麼」，也就是「目的是什麼」，對問題的目的進行聚類，從而得出自己想要什麼。當分類做到足夠細，最底層那些問題的答案，就是我們要找的「如何做」。是不是很簡單？

形式邏輯就包含在「格物」之中，對外特別物，對內格自己的心，先格「欲情念」，再格「惻仁德」，順便把「格物」自己所在的「名理知」也格了。格到格不下去，那便是撞到了混沌系統的牆。不過沒關係，那時候我們累積的極致體驗已經足夠多，足以去搭建一個完整的價值觀。

有了價值觀，我們就可以切換到價值理效能力，就可以把那些極致體驗進一步加工，建立一個模糊模型，這種模糊叫做境界，評判的標準是：是否滿足了我們的美欲。當我們的美欲被不斷滿足，我們也就不斷地接近那個完美的宇宙模型，也就是道了。

權力是什麼

民不畏威，則大威至。無狎其所居，無厭其所生。夫唯不厭，是以不厭。是以聖人自知，不自見；自愛，不自貴。故去彼取此。（第七十二章）

威，以武力使人屈服。如果老百姓已經不懼怕暴力了，那麼他們很快就會對君主使用暴力了，說白話一點，就是要革命了。不要去侵占老百姓的居所，不要影響老百姓的生計。只有君主不去欺壓百姓，百姓才不會厭惡君主。聖人有自知之明，不會顯露自己的權威；潔身自愛，卻不高人一等。所以，要捨棄後者，保持前者。

有人可能又會說了，老子這不就是老生常談嘛，愛護百姓這種事還用說嗎？誰不知道呢？你別說，不是有心人還真不一定能體會出來什麼叫「民不畏威，則大威至」。我們身為老闆站在臺上高談闊論下一個月的業績目標，而那個目標顯然無法達成。看看臺下員工，他們一臉不屑、百無聊賴地聽我們誇誇其談。我們的話音剛落，那邊就拍屁股走人，連問題都懶得問。我們以為自己一呼百應，實際上，是因為絞盡腦汁想出來的目標太離譜，大家只把我們的話當放屁，懶得理會我們而已。

我們訓誡孩子，剛開始孩子還頂兩句嘴。後來，連頂嘴都懶得頂了，無論我們怎麼說，他就低著頭不吭聲。我們以為他是被說服了，實際上，是他對我們已經徹底失望，放棄了溝通。當我們跟別人討論問題，巧舌如簧，說得別人默不作聲。我們以為自己舌戰群儒，把所有人說得心服口服了，實際上，在別人眼裡，我們只不過是個跳梁小丑，大家心照不宣，靜靜地看著我們表演而已。

很多人，掌握了權力，就不自覺地濫用權力。哪怕是讓他在門口當保全，他都會想方設法刁難進出的人。為什麼會這樣？根本的原因是，絕大多數人並不能夠真正理解權力是什麼。很多人誤以為得到權力就像中了樂透，反正中獎的是我，得來的錢當然想怎麼花就怎麼花。這也是為什麼有那麼多人嚮往當皇帝，還經常有人問，皇帝是不是可以不用任何藉口去殺一個不該殺的人。

而實際上，權力並不是樂透，不是來自運氣或者機率，權力來自承認並服從於自己的那些人。身為君主，權力就來自於民；身為老闆，權力就來自於團隊；身為家長，權力來自於子女。一個人不承認我們的權力，我們的權力就少一分；一成人不承認你的權力，我們的權力就少一成；一半人不承認我們的權力，我們的權力就不存在了，這也是為什麼大多數投票選舉都要求獲得支持超過半數才能當選的原因。

權力最初形成，就是我犧牲一定的自由，服從你的指揮，換來彼此同時的物質收益增加，是一種赤裸裸的交易。而正因為權力是一種交易，所以交易雙方必然是對等的。但權力往往是一對多的交易，這種交易無法在每一個個體身上實現對等，怎麼辦？於是對等關係被進一步抽象化到了更高維度，也就是透過權力、責任與利益的分配來實現交易雙方的對等，這就是著名的「權責利分配」法則。

身為一個君主，既然我們有權力去發號施令，那就同時有責任保證子

民豐衣足食。責任完成了，自然錦衣玉食，萬民敬仰；責任無法完成，就要國破家亡，生不如死。這麼大一個賭局，讓我們玩，我們願意玩嗎？大多數人肯定是不願意的，與妻兒安穩的過日子就很好了，何必擔驚受怕去當君主？權力並不是什麼好東西，看上去八面威風，背後卻是任重如山、風險無邊。

知道了權力是這麼大的一場賭局，身為賭徒還有心情去招搖過市嗎？心理承受能力一般的，是不是都要輾轉反側、徹夜難眠了？就算心理承受能力強的，也要先想方設法保住小命才行吧？今天讓子民挨餓受凍，明天說不定自己就要身首異處，這麼大的壓力下還有人跩得起來？

這就是老子所說的「聖人自知不自見，自愛不自貴」。不是聖人有多高尚，而是聖人分得清責任利害，沒心思炫耀而已。當然了，君主和父母類似，就算子民、子女不服從我們，我們也不能更換了他們，對吧？但是老闆則特殊一些，有人不服從，我可以換人。那是不是老闆就跳出了「權責利分配」的法則，不受責任和利益限制了呢？

當然不是！與過去的老百姓相比，員工顯然也擁有更大的選擇權。君主欺壓百姓，只要做得不是太過分，老百姓還是必須忍著。畢竟造反的成本太大了，只要有口飯吃，能活下去，誰願意以命為籌碼鬧革命呢？

反觀現在的員工呢？「造反」成本太低了，說不做就可以不做，說跳槽就可以跳槽。老闆欺壓員工，員工就會跳槽，而且是越有價值的員工越先跳槽，留下來的是那些沒有本事，跳不走的。雖然跳不走，但是他們會抱怨，抱怨會傳染。本來就沒有什麼本事，還整天怨聲載道，這個公司能好得了嗎？老闆們倒也沒有君主們賭得那麼大，最多傾家蕩產，極端情況下也就是幾年牢獄之災，一般不會有性命之憂。不知道會不會有哪位老闆豁出去身家財產去過一把「唯我獨尊」的癮呢？

「勇」和「敢」有什麼區別

勇於敢，則殺；勇於不敢，則活。此兩者，或利或害。天之所惡，孰知其故？是以聖人猶難之。天之道，不爭而善勝，不言而善應，不召而自來，然而善謀。天網恢恢，疏而不失。（第七十三章）

勇敢現在已經連起來用了，但是勇和敢兩個字的意義實際上截然不同。勇，表示殺伐決斷。敢，意思就是膽子大。我們後來經常說的「膽敢」就是這個意思。人人都知道老虎屁股不能摸，你還非要摸，摸了還沒有用，這種行為有一個比方專門形容，叫腦子少根筋。

我們說見義勇為，勇通常是與義相關的，捨生取義的行為才叫做勇。走在路上多看一眼就能以命相搏的亡命之徒就不能叫勇，只能叫敢，因為他的行為沒有任何價值。

有人可能會覺得這樣可以顯示自己膽子大、不好惹，你不敢的我敢，我多厲害？馬桶水也沒人敢喝，喝了就能證明自己膽子大了？並不能，這些好勇鬥狠的行為不能叫勇敢，只能叫腦子少根筋。

而身為一個君主，手裡掌握著生殺大權，天子之怒，流血千里，伏屍百萬，就更不「敢」了。所以老子說，「勇於敢則殺，勇於不敢則活」，用現在的話說，就是「衝動是魔鬼」。然而，敢與不敢往往只在一念之間。怒氣攻心，生出一個邪念，沒有及時地去格它，縱容著念頭發展下去，就是「害」。及時格了這個念，斷了這個想法，反而去做自己應該做的，那便是「利」。

公司開會討論問題，我們給出了一個解決方案。有人提出了質疑，而且人家的質疑切中要害，說得自己啞口無言，這時我們會不會惱羞成怒？會不會立刻使盡渾身解數找藉口，千方百計狡辯，強詞奪理甚至胡攪蠻纏？

但是我們的目的是什麼？是解決問題，對不對？狡辯這個念頭有利於解決問題嗎？沒有。所以路走歪了，是邪念。我們來格這個邪念，背後的情緒是什麼？是惱羞成怒的「怒」對不對？為什麼會怒呢？是因為「羞」。「羞」又是怎麼來的？因為自己的自尊心受不了了。自尊心又是哪裡來的？來自求勝欲，我們會想像著站在別人的角度上看自己，他們會怎麼想？一定認為自己是個白痴，犯了低級錯誤不說，還被人罵得啞口無言。於是覺得以後再也抬不起頭做人了，所以只好為尊嚴拚死一搏。

怎麼解決這個問題？首先，我們要知道，我們對自己的關注是被主觀放大了好多倍的。為什麼？因為我們掌握自己的很多細節，包括心理活動、情緒、欲望等，而這些是別人無法掌握的。我們很多時候在意別人的看法，就是因為自己內心戲太多，表演得太逼真，連自己都信了。而在別人看來，他們可能根本就沒在意說的是什麼解決方案，也根本沒注意到有人罵了我們，人家有可能只是在思考自己的問題而已。我們自己強行加戲、強詞奪理的行為，反而更容易引起大家的關注，就像在提醒大家，我犯錯了，快來看呀。其他人說不定還會詫異，這個人剛才還好好的，怎麼說爆就爆了？剛才發生什麼了？這個人情緒也太不穩定了，是不是家裡出什麼事了？

格到這個程度，我們自然也就知道該怎麼做了吧？我們的求勝欲太強了，需要把多餘的注意力轉移到工具理性上面來。人家說得對，大大方方承認就得了，翻篇之後繼續解決問題，那才是關鍵。時刻牢記自己的目的，心裡只有一個目標，眼睛只盯著一個目標，然後直奔目標，這就是「德」，眼直、心直、行直。

為什麼上天厭惡勇於敢？實際上，老子不知道，而我們現在是很容易知道的。因為在漫長的演化過程中，那些膽子大、腦子少根筋的個體會去做危險而無用的事情，結果往往是死無葬身之地，於是這種少根筋的基因

也就逐漸被淘汰掉了。

於是老子得出的規律便是，聖人不好勇鬥狠卻善於取勝，不巧言令色卻善於應對，不千呼萬喚卻人心思歸，從容淡定卻一切盡在掌握。就像編織好的一張大網，萬事萬物都在大網之中，看似網線稀疏，卻從來沒有漏網之魚。

最後這句「天網恢恢，疏而不失！」可以算得上是千古警句，只不過現在經常被用在法律宣傳上，變成了「法網恢恢」。可法律只是底線，總不會有人滿足於活在底線邊緣吧？想要有美好生活，希望實現自我價值，我們對自己的要求顯然要高很多才行。要對「大網」心存敬畏，勇於探索，小心求證，戰戰兢兢，如臨深淵，如履薄冰。

君主如此，老闆也是如此，不敢意氣用事，不敢誇誇其談，不敢輕易誇下海口，默默做事，完善制度。唯有如此，方可敬慎不敗。

抓到耗子才是好貓

天之道，其猶張弓與？高者抑之，下者舉之；有餘者損之，不足者補之。天之道，損有餘而補不足，人之道則不然，損不足以奉有餘。孰能有餘以奉天下？唯有道者。是以聖人為而不恃，功成而不處，其不欲見賢。（第七十七章）

天對待萬物的方式，不就像張弓射箭嗎？瞄高了就放低一些，瞄低了就舉高一些。拉得太滿就放鬆一些，拉得不滿就再加點力氣。天對待萬物的方式，就是減少過多的以補充不足的。人對待人的方式就不一樣了，多的讓他更多，少的則越來越少。誰能產出多餘的部分用來奉養天下人？恐怕只有德行符合道的人了。所以聖人為天下百姓操勞，卻從不自恃其功；有了功勞，卻從來不往自己身上攬。他們不想表現出自己的賢能。

天之道這個類比，實際上用得並不妥當，應該是老子受到了當時認知的局限。我們現在有了《演化論》（Theory of Evolution），知道了「物競天擇，適者生存」，這才是「天之道」。「天」並沒有一個意志，雖然老子沒有過多地提及天的意志，但這個瑕疵涉及了一個本質問題，我們不得不糾正它。否則，天一旦有了意志，那麼就必定會影響人的意志，人怎麼可能不服從於天呢？這樣一來，人就失去了自由。人如果沒有自由，我身而為人，我是什麼？只能是被決定論決定了的一個劇本，自己的一生只是照本宣科地走完了這個劇本。如此一來，人生的意義是什麼？顯然已經沒有意義，因為一切都早已注定。那麼我們將趨向虛無主義，唯一有意義的事，就只有死亡，因為那是劇本的終結。這也是為什麼虛無主義者選擇自殺，因為只有結束生命才能擺脫這一切的「毫無意義」。

天不能擁有意志，從眾多的實驗結果看來天也確實沒有意志。萬事萬物都是演化的結果，天對待它們的唯一方式，就是物競天擇，適者生存。人是眾多倖存者之一，與其他倖存者不同，人類演化出來了意志。所謂意志，在古代稱為「心」，一顆求道之心有三個維度，我們稱為「道心三維」。其中「欲情念」是動物本就具有的直覺部分；「名理知」是人類有別於其他動物的工具理性；「惻仁德」則是人類演化出來的超越工具理性的價值理性，也叫做「審美」。

「道心三維」的背後，是漫長演化形成的一個混沌系統，我們目前還沒有辦法為其建立更具體的模型。既然沒有模型可以預測我們的「心」，那麼我們的「心」就是自由的。所以，人擁有自由意志。自由意志，才是真正的我。

既然「天」沒有意志，我們也就不能模仿「天」。社會達爾文主義（Social Darwinism）的致命傷就在於，他們混淆了「過去是什麼」和「應該是什麼」。「天」既然沒有自由意志，而人有自由意志，那麼人應該如何做，當然只取決於人，跟「天」沒有關係。所以，即便自然的法則是「物競天

擇，適者生存」，人類也可以選擇另一條路：「扶危濟困，尊老愛幼」。我們之所以為人，正是因為我們可以選擇不同於自然的法則。否則，一切按照自然法則來的話，我們與動物有什麼差別呢？我們的自由展現在哪裡呢？我還怎麼能是我呢？

雖然老子的類比用得不恰當，但是他的結論沒有問題，人確實也應該「損有餘而補不足」。孔子說，「民不患寡而患不均」，正是對老子結論的註解。

什麼樣的人才是好君主？「能有餘以奉天下」的君主才是好君主。這句話又有很多人理解錯了，說那還不簡單？君主劫富濟貧不就得了嗎？有錢的全部抓起來，沒收財產，再把財產分給窮人。自己仔細想想，如果自己努力工作賺錢，只要比別人多就會被強制分給別人，我還會努力工作嗎？當然不會，對不對？因為賺了不但自己得不到，還會被抓，與其這樣，那就做窮人好了。正好可以混吃等死，豈不快哉？

可如果人人都這樣想，人人都混吃等死，生怕自己成為有錢人被抓起來，一個個不比致富，反而想方設法致貧，這個社會會變成什麼樣？大概不到一個月就土崩瓦解。懸釜而炊、易子而食的慘劇也近在眼前。

老子會犯這麼低級的錯誤嗎？顯然不會，所以老子說的是「能有餘以奉天下」，而不是「損有餘以奉天下」。什麼叫「能有餘」？就是說君主要有能力帶領天下百姓去創造「有餘」，種更多的糧，織更多的布，豐衣足食之後，自己卻不爭、不恃、不處、不見賢。范仲淹的話我覺得很到位，叫做「先天下之憂而憂，後天下之樂而樂」。

放到現在就是說，在成為好老闆之前，我們要先成為一個有用的老闆，成為一個能賺到錢的老闆。如果連錢都賺不到，拿什麼來養員工呢？當然，賺錢也要透過創造價值，不能透過蒙蔽拐騙，騙子公司的老闆，就不能叫老闆，只能叫大騙子。

　　中國哲學，一直都是實用主義的，物質精神兼顧。不論當君主還是老闆，絕對算不得什麼好事，讓人民豐衣足食、讓團隊衣食無憂是他們不可推卸的責任。

要把錢當資源而不要當資產

　　三十輻共一轂，當其無，有車之用；埏埴以為器，當其無，有器之用；鑿戶牖以為室，當其無，有室之用。故有之以為利，無之以為用。（第十一章）

　　輻，就是車條；轂，就是輪轂。輪子這東西很有意思，世界很多地區都單獨發明出來了，而且形式都一樣，有輻條有輪轂。輪轂中間是空的，所以才能把車軸插進去，這樣車才能用。埏埴，就是製陶的過程，對，就是《第六感生死戀》（Ghost）那個經典畫面。做出來的器皿中間是空的，所以才能盛東西。

　　在牆上鑿出來門和窗，才能住人。古代建房子跟現在不一樣，那時候沒有鋼筋水泥，磚瓦也是奢侈品，只有貴族才用得起，那老百姓怎麼辦？他們用石灰、沙土攪拌在一起變成泥漿，為了增加牢固性，還在裡面加糯米漿和稻草，然後用這些混合的泥漿灌注在兩塊夾板之間搗結實。對，你又猜對了，這就是孟子說的「傅說舉於版築之間」的那個「版築」，傅說這個大賢臣，之前就是農民工。

　　等水分乾了，夾板拆開，就成了牆。古人還是很有智慧的，這就是最早的一體澆灌技術。因為泥漿裡面混雜了稻草，所以做出來的牆上有很多凸出來的草稈，看上去就像土坯上面長了毛。沒錯，這就是「毛坯房」的由來。既然都一體澆灌、一體成型了，自然就得後鑿窗子和門。一般老百姓家裡都是單開門，這種叫戶，雙開的才叫門，門字就是對著的兩個戶

字，具體吧？

　　講這些是想說明什麼呢？想說明不能只追求有，如果輪轂是實心的，器皿是一個以陶製成的糊狀物，房子沒有窗戶、門，這些東西還有什麼用呢？這還是在說互相矛盾的對立統一，還是說要跳出框架來看「有」，跳出來了，才能利用它，成為它的主人，而一旦試圖擁有它，卻反而成了它的奴隸。

　　總能看到這樣的問題，為什麼我總是存不了錢？看了這章就應該不言而喻了吧？就是因為我們總是想存錢，所以才存不了錢啊！

　　可能又有聰明人要笑了，這不就是慫恿我們消費嘛，騙誰呢？你看，這就是為什麼我們存不了錢的原因，說到不存錢，我們就只能想到消費。說來說去，我們還是把錢當作了財產，而我們只是想擁有它而已。

　　而有錢人呢？他們把錢看作是一種資源。差別在哪裡？財產是用來消費的，越消費越少；資源是用來投資的，越投資越多。難道是想慫恿我買理財專案嗎？我們手裡那幾萬、幾十萬的，能有多少利息？搞不好賠進去得多，還血本無歸了。最好的投資永遠不是把錢給別人，別人有別人的利益，不會全心全意為我們賺錢。最好的投資是把錢投給自己。

　　如果我們心中有堅定的使命，那就把錢投給自己去創業，去完成使命。如果心中沒有使命，那就把錢投給自己去學習，去廣泛地學習，在廣泛的領域追求極致體驗。這些體驗最終會成為我們的磚瓦，有朝一日磚瓦充足，我們便可以建造一個自己的價值觀，而價值觀會指引我們去發現自己的使命。

　　對於錢，一旦明白了「有之以為利，無之以為用」的道理，便不再追求擁有錢，轉而追求利用錢。利用得好了，資源會增加，利用得不好了，資源會減少，但不論增加還是減少，我們都不再是金錢的奴隸，而是金錢的主人。那時候，我們就不會再困惑於賺錢、存錢，正因為有了這個認知

突破，我們才更有可能賺到錢、存下錢。當然，那時的我們已經不會因為存了錢而欣喜，心裡想的只是如何利用它們，去創造更多、更大的價值。

市場經濟下，錢是一切資源的一般等價物，所以對於一切資源，均同此理。

老子為什麼勸我們柔弱

天下莫柔弱於水，而攻堅強者莫之能勝，其無以易之。弱之勝強，柔之勝剛，天下莫不知，莫能行。是以聖人雲：「受國之垢，是謂社稷主；受國不祥，是為天下王。」正言若反。（第七十八章）

天下沒有比水更柔弱的了，但是它能滴水穿石、開山劈石、無堅不摧，為什麼？因為水的使命是無比堅定、不可動搖的，它只是流向低處，沒有任何私欲，不會因為一點挫折而改變目標，也不會因為有多個目標而三心二意。

從弱點下手，量變引起質變，弱者道之用，這就是弱之勝強；目標堅定，歷經艱難險阻、百轉千迴，始終朝著目標前進，這要遠勝於剛而不易折。天下人都知道這個道理，但是卻沒幾個人能夠踐行。

有人可能又要曲解老子的意思了。老子說要柔，不就是教我們不要有原則，不要被道德束縛嗎？所以，我沒有什麼底線，只要給錢，什麼都可以做，這不就是柔了嗎？這很困難嗎？我現在就做到了呀！

老子說的柔弱，是以弱為切入點，持續地累積點點滴滴，而底線正是承接這些點點滴滴的容器，最終的目的還是為了「以弱勝強」。如果我們連底線都沒有，不管漏斗口多大，下面沒有一個容器承接，進來多少便漏出去多少，這樣不就永遠是個零嗎？不就是永遠的弱嗎？怎麼以弱勝強呢？

有了底線就不一樣了，我們可以透過不斷地累積，持續提高自己的底線。最初的底線是別人交代自己做事不要出問題。做到了之後，底線提高，變成別人交代自己做事，不但不能出問題，還要超出別人的預期。做到之後，再提高，不但超出別人的預期，而且要接近完美，讓人無可挑剔。做到之後，再提高，不需要別人交代做事，自己就可以發現問題，自己找事做。做到之後，再提高，不但自己可以發現問題，還可以一勞永逸地解決問題。做到之後，再提高，不但可以解決同類型問題，還可以建立預防機制，治之於未亂。做到之後，再提高，不但可以治之於未亂，還可以無中生有，沒有機會創造機會，利用低價值來創造高價值，使人盡其才，物盡其用，能有餘以奉天下。

這才是弱能勝強的弱，你做到了嗎？衝冠一怒容易，忍辱負重難。怒火攻心，頭腦發熱，是腎上腺素刺激下的原始衝動，不光人有這種反應，所有哺乳動物都有同樣的反應。失去理智，違法亂紀，造成損失，甚至鬧出人命，最後鋃鐺入獄，害人害己，這就叫「勇於敢則殺」。這種事豬狗畜生經常做，一個人做出畜生一樣的事情，有什麼可驕傲的？

很多時候死並不可怕，心靈的煎熬比死更可怕。為什麼那麼多人選擇自殺？就是因為有一種折磨叫生不如死。如果在前面加一個期限呢？十年生不如死和自殺讓我們選，我們會怎麼選？有些人可能會選擇自殺。如果期限是一個問號，不知道要多久才能結束這種生不如死的狀態，甚至也沒人能確定是否會有那麼一天可以結束生不如死的狀態，我們會怎麼選？絕大多數人可能都會選擇一死了之。而只有那些擁有堅定使命的人才會選擇忍辱偷生，因為生死榮辱早已被他們置之度外，使命是他們唯一追尋的目標。

夠承擔國家屈辱的人，才有資格做君主；能承受國家災禍的人，才有資格當天下的王。能夠承擔所有風險，即便傾家蕩產也在所不惜的人，才

有資格做創業者；能夠承受所有公司壓力，所有責任一肩挑起的人，才有資格做公司的老闆。

　　奉勸創業者與老闆，如果沒有「受國之垢」和「受國不祥」的決心，還是不要接受這個位子比較好，因為德不配位，必有災殃！

第四章　方法論

做事有什麼「必勝法」

天下皆知美之為美，斯惡已；皆知善之為善，斯不善已。故有無相生，難易相成，長短相較，高下相傾，音聲相和，前後相隨。是以聖人處無為之事，行不言之教。萬物作焉而不辭，生而不有，為而不恃，功成而弗居。夫唯弗居，是以不去。(第二章)

老子提倡的方法論用白話說叫辯證法。兩千多年前的《道德經》白紙黑字、不厭其煩地在講辯證法，這比黑格爾（Hegel）的哲學觀點的提出早了幾千年，而且《道德經》裡的辯證法流傳之廣、影響之深，也遠超黑格爾的《精神現象》(*The Phenomenology of Spirit*)。可惜，有人忘記了祖先的辯證法，以至於現在開自家門，還得去別人家那裡借把鑰匙才行。

這一章，講的就是辯證法三大基本規律的第一條，衝突的對立統一。

我常常在想，老子這些排比是為了增加容錯率嗎？或者是在用歸納法但沒辦法窮舉，所以只舉了幾個例子？抑或只是簡單的修辭手法？現在已經無從知曉了，總之他的目的顯然達到了，大家都能明白「衝突總是成對出現」。

但是老子不談「對立」，他談的是「相輔相成」，這顯然比「對立統一」要更實用。假如我們的認知是「對立」，那麼要如何做？拉攏一邊、打擊另一邊嗎？這顯然就不如「相生」與「相隨」，對吧？所以，孔子也說「和而不同」，我們研究這些東西，是為了「中用」。我甚至懷疑《中庸》就是「中用」，或者說「中用」是主要含義，這一點回頭在聊《論語》的時候詳細展開吧！

不知道大家有沒有發現，「對立」和「相生相隨」看起來相反，但實際上它們是對一件事物的兩種價值判斷。什麼叫價值判斷呢？半杯水放在那邊，有人認為差半杯就空了，有人認為差半杯就滿了，誰對誰錯？都對。這是混為一談嗎？不是，就算再嚴謹，能證明哪一個是錯的？

雖然沒有對錯，但是不同的價值判斷卻會把我們導向截然相反的「如何做」。半杯空先生，他會很焦慮，怕杯子空了，想方設法地保住僅有的半杯水；半杯滿先生，會很積極，因為杯子馬上就要滿了，那就再努力把它加滿，於是他會放下杯子去找水壺。結果呢？半杯空先生的上限是半杯水，而這卻是半杯滿先生的下限，價值判斷就是這麼神奇。

同樣的道理，強調「對立」的會暗示自己選邊站，只要站到了一邊，自然就要跟另一邊對立，必欲滅之而後快。美的就想消滅醜的，好的就想消滅壞的，不只想，做起來也是毫不猶豫，義正詞嚴，以至於無所不用其極。什麼是醜的呢？跟我不一樣的就是醜的，越不一樣越醜。什麼是壞的？當然還是跟我不一樣的嘍。最後就是剷除異己。這樣的人少嗎？到處都是。豆花應該鹹還是甜？榴槤是香還是臭？對立的例子比比皆是。

但是老子不這麼想，他強調「相生」，他說兩邊都一樣，我們不用選，願意站哪邊站哪邊，想換隨時換，換來換去也無所謂，唯一只有一個前提，不管站在哪邊都要與另一邊「相生」。

我愛吃鹹豆花，你愛吃甜的，那你就吃甜的，點菜的時候就各來一碗；我愛吃榴槤，你受不了，我便躲起來吃別讓你聞到。

有人說，這樣會不會變成善惡不分呢？這是個好問題。老子把這種「相生」列舉了一下，相成、相形、相盈、相和、相隨，我們都不用管這些字具體什麼意思，總之一眼就能看出來都是好詞。沒有相殺、相煎、相害吧？什麼意思呢？就是要共贏，是「和而不同」而不是「同而不和」，那樣就變成了小人，結果是雙輸。

現在流行「摸魚」，如果按這麼說，是不是摸魚也沒什麼不行的？如果從摸魚本身看，我們得不出結論，那就要換個角度去看，大家都摸魚的結果是什麼？沒多久公司就倒閉了，對不對？我們怎麼辦？換一家繼續混水摸魚？確定有人要我？除了摸魚我還會什麼？人家憑什麼要我？需要我去摸魚嗎？

這就叫雙輸，這就叫相害，我們摸魚害公司倒閉的同時也害自己失業，公司縱容我們摸魚害自己倒閉，同時還害我們失業，大家都算咎由自取。但是其他員工呢？他們兢兢業業做錯了什麼，要跟著一起失業？不過幸好他們的努力讓自己有了能力可以換一家公司。

怎麼才能共贏？剛才說了，肯定不能選邊站，那樣就「對立」了。那怎麼辦？我們要跳出框架，換個角度之後，就可以找到那個共同的目標了。

有個團隊負責人，表現得出類拔萃。到了年底，老闆一對一請每個人吃飯聊天，輪到了這個人，因為他做得好，平時也坦誠，老闆就半開玩笑問他：「你做了這麼多事，想要點什麼獎勵呢？」他說：「這都沒什麼，老闆給多少是多少。」

老闆回：「怎麼也學得油嘴滑舌了，以退為進是吧？」他說：「倒也不是，而是我也不是為了賺錢才在這裡的。」老闆聞言，道：「喲呵，那你說說你為什麼在這？」他說：「其實也不為什麼，我就想把事做好。在我們這裡，事情多機會就多，又能踏踏實實做事，那就待著。」

老闆知道他家裡沒背景，就明知故問：「看來你是不缺錢啊！」這人知道老闆了解他的情況，就說：「您別逗我了，我不是不缺錢，我是覺得把事情做好，錢自然少不了。公司要真上市了，就算您不給我錢，外面也會有其他人給我高薪。當然了，您也不是那樣的人。」老闆說：「還是你有骨氣，要不然我怎麼要求著你幫我做事呢……」

那年，他拿了最大的年終獎和紅利。老闆還真不是怕他離職，而是因為他的價值就配得上這個價格。這個人跟所有團隊都有合作專案，而且都做成功了，更關鍵的是，這些專案的負責人還都是其他人而不是他。他平時也催這個罵那個的，不過罵歸罵，只要專案完成就不會再多嘴，之後提都不提。有個團隊專案慶功會，拉他上去切蛋糕，他不去，後來被硬拉上去了，就站在最旁邊。其他負責人都服氣，不給最大獎算是賞罰不明，團隊還怎麼帶領？

這就叫「處無為之事」，不是什麼都不做，而是不刻意去做。怎麼才能不刻意？把目光放長遠，把目標定高，不是數量高，而是維度高，高到和周圍的人共贏，那時候做什麼事就都順理成章了。

剛才故事裡說的這個人，他的團隊全都跟他一個風格，都忙得不可開交。平時也不怎麼開會，最多也就開個晨間會議聯絡一下。但是團隊成員的風格卻高度統一，比那些動不動開公司培訓活動的好多了。所以，他們的團隊還是票選出來的最佳團隊。

我女兒5歲的時候去練桌球，練了兩次就不想練了，怎麼說都無動於衷，年紀小也不知道什麼叫三心二意、半途而廢對吧？我帶著反彈板去練球，她不去，非要看書。我說看書可以，但是要去球館看，不然沒人照顧妳。於是，她就跟去了。到了球館，我用反彈板練球，她在一邊看書。等我練了一下子，也出汗了，她跑過來，說不然我陪你練吧？我說：「妳不是在看書嗎？怎麼又想練球了？」她說：「我看你打得也挺有意思的。」

絕大多數事情，我們想靠嘴說服別人是不可能的，就像我也說不清楚桌球有什麼意思，可打上了就是有意思。但如果不去打，想讓我描述清楚桌球的樂趣，我是沒那個本事的。這就叫「行不言之教」，不是不能說，而是說了沒用，就算說得清道理，別人也體會不到那種感覺，最後還是得自己先做出個樣子，把人家吸引來嘗試一下，嘗試了才能明白。

如果非說不可，也只能像老子這樣，用類比，例如跟「道」類比。道什麼樣？你看萬物生機勃勃，週而復始，能看出來道做了什麼嗎？道誕生了萬物，但它把萬物據為己有了嗎？做成了這麼大的事，道自己認為自己了不起了嗎？這是多大的功績啊，道表現出來是它的功勞嗎？

不居功大家才不會離開我們，這就是「道」為我們做出的好榜樣！

面對壓力如何淡然處之

載營魄抱一，能無離乎？專氣致柔，能嬰兒乎？滌除玄覽，能無疵乎？愛民治國，能無知乎？天門開闔，能為雌乎？明白四達，能無為乎？生之畜之，生而不有，為而不恃，長而不宰，是謂玄德。（第十章）

這句話，已經被徹底濫用了，以致現在有人一看到營魄、一看到氣、一看到玄就說是迷信。人家廟裡信神祕主義是門生意，我們信神祕主義自己嚇自己，是為了什麼？我們讀書，是要學以致用的，要為我所用，搞出來鬼啊、神啊的，莫非還真想成仙？而且老子這麼大的思想家，全篇都在指引我們去悟道，為什麼就在這句當不當、正不正開始慫恿我們修仙、養生了呢？老子精神分裂了嗎？

顯然不是，老子從來不關心什麼修仙、養生，他只講為人處世，當然了，我們把為人處世練好，萬事順遂，心情愉快，身體自然也不會差，但這些只是做人做事的副產品。

營魄，就是魂魄，這就是古人在當時的技術水準下，對「人」的認知，基本上是僅憑思辨所做出的模型，沒有經過嚴謹的實驗驗證，所以模型精準度只能碰運氣。這是人類發展的必然過程，沒有科學方法論、沒有儀器裝置，也就只能依賴思辨了。

這個粗糙的模型，簡而言之是這樣的：人既有形，就是身體，又有

神，就是精神。主宰精神的那個東西，就叫做「魂」，魂是無形的，比較輕，所以能夠隨意飄動，是可以離開身體的。魂離開身體人就會精神失常，或者呆若木雞，但是魂還可以回來，回來就恢復正常。當我們發呆的時候，古人認為就是「靈魂出竅」或「魂遊天外」了，自己體會一下，其實還是挺具體的，雖然不準確，但是不是還挺浪漫的？

主宰形的那個東西，就叫做「魄」，魄是有形的、附著在身體上、不能到處亂動。魄出問題，人就沒辦法行動，我懷疑是不是因為古人見到了腦血栓後遺症，發現這人精神都正常，什麼都一清二楚，就是說話、行動不俐落，所以想出來了魄這個模型？

魂這東西不光中國有，西方也有，叫「soul」（靈魂），人類經歷的事都差不多，所以思辨出來的模型也是大同小異。我們不能因為模型不精確就全盤否定，連引申義都不允許用了，畢竟人家英國人也有迷信，我不照樣喊著要找「soul mate」（靈魂伴侶）？而且，老子也不是想說魂魄本身，這句話翻譯成現代白話，就是形神合一，形不離神，神不離形，大致上就是表裡如一、言行一致的意思。就是我不能偽裝，心裡想的和表現出來的要一致，心裡開心，表面生氣，這不行，這樣就是「離」了。

「專氣致柔，能嬰兒乎？」我不能一看到氣啊、柔啊這些字，就聯想到修真和迷信。古人那時候沒有「潛意識」這個概念，也沒有「協調性」這個概念，所以他們把這種協調性、潛意識又抽象了一層，建了「氣」這個模型。其實，這個模型是很符合直觀的，即便現在看來，也是個不錯的模型，可惜被後人濫用了。

氣字的甲骨文字形與「三」相同，應是雲的象形，指雲氣，後來引申為所有千變萬化、若有若無之氣。古人習武，必定要練習協調發力，這跟現代搏擊同理。一拳打出，必須力從地起，蹬踏、轉胯、轉腰、轉背、送肩、出拳，這就是一條動力鏈，環環相扣，如同甩鞭子一般，必須一氣呵

成才能打出有力一擊。古人沒有解剖學知識，所以他們就認為這種協調發力，是由一股「氣」貫穿始終的。本來是很有想像力的一種模型，可以很好地指導提升實戰表現的。可惜後來被人們濫用了，變成了迷信拿來招搖撞騙。要我說，這些人不是蠢就是壞，大多數應該兼而有之吧。

古人也講「觀氣」，大概就是看一個人的「氣質」來辨別吉凶禍福。其實，這就是在看人們潛意識所展現出來的外在表現。真正大徹大悟、融會貫通的人，做什麼都信手拈來、揮灑自如，在旁人看來，便是「談笑間檣櫓灰飛煙滅」。為什麼能這樣？因為人家「事上磨」得多了，為人處世都固化到了潛意識裡，成了條件反射，想不守規矩都做不到了。

好比騎腳踏車，會騎的騎上就走，讓他模仿一下不會騎車的樣子，他反倒不會，為人處世也是一個道理。所以，孟子也說「吾善養吾浩然之氣」，一個意思。

為什麼「專氣致柔」，就像嬰兒？因為都是潛意識嘛，不用想、隨心所欲、渾然天成，就像嬰兒一樣自然、不刻意、不做作。

那麼為人處世，怎麼才能達到這個程度？中國有一門傳統「功夫」，就是《大學》裡面的「格物」。格，木之分叉是也。格物，即是對「物」進行分類和歸類，對應西方的邏輯學。朱子說：「今日格一物，明日又格一物，豁然貫通，終知天理。」說的就是不停地訓練分類，把對邏輯工具的應用固化到潛意識裡面去，如此便「豁然貫通」了。當然，他沒有強調「實驗驗證」，因為他所格的物，主要與人相關，在日常交往過程中就可以驗證了。後來陽明先生進一步提出「心外無物」，強調格物就是格自己的「心」，用現代白話說，就是去分析自己在認知中建立的關於客觀世界的模型。不過，陽明先生過分強調了去分析「欲情念」這一條線，當然這也是針砭時弊，是當時的對症良藥，今天我們既要繼承也要發展。把朱子和陽明先生的格物合起來，加上科學對客觀世界所建立的模型，是不是就完整了？

熟能生巧，終有一日將格物的方法固化到了潛意識裡，豈不就既「知天理」又「隨心所欲不踰矩」了？

「滌除玄覽，能無疵乎？」其實講的就是格物的效果。也是神秀和尚說的「身是菩提樹，心如明鏡臺。時時勤拂拭，莫使惹塵埃」。而慧能和尚說「菩提本無樹，明鏡亦非臺。本來無一物，何處惹塵埃」，則對應了老子的「能嬰兒乎」，對應了孔子的「隨心所欲不踰矩」。

無論是「仙人」、「聖人」還是「佛祖」，說的都是一個意思。為什麼會這樣？難道真有天機。當然不是。只是因為他們用的都是漢字、說的都是漢語。語言潛移默化的力量是巨大的，不知不覺就會把大家同化。只要知道了精忠報國，就不可能沒有愛國熱血；只要知道了青梅竹馬，就不可能不嚮往兩小無猜，這就是語言的力量。

很多人說佛教是印度的，這話太絕對。用梵文寫的佛經是印度的，用中文寫的佛經就是中國的。中國的佛教已經被漢字徹底同化了，裡面很多例子都藉助了中國經典典故，例如「明鏡」便是借鑑了老子的「玄覽」，「覽」通「鑑」，意為鏡子，所以，漢傳佛教其實跟印度佛教不完全等同。

想給各位一個建議：讀佛經的時候把它當作中國的經典讀，這樣才能領悟其中的奧妙。讀不懂的，去中國經典裡面找借鑑，道家的、儒家、法家的、墨家的，這樣才更容易融會貫通。否則去讀梵文，那就成了緣木求魚，貽笑大方了。

後面的無為，又是一個被濫用的例子，很多人藉著這句話，宣揚混吃等死、無所顧忌的精神。但是看看老子的前半句，是不是愛民治國？誰能靠混吃等死治國？無為，就是不要刻意而為，不要追求功利，就是後其身、外其身的意思。雖然不刻意，但是為還是要為的，否則怎麼愛民治國呢？「無為」這兩個字於全篇多處出現，意思相互印證，本來就是沒有爭議的，之後的篇章遇到了我們再詳細地談。

「天門開闔」，又是個重點，書中還提到過「玄牝之門」，它們是類似的比喻，只不過這次用的是「天門」，然後說「能為雌乎」，不是跟玄牝、天地根相對應的嗎？意思就是我們還是要「為雌」，雌有很多優點，這裡說的就是可以綿綿不絕、生生不息、用之不盡地產出萬事萬物。後面章節還有一句「知其雄，守其雌」，到那篇時我們再詳細講這個「雌」。

「明白四達」誰都知道。「能無知乎」，要稍微解釋一下。不管是知道的「知」，還是通智巧的「智」，其實都不影響理解。在《道德經》的語境裡，所有用來諷刺的知啊、智啊、仁啊、義啊、學啊、譽啊前面都加上「刻意」兩個字就好理解了。老子從來不反智，不反人類、不反對愛……他只是反對刻意地去標榜這些。

玄德，對，就是劉備字玄德的那個「玄德」，這就是指大的、德的極致，沒有任何其他意思，千萬別拿它去修仙。「生之畜之，生而不有，為而不恃，長而不宰」，就是後其身、外其身、不爭、退、上善若水……總之就是，做好事，不留名，不但不留名，甚至連做了什麼都不在乎，有功勞自己看不見，不爭不搶，不想擁有，不去掌控。

我們甚至連它是不是好事都不在意，自己只是追求道，按照現有的道的模型，也就是按德來做事，做好做壞，有功沒功，有恩沒恩，這些跟我有什麼關係呢？

形式邏輯是萬能的嗎

視之不見名曰夷，聽之不聞名曰希，搏之不得名曰微。此三者不可致詰，故混而為一。其上不皦，其下不昧，繩繩不可名，復歸於無物。是謂無狀之狀，無物之象，是謂惚恍。迎之不見其首，隨之不見其後。執古之道，以御今之有，能知古始。是謂道紀。（第十四章）

這章所有內容都是對道的描述，沒有再用類比，改成了平鋪直敘，以形而下的語言來描述形而上的「道」。方法還是那個方法，伸出手指給我們指方向，然後再告訴我們別去關注手指，也不要關注中間的障礙物，撇開這些之後往前看，邊走邊看，走得遠了自然就看到了。

《道德經》很多句子都是押韻的，夷、希、微古音應該是押韻的，詰、一應該也是押韻的，狀、象、恍是押韻的，首、後也是押韻的，道、有，始、紀這兩對古音應該也押韻……是不是很有意思？在當年，這些可能就是在貴族圈傳唱的「歌謠」，類似於《詩經》裡面的詩。所以，還是按照詩的方式去理解，不要執著於字眼，關鍵是體會它的意境。

總結而言，道是看不見、聽不見、摸不到的。夷，就是人揹著弓，原意是征討，後來引申為平，夷為平地就是這麼來的；希，甲骨文字形上面是網，下面是布，比喻織得很稀疏的布，後來引申為稀疏；微，甲骨文字形是整理頭髮，引申為小。字源其實也是挺有意思的，有點像猜謎，演進過程就像懸疑電影，有興趣的讀者可以去研究一下。

然後老子說，夷、希、微這三者無法進一步區分了，因為到這裡它們就混合起來了，稱之為「一」。這句話用現代白話翻譯就是：如果我們站在還原論（Reductionism）的角度不斷探究道的組成時，最終都會遇到瓶頸，總有分到不能再分的時候。而分到這麼細緻後，我們就沒有辦法綜合了，因為太複雜，形成了一個混沌系統，而人類還沒有辦法為混沌系統建立模型。所以只能說，到這裡就算到了邊界。我們把邊界狀態、不可建立模型的那些東西都統一還叫做「一」。這裡要注意，這個「一」並不是「道」，而是由道而生的最初狀態，我們並非不能直接描述道，而是我們連道前面那個「一」都無法精確描述。雖然無法精確描述，但我們卻可以運用類比、或繞著彎地說個綱要，老子全篇都在說這件事。

什麼是還原論？就是形式邏輯最基本的方法，從大到小依次細分，例

如把物體分割成分子，把分子分割成原子，把原子分割成質子、中子、電子，再分成夸克，再分成一堆更微小的基本粒子。老子當然不知道可以分到這個程度，但是當時沒有實驗條件不代表就不可以思辨。古人的思辨功夫並不比現代人差，他們的認知主要是局限於當時的水準，也就是沒有技術力量去進行實驗驗證。而在那些他們可以進行實驗驗證的領域，反而集中了古人大量的智慧，現代人可能不一定就比得上人家。例如做人，現在的教授們恐怕沒幾位敢說自己為人處世的水平堪比古人吧？

古人雖然不知道分子的存在，但是他們透過基於宏觀事物的思辨還是能夠發現還原論的局限性的。你看，老子就發現了這個問題，「一」這個東西我們就沒辦法繼續還原，已經到了看不見、聽不到、摸不到的地步，那麼邊界以外的「道」是什麼樣就更沒辦法說了。但是還要描述這個「一」，怎麼描述呢？只能換個說法，它的上方不光亮，它的下方也不昏暗，渺茫一片，無法形容，結果還是迴歸到了「無物」。就像我們觀測黑洞，電磁波雖然無法從黑洞逃逸，但是黑洞周圍那麼多天體圍著它轉，各種電磁波發生彎曲，這些我們還是能觀測到的吧？觀測到了這些，也就可以知道中間有個極大質量的天體了。這個天體表面不可見，光都無法逃逸，那除了黑洞還會是什麼？所以，描述「一」也用了同樣的方法，悟道也是同樣的道理。

這就是沒有形狀的形狀，沒有形象的形象，這東西能叫什麼呢？其實就是個難以描述的東西。迎著它看，看不到它的頭，追著它看，又看不到它的尾。「一」是這樣，「道」就更是這樣，它們同樣無邊無際、不可名狀，我們怎樣才能追隨它呢？

下面這句是全章的重點了：我們只能按照前人總結出來的經驗來應對當前的事物，能知道前人的「道」，我們自己的「道」也就有了標準。說到這，老子就停了，這句話他沒說完，我替他補充：有了前人定下的標準，

我們透過自身的實踐，就可以不斷累積這個「道」。而我們累積之後的「道」，又會變成後人累積的基礎，日拱一卒，愚公移山，便可以不斷向著「道」前進。

為什麼有些人總能一針見血地抓住問題關鍵

致虛極，守靜篤。萬物並作，吾以觀復。夫物藝藝，各復歸其根。歸根曰靜，是謂覆命，覆命曰常，知常曰明。不知常，妄作，凶。知常容，容乃公，公乃王，王乃天，天乃道，道乃久，沒身不殆。（第十六章）

老子又開始講怎麼悟道了。首先，要「致虛」，用現在的話說叫虛心、放空、空杯心態。大家還記得之前講過「道沖」吧？為什麼道是「沖」，我們自己卻要致「虛」呢？為什麼不學道一樣「致沖」呢？因為道外無物，道就是萬物的依託，所以道不能虛，這個之前講過。而道大，我們自己渺小，渺小如我想要悟道，自然不能給自己設定局限，一定要盡量地放空才有可能接近於道。所以，不只要放空，還要極致地放空，所以叫做「致虛極」。什麼叫「極」呢？其實沒有一個目標叫做「極」，它仍然是個方向，就是告訴我們盡可能地放空，不需要控制，這樣才能向著「極」靠近，但是不用擔心，我們達不到的。

「致虛極」是前提，有了這個前提，我們可以開始悟道了，方法就叫「守靜」。要做到什麼程度呢？要做到「篤」，這個字的字形從馬從竹。騎過馬的讀者應該能有點直觀感受，馬很重，慢走的時候，那真叫一步一個腳印。有人曾經騎馬的時候，不小心被馬踩了一腳，腳指甲直接被踩掉了，腫了好幾週才好。幸虧還是泥土地，如果是柏油路直接就骨折了。所以，這種馬慢走的腳步就引申為厚重、堅定。

篤就是「篤信」的篤，這個還比較好理解，關鍵是這個「守靜」要怎

麼理解呢？別著急，後面這些就都是講「守靜」的。老子先稍微延伸了一下，萬物生長，我們來觀察他們往復運轉的規律，這就叫做守靜，「守」就是堅持觀察，「靜」就是那個往復規律。

是不是還不太理解？沒關係，老子後面又繼續進一步說明了。萬物紛紛紜紜、繽紛百態，但不論什麼事物，最後都會復歸到最初的狀態。例如從無到有，最終還是復歸於無；從生到死，最終還是復歸於死；樹葉從樹枝上發出，最終掉落泥土又成了樹根的養分。所以，什麼叫「靜」？狹義地說，迴歸到了最初狀態就叫做靜，與之對應的，所有歸根之前的過程就叫「動」。而靜代表了什麼呢？靜代表了這個往復規律的完成，這叫「覆命」。

其實這個「靜」已經是狹義的了，是老子為了讓大家容易理解，講的一個簡化版。而前面那個「守靜」，才是廣義的「靜」，這就像狹義相對論（Special relativity）和廣義相對論（General relativity）的意思。為什麼古人稱這種規律為「靜」呢？因為，它是不變的，不變就是不動，不動便是靜。而「守靜」就要「觀復」，觀察運轉規律就必須跳出這個過程來看。在過程中看，它就一直在動，只有跳出來，看到了往復的全過程，從無到有再到無，從頭到尾完整看過，我們才能掌握規律，才能「守靜」，這還是「外其身」的方法。

這種往復規律是永恆不變的，所以叫「常」，掌握了這種規律，就叫做「明」。日月為明，指的是自身發光，古人肯定不知道月亮只是反射的太陽光，我們不能吹毛求疵。這個明後來就引申為真正的智慧，而《道德經》的語境裡，用知、智、智慧這幾個詞來表示智巧、機巧、聰明、處心積慮一類的意思，這就是老子個人的用詞習慣，透過上下文我們便能更簡單地理解其真正含義。

之前也說過，自然語言這個工具並不嚴謹，尤其文言文惜字如金，我

們絕不能斷章取義，一定要觀其上下文、乃至全篇，參照著看後才能理解，然後再去透過實踐檢驗；隨心所欲地理解，很可能南轅北轍。

接下來老子又說，不了解這種亙古不變的規律，肆意妄為，那就凶多吉少了。而掌握了這個規律，自然就有了格局，有了格局才能凡事為公。凡事為公才能處事周全、領導眾人，有版本的這個「王」是「全」字，這不影響理解。處事周全、領導眾人就接近於天的境界。天的境界接近於道，所以這也就是遵從「道」的法則做事了。這樣處事才能長久，這樣做人才能終身沒有災禍。

全章我們再綜合來看，老子想說的悟道方法是什麼呢？總結成現代白話，就是歸納法（Inductive reasoning），而歸納的過程則應用辯證法原理中的否定之否定。老子想說的意思是：悟道不能一味地去演繹和分解，一直觀察「動」是觀察不完的，萬物生生不息，我們看到的只能是個沒完沒了。想要掌握規律，就要置身其外觀察它往復運轉的規律，也就是「觀復」。置身其外後，我們才能發現規律，這種規律是亙古不變的，守著這些規律做事，叫做守靜，做人做事全部符合這些規律，當然就接近於「道」了，都接近於道了，自己還會有危機嗎？

做人是一場艱苦的修行

唯之與阿，相去幾何？善之與惡，相去若何？人之所畏，不可不畏。荒兮，其未央哉！眾人熙熙，如享太牢，如春登臺。我獨泊兮，其未兆，如嬰兒之未孩。儽儽兮，若無所歸。眾人皆有餘，而我獨若遺。我愚人之心也哉，沌沌兮！俗人昭昭，我獨昏昏；俗人察察，我獨悶悶。澹兮，其若海；飂兮，若無止。眾人皆有以，而我獨頑似鄙。我獨異於人，而貴食母。（第二十章）

　　這一章可能是老子怕我們在追尋道的路上走得太艱苦以至於半途而廢，所以跟我們談談心，幫我們調整一下狀態，讓我們堅持住。

　　莊重承諾與曲意逢迎，相差多遠？美好和醜惡，能差多少？這句話有的版本裡面是「唯之與阿」，翻譯過來就是「恭敬與倨傲」，也能說得通，但意思還是那個意思，就是好壞之間的差異其實沒多大。但是要表示這個意思，還是「唯之與阿」更好一些。阿，就是阿諛奉承的阿，也是剛正不阿的阿。大多時候承諾與逢迎看起來都是承諾，表面確實沒什麼差別，關鍵就在於心裡的念頭。

　　雖然都是承諾，但「唯」就是美好的，「阿」就是醜惡的，兩者僅一念之差。我們的心正，承諾的時候，心中只想著去努力達成，那就是「唯」；我們的心不正，承諾的時候心中想的就是先答應，再哄對方高興，至於能不能做，以後再想辦法，那就是「阿」。這種事想必所有人都遇到過，自己也都做過。而我們究竟怎麼想的，雖然人心隔肚皮，別人不知道，但自己卻騙不了自己。

　　如此一來，後面這句最讓人摸不著頭緒的「人之所畏」，就好理解了吧？人畏懼的是什麼呢？畏懼的正是「善惡只在一念間」。一念就是唯，一念就是阿，一念就是善，一念就是惡。難道這還不值得我們畏懼嗎？

　　不光是我們應該畏懼，「一念之間」這種東西不論在哪裡、不管什麼時間、不論什麼人都是需要畏懼的，過去是，現在是，將來也是，永遠不會改變。這個「荒」字用得非常精妙，忍不住深究一下。荒，上面是草，下面那個字就是水流的流字的右半邊，也讀「荒」的音，表音的同時，也與時間有關。所以荒字是會意字，表示用不了多久，到處就會長滿野草。對比一下「念」這個東西，是不是也像野草一樣，如果不管，很快就會長得到處都是、千奇百怪、雜亂無章？

　　那「未央」用得也很妙，表示「漫漫無盡」，就是《詩經》中的「夜如何

其？夜未央」的「未央」。妙在哪裡呢？妙在不僅充滿詩意，還與「荒」押韻。我們仔細品讀，《道德經》有很多對仗工整、韻律和諧的句子。

「眾人熙熙」，「熙」字，下面是火，上面是人的臉頰，指篝火照得臉頰光亮、溫暖，引申為歡樂，猶如開篝火晚會一般。你沒看錯，篝火晚會從古至今，都是大家喜聞樂見的活動。太牢，是最盛大的祭祀，有豬牛羊三牲，祭祀之後是宴會。春登臺，就是我們現在的踏春，我們喜歡的，古人也喜歡，這就是人性，千百年來，一點都沒變。

這句什麼意思呢？就是其他人都想參加篝火晚會、想參加盛大祭祀宴會、像春遊一樣喜不自勝。只有我，淡泊寧靜，無動於衷，像個還不會笑的嬰兒一樣。大家看最後這句「儽儽兮，若無所歸」，一副疲憊不知所歸的樣子，能想到什麼？是不是跟《史記》中〈孔子世家〉裡面「東門有人」形容孔子「纍纍若喪家之狗」一模一樣？孔子怎麼回覆的呢？「然哉！然哉！」

為什麼兩大宗師不約而同用到了同一個意象？因為他們都在茫茫人世間追尋著「道」，而「道」又是如此的精微，善惡一念之間便是天差地別，令人如臨深淵、如履薄冰。以至於孔子說「朝聞道，夕死可矣」，這是何等的蒼涼？而在追尋「道」的路上，每個人都無依無靠，自己茫然不知方向，誤打誤撞，四處碰壁，撞得灰頭土臉、頭破血流，可仍然不停地四處尋找，看不到盡頭，不正如疲憊不堪的喪家之犬嗎？

眾人都心滿意足，只有我若有所失。我的心可真是愚蠢啊！一般人彰顯自己、光彩照人的時候，只有我黯淡無光；一般人精明幹練、明察秋毫的時候，只有我沉默寡言。如海一般沒有盡頭；如風一般無休無止。眾人都有一技之長，只有我這個山野村夫冥頑不靈。只有我與眾不同，因為眾人只活在萬物之中，而我卻崇尚萬物之母，萬物之母是什麼？當然是「道」了。

這段老子真是極其誠懇了，大家在修行的路上，苦了累了，回來聽聽老子的心聲。人家宗師尚且如此，我輩怎敢不披肝瀝膽、砥礪前行？

為什麼我已經很努力了，可還是賺不到錢

企者不立，跨者不行；自見者不明，自是者不彰，自伐者無功，自矜者不長。其在道也，曰餘食贅行，物或惡之，故有道者不處。（第二十四章）

企，這個字，就是一個人下面加了一隻踮起來的腳，原意就是指踮腳。踮著腳幹什麼呢？有可能是想看得更遠，這叫企望。有可能想收穫更多的東西，這叫企業。所以，什麼叫企者不立？就是說踮著腳是站不穩的，爭名逐利的人就是企者。

求名的往往想盡辦法地找碴，例如網上有些「鍵盤手」，覺得說得越多、說話越極端就越容易出名。可結果正相反，說的話沒有內容，全是負面情緒。可誰也不是垃圾桶，自然沒人去看這些垃圾話。所以，他們越是想出名、越是求關注，就越適得其反。而越是被忽視，他們心裡越著急，釋放出的負能量越多，如此循環，直到被大多數人封鎖或者被系統停用帳號。

反而是那些沒什麼功利心的，專心解答本領域問題，說話中有真才實學的人容易被人關注。因為人家不需要關注，沒想著出名，他們只是覺得事實就是如此，便把那些東西寫出來。沒人看沒關係，因為那是自己的經驗總結，就算沒人看自己也要總結嘛！如果有人看，那說不定就可以幫到別人，自己做總結有收穫，別人借鑑了也有了收穫，何樂而不為呢？

我見過的創業者中，那些急功近利一心賺錢的，現在都回去受僱於人了。為什麼？因為這樣賺錢更容易啊。每個月自己做好自己負責的部分就

可以了，甚至上班摸摸魚，只要不耽誤工作那也沒什麼。可創業當老闆有心思摸魚嗎？一睜眼就是一堆事，一閉眼就是滿腦子帳，資金能不能撐到下一個月？每個月都覺得下個月要完蛋了，天天飽受煎熬。如果僅僅是為了賺錢，誰會去吃這個苦？就不要說主管們不和、員工鬧矛盾、使用者投訴這些爛事了。所以，賺錢這個小目標是支撐不了我們創業的。我們創業想熬到成功，支撐自己的也只能是自己心中的使命。

「跨者不行」，用白話來說，就叫步伐大了容易讓自己受傷，經典從不過時。如果只是邁大步走路，路途不遠也就算了，但是我們跑個十公里可就體會出這句話什麼意思了。真有不少人跑步喜歡邁大步的，因為看專業的運動選手跑步步伐都很大，跑起來很帥，所以自己也刻意邁大步。這些邁大步的人跑不了多久就會受傷，膝蓋受不了了。正確的跑步方法是，先提高頻率，頻率提高了，再開始提高幅度。而且，提高幅度的方法不是刻意邁大步，而是訓練腿部肌肉力量，尤其是膕繩肌力量。力量增加了，幅度自然就大了，那只是肌肉力量提升的副產品而已。

很多人提問，為什麼我已經很努力了可還是賺不到錢？這些人就是典型的「企者不立，跨者不行」。他們以為有錢人之所以有錢，就是因為他們一心只想賺錢，無所不用其極地撈錢。信以為真之後，自己也一心專注於賺錢，甚至每天早上起來對著鏡子喊「我一定要發財」。於是，精神勃發地走出家門，開始為賺錢而奮鬥。

怎麼奮鬥呢？老闆讓我做一件事，自己得想一下，這件事值多少錢？如果超過了自己的薪水，那不但沒賺到錢，反而虧錢了。我是為了賺錢啊，虧本的生意怎麼能做？推三阻四，寧可摸魚也不做事。

別人找我幫忙，思考一下，要是幫了他這個忙，他可能有 100 元收益，那我跟他要 50 元不過分吧？然後就沒有然後了。用不了多久，自己旁邊埋頭苦做、樂於助人的都升遷加薪了，可自己還是那點微薄的死薪

水。一定是哪裡出了問題，我比他們都想賺錢，比他們都努力地撈錢，憑什麼他們加薪了，我卻一分錢都沒撈到？於是開始抱怨同事、老闆、父母、社會與國家。這種人在老子那個時候就有，現在也還是有，幾千年過去了，人性一點都沒變。

後面老子又用了幾個排比，越是自己愛炫耀越不被人歡迎，越是自以為是越被別人瞧不起，越是自己往自己身上攬功勞就越是做不出成績，越是自大就越是沒辦法更進一步。

老了說的四種人，實際上只是一種人而已，這種人有點什麼小成績就非得大肆張揚，因為他們太缺少關注，太自卑。越是自卑就越求關注，怎麼求關注？只能盡量炫耀。可結果就是大家對他嗤之以鼻，炫耀多了，可能就被人拒絕往來了。

這種人必定還伴隨著自以為是的毛病，如果不自以為是，他們就不會去炫耀了。只有那些覺得自己了不起的人，才會去炫耀自己，對不對？那些謙虛的人會炫耀自己嗎？當然不會，不是人家不願意炫耀，而是人家打從心底覺得自己就是很普通，根本想不出來炫耀什麼。

還是這種人，因為自卑，所以他們就更需要往自己臉上貼金，千方百計地搶功勞。可事還沒完成呢，他們就天天算計著怎麼把合作者的功勞據為己有，那還能有心思做事嗎？再說，合作者又不傻，八字還沒一撇呢，他們就已經開始跟人家搶功勞了，這要是真有點成績還得了？這樣的話，誰還會跟他們合作？避開他們還算好了，要是逼急了他人而被故意拆台其實也在情理之中。

這類人一旦有了點權力，那就更要炫耀了。怎麼炫耀呢？當然是濫用權力了。於是他們就會管得特別寬，管得特別細，就怕哪個地方沒管到，浪費了這點來之不易的寶貴權力。讓他去當個保全，看守個大門，他都能充分利用這點權力去刁難訪客。所以，就算當保全他也當不久，不到兩天

就被開除了。保全尚且如此，創業者難道不應該引以為戒嗎？

以上這些行為，對道而言，就叫「餘食贅形」。這個又是一個精彩絕倫的比喻，剩飯大家都見過吧？看著噁心嗎？同樣是飯，為什麼看了剩飯會噁心？因為我們吃飽了呀，再吃就要吐了，殘羹剩炙一刺激，說不定就真吐了，能不噁心嗎？

再看看自己肚子上的贅肉，是不是怎麼看怎麼彆扭？沒有人喜歡這些贅肉吧？人的審美就是這樣，我們不喜歡多餘且沒用的東西，我們喜歡簡潔優雅，以至於極簡。

為什麼我們的審美追求極簡？因為人類的最底層需求只有兩個，一個是安全，一個是自由。什麼叫安全？安全就是擺脫恐懼。恐懼來自哪裡？來自對未來的無知。如何預測未來？我們需要建立模型，廣泛地建，為萬事萬物建，以至於為宇宙建，我們在思維中建立模型的過程，用老子的話說，就是在追求「道」。

但是我們的思維能力有限，怎麼能給萬事萬物建立模型呢？所以我們需要歸納。在一個更高維度把無窮無盡的模型抽象出來，變成有限的模型；再升維，把有限的模型歸納成少數模型；再升維，把少數模型歸納為一個模型，最終的這個模型就接近於道了。為什麼只是接近於道，而不是達到了道呢？這就是老子開宗明義第一句說的「道可道，非常道」。

所以你看，我們的思維方式就是不斷地升維、不斷地抽象、不斷地歸納，我們就是在不斷地追求簡潔、優雅。這就是我們審美的最基本原則，它是演化的結果。

最後老子總結說，名也好、利也好、權也好，這些都是多餘的東西，萬物都不歡迎它們，所以有道的人自然也要對它們敬而遠之。

有人可能會說，那說的是有道之人，我又不是有道之人，我要爭名逐

利、滿足一己私欲有什麼問題嗎？就算我們一心想要名利，也要講究方法。想要乘涼，不能趴在地上找影子，要站起來去找樹。

如何溝通

> 以道佐人主者，不以兵強天下。其事好還：師之所處，荊棘生焉；大軍之後，必有凶年。善有果而已，不敢以取強。果而勿矜，果而勿伐，果而勿驕，果而不得已，果而勿強。物壯則老，是謂不道，不道早已。（第三十章）

這章如果原封不動搬到《孫子兵法》裡面去，一般人也不會覺得有問題。按照道的法則輔佐君主的人，不會以武力使天下臣服。為什麼不呢？因為殺人償命，天經地義。有被打了耳光，不但不想著還手，心裡還很高興的人嗎？這種人就被稱為「阿Q」。正常人的反應必定是君子報仇十年不晚，對吧？後來從老子這段話演化出一個成語，叫「天道好還」，有人用到這個詞的時候事情大概不會太小。

軍隊所過之處，必定田園荒蕪，荊棘叢生。打過仗之後，接下來必然是大凶的模樣。古時候跟現在不同，那時候真的是地廣人稀。城市都很小，城牆以丈計高，以雉計面，長三丈高一丈為一雉。春秋時代的城牆禮法規定，大的諸侯，都城不超過三百雉，下面的城市，則不準超過百雉。按牆高三丈算，一雉就是一丈長，周長一百雉，就是三百三十多米，百雉算下來，一面牆也就幾十公尺長。一座城，也就現在兩個操場那麼大吧。城外面另有一道外牆叫郭（未必都有），用於抵禦強敵，兩道牆作為緩衝。郭外面叫做郊，就是都市和鄉村的混合區。郊外面叫鄙，就是現在說的農村。那裡的人忙著耕田，通常沒什麼文化，所以古人謙虛的時候就稱呼自己為鄙人。鄙外面叫野，住在野的人稱為「野人」，他們不受君主管理，真的很野。還有個詞叫「在野」，對應的是「在朝」，也是從這裡來的。

在野還偶爾有幾戶人家，再走遠點，那就真的是荒山野嶺了。所以，古代的城市和現在完全不是一個概念。現在兩個城市之間也住滿了人，想找個沒人的地方都很困難。古代則相反，大部分是無人區，城市與城市之間是大面積真空地帶。所以，古人打仗才必須要攻城，因為只有城裡和城周圍才有人。稍微遠點的地方連個人影都沒有，要跟誰打？

說了這麼多就是想說，春秋戰國時期，各國始終處於缺壯丁的狀態。就這麼些人，讓他們打仗就沒人耕田。沒人耕田，田地荒蕪，荊棘叢生，又沒有儲備糧食，好好耕田都不一定吃飽飯，不耕田去打仗，來年一定挨餓，很可能演化成饑荒。所以，為什麼秦國可以平滅六國，其中一個主要原因是拿下了蜀地這個大糧倉，連年征戰還餓不死，這在當時無疑是一大先決條件。

善有果而已，不敢以取強。用孫子的話說，就叫「不戰而屈人之兵，善之善者也」。兩句幾乎沒什麼差異，基本就是孫子用他那裡的方言翻譯了老子的方言。後面兩位宗師基本都在不謀而合，老子說只要達到目的就好，達到目的要見好就收、不要剛愎自用、不要自高自大、不要自吹自播、不要耀武揚威，就算達到目的，那也只是自己被強迫，不得已的選擇而已。這跟孫子說的，「兵者，國之大事。死生之地，存亡之道，不可不察也」不就是一個模子刻出來的嗎？我懷疑老子在當時的影響力遠超我們的想像，說《孫子兵法》的思想脫胎於《道德經》也不為過，孔子的思想，也是繼承了老子的思想，拆分成儒道根本就是沒事找事、搬弄是非而已，人家是一脈相承的關係。

老子最後說，追求強盛過度，就要走下坡路，這就是不按道做事的後果。老子這話放到現在，就是那句「不自尋死路就不會死」。

我們工作中是不是也經常碰到這種人，凡事都要爭個你死我活，不說服人家不善罷甘休？好話也不能好好說，得理不饒人，非要逞口舌之能。

不過我們也別看別人笑話，說不定自己在別人眼裡也是一方惡霸。

不是經常有人問，遇到笨人心裡生氣怎麼辦？用老子的辯證法來看，說不清楚和聽不懂也是對立統一的衝突體，我們怎麼就知道不是自己說不清楚，而是人家笨，聽不懂呢？而且，只要我們生氣，動了情緒，不管之前誰有理，接下來都已經沒用了，那時大家已經不是在講道理，而是在互相宣洩情緒了。這就是老子說的「以兵強天下」，得理不饒人也是一種暴力。既然我們把暴力強加於人，人家必然要反抗，這就叫「天道好還」。哪怕對方聽懂了，甚至就算他贊同我們的話，但人家就是要駁斥我們，不是為了爭對錯，就因為你讓我不爽了我要爭口氣。

所以，一定記住老子說的「善有果而已」，我要的並非登門拜訪磕頭認錯，我要的是人家配合我們跟我們合作共贏。所以不要一有不滿就抱怨來抱怨去的，心平氣和地把情緒平復了，氣順了，事情才能順。心裡要清楚，溝通的唯一目的，是讓對方在情緒上接納我們，而不是從道理上被迫接受。說清楚道理簡單，假設一致，按照邏輯推論出的結果就必然一致。情緒可就難了，這又是個混沌系統，所以要像用兵一樣慎之又慎、因勢利導。

這就是創業者的溝通之道。

網際網路思維是什麼

大道泛兮，其可左右。萬物恃之而生而不辭，功成而不名有，衣養萬物而不為主，常無欲。可名於小，萬物歸焉而不為主；可名為大，以其終不自為大，故能成其大。（第三十四章）

「大道泛兮」，用的還是水的意象，大道像水，無形無色，無孔不入，無處不在。萬物賴以生存，道從不拒絕，也從不居功。「衣養萬物」是用了擬人修辭的手法，意思是道使萬物豐衣足食，卻不做萬物之主，可以稱

之為小。「萬物歸焉」也用了擬人的手法，萬物都歸順於道，可道仍然不做萬物之主，可以稱之為大。因為道不認為自己偉大，總是站在萬物身後，總是跳出萬物之外，所以才成就了它的偉大。

這章的字面意思很好理解，基本算是白話，但是內容卻非常有意思，它跨越兩千多年解釋了網際網路平台的迅速崛起。現在我們日常用最多的是什麼？當然是通訊軟體了，無論大小事，一個通訊軟體就全部解決，通訊軟體儼然已經成了必需品。能想像如果哪一天通訊軟體沒了，生活會變成什麼樣嗎？

全世界每天應該有十幾億人會使用通訊軟體，但是有人會注意是誰在背後營運嗎？不會，我猜很多人可能都不知道。這就是一個標準的網際網路平台，它做到了「功成而不有」。

它把營運工作做到了極致，沒出幾次大差錯，每天這麼多人高頻率的使用還能做到這麼穩定，穩定得簡直沒有存在感，穩定得讓人覺得是理所當然，這就是「衣養萬物而不為主」。

既然這麼方便、這麼穩定、又免費，人們當然就愛用它，從來沒聽說誰是被強迫安裝通訊軟體的，也很少聽說誰拒絕去安裝它，因為有百利而無一害呀，這就是「萬物歸焉而不為主」。

為什麼網際網路公司可以迅速崛起，並且增長到如此驚人的規模？根本原因就是，這些平台都把自己的姿態放得很低，他們的第一目的就是滿足使用者體驗。所以，我沒見過任何一家網際網路公司對使用者盛氣凌人，店大欺客在這個行業裡面是極其少見的。這已經不是「使用者就是上帝」的問題了，而是「我的使命就是服務使用者」的問題。差別就在於，網際網路提升使用者體驗的動力是內生的。好像一個畫家創作一幅作品，他並不關心誰會看，甚至不關心有沒有人看，他只是把作品做到極致。而當他把作品做到極致之後，人們自然享受他創造的藝術之美，他自然也會

名利雙收，但這些是他在乎的嗎？當然不，他創作下一幅作品時，仍然還是同樣的心態。這就是，「以其終不自為大，故能成其大」。用現在的話說，就叫匠人精神。

事實上，世界上不乏這樣的基礎平台，網際網路公司只是其中最耀眼的那一個。可為什麼這樣的平台只有在網際網路時代才會產生？因為網際網路極大地降低了溝通成本，使得平台可以高效低價地觸達十幾億的受眾。同時，網際網路技術使得公司可以把流程固化在系統中，這是累積的基礎；系統產生大量數據，這些數據可以清晰地指引累積方向。累積，是一種可怕的力量，所謂水滴石穿、鐵杵成針。這也是老子後面要講到的，弱者道之用，也就是量變產生質變。這些內容我們在後面談到時再仔細說說。

那網際網路基礎設施又是誰提供的呢？是電信公司。

網際網路需要電力支撐，電力又是誰提供的呢？是國家電力公司。這個公司在民眾心中存在感之低，與其價值之大，形成了巨大反差。為什麼這個公司那麼沒有存在感？因為無數人天天使用，它卻很少出過巨大紕漏，這難道不是一個奇蹟嗎？如此高品質的服務，低廉的收費，甚至形同免費，不又是一個很好的例子嗎？

各國這樣的例子太多，所以這不也是「以其終不自為大，故能成其大」的例子嗎？

如何才能做什麼像什麼

反者，道之動。弱者，道之用。天下萬物生於有，有生於無。（第四十章）

前面講過了衝突的對立統一，這一章開始講辯證法的另外兩大定律。反者道之動，說的是否定之否定。

面前有座山，剛開始看就是一座山。聚精會神看時，滿眼只有巨石泥土堆疊，上面又長滿了花草樹木，其間又有飛禽走獸，這哪裡還是山呢？當我們看了這許多細節，再把焦點放大，那分明還是座山，只是比最初時多了許多細節，變得活潑了。當我們在山上發現一塊奇石，便又會去看那奇石，又去搜尋其他新奇之物，眼前的便又不再是山。

我們看到了山，否定了山，又否定了之前的否定，之後再否定，以此循環，就是反之又反，這就是「道之動」。

一粒種子，剛開始看只是一粒種子。把它種在土裡，它會發芽，那它還是種子嗎？發芽之後，會長成青苗，那它還是芽嗎？青苗會長成小樹，那它還是青苗嗎？小樹會長成大樹，那它還是小樹嗎？秋天大樹結出種子，種子掉在地上，落葉成為它的肥料，樹上光禿禿的，那他還是原來那棵樹嗎？幾百年後，樹枯萎死掉，頹然而倒，但那些種子已經長成了無數的樹，它們不也還是樹嗎？種子否定了自己，變成了樹，樹否定了自己，可結出的種子成了更多的樹，以此循環，反之又反，這也是「道之動」。

弱者道之用，說的是量變引起質變。面前一座沙丘，能看到沙粒，究竟是多少粒沙堆積起來的呢？誰也不知道。拿走了一粒沙，這個沙丘會消失嗎？顯然不會，甚至看不出任何變化。那麼再拿走一粒呢？顯然也沒什麼影響。如此這般，每次拿走一粒沙，拿了一億次之後呢？拿了一兆次呢？恐怕沙丘就消失了，就算沒消失，至少也變成了一個小沙堆。

這就是演化的力量。看起來微乎其微，弱得不能再弱，但這卻是世間最強大的力量，道就是用這種力量生成了整個宇宙。這兩句說的就是辯證法的兩種執行方式，而其所基於的，正是衝突的對立統一，也就是《易經》的「一陰一陽之謂道」，也就是前面講到的「天下皆知美之為美，斯惡已」云云。

萬物生於有，有生於無。前面講過「道法自然」，這兩句是一個意思：

我們的認知是在感官獲取的資訊基礎上經過長時間演化累積而成的。但是人的感官能力極其有限，宏觀觀察不到，微觀也觀察不到，所以人類基於直觀資訊而演化出來的認知能力也極其有限。雖然有限，但對人類而言已經很複雜了，所以人類需要語言工具來進行複雜認知。而語言的最小單位是概念，而所有概念均來自直觀，所以概念沒有辦法被精確定義，這是之前講過的「名可名，非常名」。

所有概念中最基礎的概念是「時空」，沒有時空就沒有一切概念。而人類對時空的認知也是直觀的，直到最近百十來年，我們才發現自己之前對時空的認知存在非常大的問題。如果空間如我們想像得恆定不變，那很多事情就無法解釋了，例如水星近日點的進動，這個現象如果不用空間彎曲導致光產生彎曲來解釋，那就只能假設光是可以轉彎的，這個假設顯然會引發更大的混亂。

更致命的是，如果假設時間是恆定不變的，同樣無法解釋高速運動系統中以及大質量天體附近的種種現象。只有當我們假定光速不變時，我們的模型才能準確預測這些現象。所以，時間也不是恆定不變的。

後果是什麼呢？「因果」也是有局限性的。人類關於因果的認知來自時間均勻流逝的直觀假設，但是如果時間可以彎曲，甚至時間可以改變方向呢？這就導致，時間並不是一個常量，而是一個變數。透過對黑洞的計算，我們發現原來時間不但會改變方向，甚至會消失。在黑洞的奇點處，時間並不存在。

基於對黑洞特性的研究，加上發現了宇宙背景輻射這個證據，宇宙大爆炸假設是比較容易被接受的。也就是說，這個宇宙的四維時空誕生之前，也是一個奇點（Singularity），在那個奇點處並不存在時間。時間是在奇點爆炸的一個普朗克時間（Planck time）之後產生的，在那之前不存在時間也不存在空間，自然也就沒有因果，因此大爆炸並沒有原因，因為那個

點不存在因果這個概念。

這是不是能夠幫助大家理解老子所說的「有生於無」呢？當然，我們不能說老子預言了大爆炸理論，也不能說老子是科學的，因為老子只是通過思辨給出了一個假設，這個假設並沒有經過實驗驗證，所以他只是思辨，不是科學。但即便只有思辨，能夠在如此深邃處得到一個可以使整個思想體系符合邏輯的支撐點，老子的思辨功夫，可謂嘆為觀止！

創業又何嘗不是「有生於無」的過程？如何在一片混沌中生出那個「有」？如何才能找到自己的成功之路？如果真有一種方法的話，那麼大概只能是「試錯」了吧。不斷地發現錯誤、累積錯誤，然後改掉錯誤，這叫「反者道之動」，控制試錯成本緩慢前行，這叫「弱者道之用」，保證成功到來之前還沒有失敗，我們能做的恐怕僅此而已。

至於怎樣才算成功，似乎也只能去問我們的使命了。

一切不以實踐為目的問題都不值得討論

知者不言，言者不知。塞其兌，閉其門；挫其銳，解其紛；和其光，同其塵。是謂玄同。故不可得而親，不可得而疏；不可得而利，不可得而害；不可得而貴，不可得而賤。故為天下貴。（第五十六章）

凡是可以說的，都是不需要說的；凡是需要說的，都不可說。這就是知者不言，言者不知。老子發現了語言的局限性，而深層次的問題，是形式邏輯的局限性。例如，凡是水果我都喜歡吃，蘋果是水果，所以蘋果我喜歡吃。這就是形式邏輯推論的一般形式，「凡是水果我都喜歡吃」是大前提，「蘋果是水果」是小前提，「蘋果我喜歡吃」是推論。這就是著名的「三段論」（Syllogismus）。

為什麼三段論可以作為形式邏輯推論的一般形式？為什麼我們敢說它

是絕對正確的？因為，它就是概念定義的等價形式，如果它不正確，那麼這些概念就不會存在。看上面的例子，「水果」這個概念的定義是什麼？「蘋果」這個概念的定義又是什麼？水果這個概念就是透過把蘋果、橘子、香蕉等水果概念聚類而形成的一個概念。既然水果是透過蘋果等概念進行定義的，那麼蘋果自然就具備了水果的一切特徵，否則就不會有水果這個概念。反過來說，之所以我們把蘋果認定為水果，正是因為蘋果具備了水果的一切特徵，否則蘋果就不會被認為是水果。所以，概念的分類是概念內生的一種屬性，概念之所以是現在的定義，正是因為它是這樣被分類的。這就是三段論絕對正確的原因，如果它不正確，那只能是概念錯了。

那麼問題來了，既然分類是概念本身就具備的內生屬性，我們把它用語言表述出來有什麼用呢？答案是沒有用，概念的定義早於三段論而產生，有沒有三段論形式，概念都還是那個概念。客觀地說，形式邏輯對於能夠理解形式邏輯的人來說，就是「絕對正確的廢話」。而對於不能理解形式邏輯的人來說呢？既然無法理解，不還是「廢話」嗎？

「知者不言，言者不知」這句話，老子並沒有用什麼修辭，而是平鋪直敘地陳述了語言和形式邏輯的局限性而已。這種局限性，在兩千多年後的西方哲學體系中，被維根斯坦（Ludwig Wittgenstein）再次提出了。

有人會說，既然「知者不言，言者不知」，為什麼老子還要講出這麼多「言」呢？這不是自己說自己不知嗎？首先，老子開宗明義的時候就已經承認自己不知，「道可道，非常道，名可名，非常名」說的不就是不知嗎？其次，「不知」並不等於「不可知」，老子所說的這些正是在努力地減少「不知」的程度，希望可以從「完全不知」變成「不那麼不知」。

最後，老子所有的「言」其實都在談「行」，而並沒有在談「知」。老子在談所有「是什麼」和「為什麼」的問題時，其實都是在圍繞著「如何做」來談的。

　　這是中國哲學的一個顯著特點，它的綜合、抽象程度高於西方哲學。因為我們很早發現了語言的局限性，於是跳過了形式邏輯，對演繹法採取了克制態度，而主要使用類比與歸納。同時，不主張透過形式邏輯去觀察事物的時間片段，而是主張透過辯證法，在具有時間維度的四維時空中為事物建立模型。既然跳過了形式邏輯那些「絕對正確的廢話」，中國哲學的目的就不單單是理論，而是強調實踐，所以中國哲學是非常實用的學問，而非百無一用的理論。

　　既然追求實用，那麼就要重點關注兩種關係，一種是人與物，另一種是人與人。或者確切地說，應該是心與物以及心與心之間的關係。因為對於心而言，身也是物。甚至對於心的「名、理、知」維度而言，「欲、情、念」和「惻、仁、德」這兩個維度也是物。對於「惻、仁、德」維度而言，「名、理、知」維度與它互為物。既然是物，就都可以透過「格物」來「致知」。

　　其中，中國哲學家很早就發現，如果想獲取幸福，人與人的關係遠比人與物的關係更重要。我們一切的痛苦均來自於他人。如果從出生開始，宇宙中就只有我一個人，那麼我的精神上將不會有任何痛苦，我甚至不會發明「痛苦」這個概念。就像野獸一樣，生老病死、順其自然，就算餓、就算痛、就算憤怒，但它們並不會發現這是「痛苦」的，而只會自然而然地發洩而已。

　　現實世界中，人之所以精神上會痛苦，正是因為有「他人」的存在，他人對我的看法使我痛苦。更確切地說，應該叫我所認為的他人對我的看法使我痛苦。例如有些人覺得自己一無是處，為什麼？只可能有一個原因，那就是我們認為他人認為我一無是處。我只有站在他人的角度去審視自己價值觀的時候才會產生評價，否則我們的價值觀怎麼會認為價值觀本身一無是處呢？價值觀之所以是現在這樣，正是因為它認為這樣才是

對的，如果它認為這樣是錯的，那麼價值觀自然就包含了「認為這樣是錯的」這個價值判斷，那麼它就是另一個價值觀了。

這就是後來沙特（Jean-Paul Sartre）所說，他人即地獄。當然，現實並沒有沙特說得那麼絕望。中國哲學很早就已經注意到了問題的關鍵是「人與人」之間的關係，以至於我們早早地就把「物」拋在了一邊，一心一意地研究起了「人」。

怎麼研究人？人心隔肚皮，研究他人顯然不可行，所以我們只能研究自己，研究自己的心。把自己研究明白了，研究透澈了，推己及人，也就明白他人了，這就是老子說的「以身觀身」，也就是儒家說的「修、齊、治、平」。

如何修身呢？實際上就是修心了，就是不斷梳理、歸納、抽象「道心三維」中的三個維度。當然，最常見的就是格「欲、情、念」。格到「欲」，這個維度就到底了，但為什麼要把注意力從私欲引導至通欲呢？這就涉及「惻仁德」的維度了，決定這一步的，只能是我們的「德」，也就是價值觀。那麼就還要去格「惻仁德」的維度，但是它是一個混沌系統，格的方向是什麼呢？顯然沒辦法格到一個完美的程度，完美了，不就達到「道」了嗎？所以，德還需要為我們的「名理知」維度指引方向。什麼樣的「知」才是美的？這個問題「知」本身回答不了，只有德可以。

作為實用哲學，最終還是要落在「行」上面，也就是需要給出實踐方法。老子給出的方法是，堵住私欲，關上私欲之門。沒有私欲就不會與人爭利，不相互爭利就不會有紛亂。沒有紛爭，人與人之間就會和諧，大家不追求私欲而去追求通欲，在最基本的層面上就可以達到統一。這種微觀統一，宏觀和諧，叫做「玄同」。和與同，之前已經講過，這裡不再複述。所謂玄同，不是絕對的同，而是孔子所說的「和而不同」。

之後，老子和孔子又說到同一件事情上去了。達到了玄同，也就是和

而不同，就是孔子所說的君子。君子不會被外部因素所左右，不能過於親近，也不會過於疏遠。不去追逐利，自身的利益也不會被損害。不去追逐權力，自身的權力也不會喪失。君子執掌自己的命運，這才是天下最大的權力。

如果很難理解的話，我再引一段孟子的話作為註釋：「富貴不能淫，貧賤不能移，威武不能屈，此之謂大丈夫。」是不是更好理解一些了？

如何才能立於不敗之地

以正治國，以奇用兵，以無事取天下。吾何以知其然哉？以此：天下多忌諱，而民彌貧；民多利器，國家滋昏；人多伎巧，奇物滋起；法令滋彰，盜賊多有。故聖人雲：「我無為，而民自化；我好靜，而民自正；我無事，而民自富；我無欲，而民自樸。」（第五十七章）

《孫子兵法》有云：「凡戰者，以正合，以奇勝。」看看，是不是又說到同個方向去了。

老子可以算中國有史以來最大的隱士了，已經不是「大隱隱於朝」那麼簡單了，他隱於歷史長河之中。所謂得隱，可不是沒沒無聞就算隱了，如果那樣就算隱，絕大多數人就都是隱士了。所謂隱，是指發揮了巨大作用，但卻姓名不顯。就像老子這樣，雖然只留下來五千言，但是每每讀到，我們都不禁浮想聯翩，這五千言牽連之廣、影響之大，總能突破我們的想像。

如果傳說中老子騎牛西出函谷關是真的，他的目的似乎只有一個，那就是將周的文化、知識融會貫通之後，去更廣闊的天地中傳道授業去。老子早就發覺，以一己之力追求道只是杯水車薪，怎麼辦？那就培養出千千萬萬個老子，大家一起追求道，百年不夠就千年，千年不夠就萬年，愚公

移山、精衛填海。我也曾設想，假如我是老子，當融會貫通文化、知識之後要做什麼？答案似乎仍然只有一個，傳道授業解惑而已。

史籍中多次提到孔子問道於老子，《禮記》也記載了孔子問禮於老子，這些多半可能是孔子自述時說的。畢竟是他年輕時候的事情，自己不說，誰又能知道呢？不管老子怎麼想，以孔子的感恩之心，必定是時時銘記老子這位恩師的。

孫子受老子的影響有多大並沒有直接證據，但從《孫子兵法》來看，具相同應對方法的地方實在不少，核心思想也高度一致，所以你說他沒有受老子影響，也的確很難解釋。畢竟孫子是齊國人，緊鄰的魯國出了一位孔子，孔子問道於老子，這事身為齊國貴族的孫子不可能不知道。知道了不向其學習，恐怕也說不過去。

說回到本章，孫子說的以正合，意思就是用兵不能急於出奇制勝，先堂堂正正地擺開陣勢，正面抵抗住對方，然後再想怎麼取勝，這就叫「立於不敗之地而後爭勝」。

好比下象棋，高手上來常用的當屬那幾種開局，最常見的先手中炮，後手屏風馬。我們什麼時候見過高手對決，上來就出鐵滑車、敢死炮的？這些歪門邪道糊弄糊弄菜鳥還行，對上高手就是找死了。

什麼叫以正合？就是堂堂正正地布局，不露絲毫破綻，兵來將擋、水來土掩，也叫「以己之不可勝，待敵之可勝」。如何才能做到堂堂正正？當然不只是心裡想著然後擺出個堂堂正正地樣子那麼簡單。如果只是擺個陣勢，人家進攻卻不知道怎麼應對，豈不成了紙上談兵？所以，功夫還在局外。比賽只是展示訓練成果，平時模擬、實戰並檢討才是真功夫。所以，想要堂堂正正的「以正合」，功夫也都在戰場之外，也就是老子所說的「以正治國」。

不爭名奪利，讓利於民，打起仗來，不用號召，大家自己就會拿起武

器，踴躍參軍，不為別的，就為了保家衛國。師出有名，名正言順，士兵們自然士氣高昂。人民富足，國庫充盈，糧草自然源源不斷。賞罰分明，號令統一，訓練有素，軍隊自然有戰鬥力。眾志成城，三軍用命，難道還會打敗仗嗎？這就是「以正治國」，用孫子的話說，這就是「道天地將法」中的「道勝」。

自己已經立於不敗之地，就要想辦法抓對方的破綻了。對方沒有破綻怎麼辦？那就要使用詭計誘使他露出破綻，在象棋裡面就叫「騙招」。高明的騙招至少是計算到五步之後，我們看不出來暗藏殺機，而眼前利益巨大，所以就容易上當受騙。人家棄子爭先，我們一招慢，招招慢，最後雖然多子，卻還是被人家將死。這就叫「以奇用兵」，也就是「以奇勝」。

治國是建設，用兵是破壞，建設要守正，破壞要出奇，這兩個千萬不要搞反了。如果我們千方百計陰招用盡去奪取天下，那就是在自尋死路。不找死就不會死，所以叫「以無事取天下」。

為什麼老子知道呢？因為他見過反著來的，就是以奇治國，結果怎麼樣呢？忌諱越多，百姓越窮；人與人越爭奪利益，國家就越混亂；人們越投機取巧，歪風邪念就越滋長；法律越瑣碎，犯法的人就越多。

國家太大，不好理解，我們就放在公司裡面看看這幾種現象吧！一個公司如果這也不允許，那也不允許，每個人都被固定在自己的職位上，變成巨大機器的一顆螺絲釘，那這個公司肯定不會有什麼發展。而在市場上，逆水行舟，不進則退。我們不進步，別人進步，很快我們就不存在了。Nokia、摩托羅拉（Motorola）、柯達（Kodak）這些曾經顯赫一時的企業，不都已經榮光不再了嗎？怪誰呢？柯達率先發明了數位相機，怕影響傳統膠捲業務，自己雪藏了數位相機。Nokia、摩托羅拉早就有大螢幕方案，但是覺得手機應該小巧，不也被蘋果（Apple）擊敗了嗎？

公司裡面，如果鼓勵員工之間競爭，會怎麼樣？那就免不了互相拆

台，我做不到你也別想做到，反正公司關心的是排名，我排名比你高就好了，公司利益誰在乎？這種公司能好得了嗎？

老闆想方設法地壓榨員工，想盡辦法往自己口袋裡塞錢，員工會乖乖雙手將錢奉上嗎？當然不會，上有政策，下有對策。我們跟 100 個員工爭利，就有 100 個人盯著我們的漏洞，跟 1,000 人爭利，就有 1,000 個人盯著我們的漏洞。如果我們跟所有使用者也爭利呢？幾百萬人盯著自己，盼著自己出錯好狠狠地罵我一頓，誰敢保證自己從不出錯？

為了避免員工投機取巧，我們就要制定複雜的規章制度。規定得越細，觸犯的人就越多，這是一定的吧？如果一個公司人人都違反規章制度，那麼大家會怎麼看這些規章制度呢？當然就把它當作「新常態」了，規章制度就是用來違反的嘛。誰都不在乎規章制度了，規章制度還有什麼用？

正確的做法是什麼呢？老闆的作用，就是搭建戲台，找演員。戲台搭好了，演員就位了，讓他們盡情發揮，請他們開始自己的表演，我們等著看好戲就得了。這叫「我無為，而民自化」。

老闆最忌諱的就是手伸得太長，管得太寬，這是與員工爭權。我們花 100 萬，就是想僱一個「太監」對自己言聽計從？那樣的話，找點臨時演員多好，價格便宜數量又多。我們喜歡指手畫腳，團隊自然就會畏首畏尾。只有當自己安靜下來，團隊才能走上正軌、大展身手。這叫「我好靜，而民自正」。

建立好機制，找對人，讓大家做出業績就能賺錢，然後就不要多管閒事了。只要我們自己不亂搞，請放心，我們找的人都不傻，能賺錢誰不拚命做呢？拚命做還能不賺錢嗎？這叫「我無事，而民自富」。

我們把利益分給團隊，團隊賺到了錢，滿足了生活需要，注意力自然就從私欲逐漸轉移到了通欲。大家開始求知、求美。因為有了共同的方

向，彼此相處便更加和諧。相處更和諧，業務就會做得更好，業務做得更好，就會賺更多的錢，賺了更多的錢就更沒有私欲，更加一心一意地去追求道。這叫「我無欲，而民自樸」。

我們的公司裡，沒私欲、追求道的人不用多，有 10 個，公司上市就指日可待。有 100 個，公司肯定可以成為一家偉大的公司。有 1,000 個，妥妥的世界頂級企業。有 10,000 個，這家公司恐怕要富可敵國了。

「量變引起質變」在實踐中如何應用

為無為，事無事，味無味，大小多少，報怨以德。圖難於其易，為大於其細。天下難事必作於易，天下大事必作於細。是以聖人終不為大，故能成其大。夫輕諾必寡信，多易必多難。是以聖人猶難之，故終無難矣。（第六十三章）

弱者道之用，量變產生質變，現在老子來解釋，如何用？不要刻意而為，順其自然而為；不要刻意找事，從手頭的小事做起；不要刻意追求口味，那不過是吃調味料而已，品嘗食物的原味就好。

想做大，就要從小處著手。想做多，就要少量多次，量變產生質變。然後，出現了最具爭議的一句話，報怨以德。孔子說，「以德報怨，何以報德？以直報怨，以德報德」，這不是跟老子唱反調嗎？

我們還是要把孔子的這句話放到上下文中去理解，不能斷章取義，曲解原意。這句話的上文是，有弟子問孔子「以德報怨怎麼樣」，然後，孔子才說出了「以直報怨」的名言。大家注意，「以德報怨」和「報怨以德」雖然看著相似，但放在各自的語境中，意思天壤之別。孔子弟子這麼問孔子，顯然是把「德」當作了一個褒義詞在用。意思很簡單，就是別人對我不好，我卻對別人好，這種做法怎麼樣？孔子的意思也很明白，別人對你

不好你卻對他好，那如果別人對你好，你怎麼辦？顯然也只能對他好，那這不就是是非不明、恩怨不分了嗎？所以，不能這樣，要以直報怨。

孔子說的可是以直報怨，為什麼沒有說以怨報怨呢？顯然孔子並沒有反對老子的意思。在老子的語境裡，德不是個褒義詞，而只是個中性的名詞。所以，雖然與老子的用字不同，但是放到上下文中去理解，還是很容易判斷的，其實二位說的是一個意思。一個人用手指方向，另一個人用樹枝指方向，方向還是那個方向，我們管人家用什麼指幹嘛？

什麼叫「抱怨以德」？還是按著「大小多少」來說的，意思是不管你怎麼對我，我都不在乎，我只在乎一步一步朝著我的目標奔去，這叫「抱怨以德」。難的事情都需要拆解成簡單的小事，一點一點做；大事也要拆分成細節，一個一個完成。所有難事，都只能從簡單的事做起；所有大事，也都只能從細節入手。所以，沒有哪個聰明人上來就想一口吃成胖子，都是透過日積月累，最終才能成就大事。隨便承諾的，我們聽過就算了，他必定做不到。誇海口說易如反掌的，我們也就當個笑話看吧，他很難做成事。

聖人從來不敢輕視任何事，整日都是「戰戰兢兢，如臨深淵，如履薄冰」。正是因為有了敬畏之心，所以他們最終才能克服困難，成就豐功偉業。這就是《周易》所說的「敬慎不敗」。

據我觀察，做不成事大致有兩類人。一種是眼高手低，超級有信心。覺得自己厲害得不得了，做什麼都一副胸有成竹的樣子。這種人不但做不成事，反而把大家的預期吊得很高，最後事情搞砸了，期望越大失望也越大。另一種人則正好相反，遇到問題還沒怎麼樣，心裡就打起了退堂鼓，這麼難自己怎麼做得來？這麼大的事，自己怎麼做得了？能做這些事的一定都是大才吧，自己不是天才，所以肯定不行。

妄自菲薄的比盲目自大的一點都不少。為什麼？因為這兩種人歸根結

底其實是一種人，就是對自己沒有清醒的認識，沒有掌握由少到多，由易到難這個做事的普遍規律。時而有了點進步，就開始驕傲自滿，時而遇到點挫折，又開始灰心喪氣，像個還不懂事的小孩一樣情緒不穩定，所以才叫他們小人。

剛去打羽毛球，遇到一個業餘 5 級的對手，我們就高山仰止了，21 分自己連 3 分都得不了，唯一的得分還是人家失誤送的。在我們看來，他簡直就是神一樣的存在。很多人見識過了，就開始自暴自棄，覺得自己不是那塊料。而實際呢？我們找個專業教練指導，從握拍練起，一個動作一個動作打磨，時間久了，所有的技術動作就可以掌握了。自己平時再多打打，一週三練，少則兩三年，多則三五年，自己也就能達到業餘 5 級的水平了。這難嗎？不難，可關鍵就是要累積訓練時間，累積到量變引起質變。

剛創業，看別人分析問題一針見血，自己卻總是沒有想法，於是又打起了退堂鼓，認為自己腦子笨，學不會。其實，分析問題無非就是持續提問嘛，不會提問怎麼辦？我們可以只問三個問題，是什麼，為什麼，如何做？也就是，問題中核心概念的定義是什麼？分析問題的目的是什麼？如何實現目的？每天分析三個問題，一年就是一千個問題，十年就是一萬個問題，一件事情做了一萬遍，還能做不好嗎？

做人，也是一個道理，為什麼有人胸襟坦蕩，一身正氣？你以為是天生的？這些人不食人間煙火，沒有七情六欲？當然不是，是人家時時刻刻都在格自己的「欲、情、念」。有了一個念頭，便問自己，這個念頭是什麼情緒引起的？這個情緒又是什麼欲望引起的？如果是私欲，是不是已經超出了自己所需？是不是可以把多餘的注意力轉移到通欲上面去？長此以往，形成了習慣，不用刻意去想，在潛意識裡順其自然地不停運轉，那時候便達到了「隨心所欲不踰矩」。

最終，我們還是要面對那個問題，如何為宇宙建立模型，如何追求道？答案很簡單，從日常的點點滴滴做起，把每一件事做好，做到極致，對每一個細節追求完美。做人就把格物做到極致，創業就把公司打造到極致，就算玩也要參加系統性訓練，把自己的技術、體能與球商推到極致。不要浪費時間在低水準上徘徊，重複發明輪子只是浪費時間。有了這些極致體驗，就可以用它們去累積並樹立自己的價值觀，也就是德。即便最終也無法到達道，但至少我們可以走得很遠。

如何做計畫

其安易持，其未兆易謀，其脆易泮，其微易散。為之於未有，治之於未亂。合抱之木，生於毫末；九層之臺，起於累土；千里之行，始於足下。為者敗之，執者失之。是以聖人無為，故無敗；無執，故無失。民之從事，常於幾成而敗之。慎終如始，則無敗事。是以聖人欲不欲，不貴難得之貨；學不學，復眾人之所過。以輔萬物之自然，而不敢為。（第六十四章）

前面這句，套用水的意象比較好理解。端水的時候，水面平穩才不容易灑；走路也要注意，水面一旦有了搖晃的跡象，就不好控制了。冬天水缸會結冰，要趁著凍結沒多久，冰還脆的時候趕緊攪拌，這樣就不會凍太結實。這種事我小時候做過，一旦凍結實了，就沒辦法喝水了，說不定水缸還會被撐到裂開。水灑出來，趁著少趕緊排水，這樣才不至於積水。

總結一下，「為之於未有，治之於未亂」就是《周易》裡面的「君子以思患而豫防之」，也就是《左傳》裡面的「防微杜漸」。大家應該沒人不知道「防患於未然」這個詞吧？就是這個意思。

可問題是，誰都知道防患於未然，可為什麼有人就是做不到呢？因為

人類被時間的單向性死死地限制住了，我們永遠無法確定下一秒會發生什麼，而當前的誘惑卻是實實在在的，要是你會怎麼選？當然是落袋為安了。哪怕是在飲鴆止渴，也可以安慰自己說今朝有酒今朝醉嘛！

影片看一整天，仔細回想，能記起來哪怕一條嗎？大魚大肉吃那麼多，高血脂又高血糖，後來還必須減肥吧？遊戲一玩就是徹夜未眠，每次都下定決心解除安裝，過不了多久又安裝回來了吧？看完這集戲劇就去讀書，然後就是再看一集，通宵把劇看完了，書卻一眼都沒看吧？從明天開始努力工作，可到了公司，看著堆積如山的卷宗，無從下手，於是就又躲廁所玩遊戲摸魚去了吧？

防患於未然，說著容易做起來難。

怎麼辦呢？老子又給我們出主意了，還是之前的方法，從小處著手，先開始，再累積，後更改。對「合抱之木，生於毫末；九層之臺，起於累土；千里之行，始於足下」這段解釋得最好的，偏偏又是儒家的宗師 ——— 荀子。〈勸學篇〉上過學的人應該都會背吧？「積土成山，風雨興焉；積水成淵，蛟龍生焉；不積跬步，無以至千里；不積細流，無以成江海。」讀完之後，如果有人非要說儒道勢不兩立，你還信嗎？

老子和荀子說得已經夠明白了，想防患於未然，我們必須從「微任務」開始。例如堅持不看影片，每天吃兩餐，堅持不玩遊戲，堅持不追劇，等等。把多出來的時間用在讀書上，用在工作上，用在把一兩個愛好玩到極致上。

不論是工作、學習還是愛好，都從計畫開始。不要小瞧計畫，很多時候，計畫做得好，這事就已經成功了。計畫是一種機制，核心是快速回饋系統。我們之所以開始不了或者堅持不下來，就是因為對象太複雜，一眼看不到盡頭，不知道從哪裡下手，過程太長又沒有回饋，做著做著就懈怠了，這也是人之常情對吧？

　　怎麼解決呢？有人說靠自律。說實話，自律是除了「天才」之外，我聽說過最愚蠢的概念。怎麼才能堅持讀書？你要自律！就等同於說，我也不知道怎麼堅持，你就硬著頭皮學吧。這不是一句廢話嗎？

　　正確的方法是什麼？不是硬著頭皮做，而是把大事拆解成微小的事，每件事都有明確的目標，事越小就越容易切入，回饋越清晰，就越容易堅持。為什麼打遊戲容易上癮？因為所有遊戲都是快速回饋系統，一刀下去就出一個數字，殺一個怪經驗條就漲一點。既然每一刀都有收穫，我們就會樂此不疲地砍下去。

　　拆解計畫也一樣，至少要拆解成以天為單位，每天都有交付，每天都有回饋。如果能拆解到半天那就更好了。試想一下，中午吃飯前，自己看一眼上午的工作成果，兩項計畫按時完成，進展還是很大的嘛！下午是不是就更有力量了？記住，計畫不是為了老師、老闆或別人而做的，計畫是為自己做的，它可以讓自己做好事情、讀好書，經驗和知識是我們自己的。

　　誰都不能一步登天，例如飯要一口一口吃，而且餓的時候再吃，吃撐了就不要再吃了，這是規律，吃不下了硬要吃，那就吐了。這就是，「為者敗之，執者失之。是以聖人無為，故無敗；無執，故無失」。

　　雖然我們從小處著手，一件事一件事地做，一個細節一個細節地糾正，事都是小事，細節都是細枝末節，但是我們可千萬別輕視任何一件小事，不可忽略任何一個細節。也就是韓非子所說的，「千丈之堤，以螻蟻之穴潰；百尺之室，以突隙之煙焚」。你看，對「慎終如始」講解得最好的，又是法家了。

　　「欲不欲」，不以他人的私欲為欲，所以就要「欲通欲」；「學不學」，學眾人所不學的，檢討眾人的過錯。兩千多年前，老子就提出了檢討的概念，不知道算不算這個概念的發明人。總之，聖人做的都是微調、都是輔助，主線還是順其自然，不敢任意妄為。

為什麼說決策時，應極力避免這個問題

民之飢，以其上食稅之多，是以飢；民之難治，以其上之有為，是以難治；民之輕死，以其上求生之厚，是以輕死。夫唯無以生為者，是賢於貴生。（第七十五章）

老百姓吃不飽，就是因為稅收多了，糧食都用來繳稅了，所以吃不飽。老百姓不好治理，就是君主們太難搞了，過於敢作敢為就變成了肆意妄為，成天瞎折騰，所以才治理不好。老百姓不怕死，就是因為君主們為了滿足一己私欲，搜刮了太多民脂民膏，以至於民不聊生。既然生不如死，為什麼還怕死呢？所以，不去追逐私欲的君主，要比追逐私欲的君主更賢明。

這個道理簡單嗎？簡單。容易做嗎？不容易。為什麼不容易？君主自己的私欲很容易知道，可老百姓的生活狀況就很難知道了。君主透過機構和官吏治理百姓，跟老百姓打交道的又只是下級官吏，層級稍微高一點的官吏就已經與基層脫節了，更不用說君主了。

不知道老百姓的疾苦，就失去了回饋通路。好比我們平時吃牛肉，誰會覺得這有什麼不好嗎？可是如果讓人當著自己的面殺一頭牛給我們吃呢？自己是不是也會於心不忍？君主們的問題大概就是如此。

中國古代的君主並不像大家想的那樣一言九鼎。首先，想要繼承君主的位子，競爭就已經很激烈了。如果繼承人的人格真有嚴重缺陷，那麼這個人是很難在競爭中勝出的。就算坐上了君主的位子，手下那麼多貴族，官僚個個也都不是能簡單應付的。他們各自都有自己的利益，君主胡作非為，把國家搞得烏煙瘴氣、民不聊生，下面的貴族、官僚也會被殃及池魚，人家也不做了。所以，極少有哪個君主是反社會、反人類的。

大多數時候出現那些不可靠的君主，其實主要還是缺少回饋通路。君主為了一己私欲搞砸事情，搞砸事情自己不知道，又沒有人告訴他，於是

一錯再錯，以致釀成大禍。

別說古代君主了，就是現在資訊這麼發達，老闆們有無數的數據作為回饋，難道就能避免決策失誤嗎？就能避免執行方向脫軌嗎？例如老闆想要規模，吩咐給下面的人去執行，他們就開始想辦法。為了確保完成目標，每一層管理者都會給自己留一個保底的安全值。老闆說做到100，我下達的時候就說120。因為朝著120去做，才有可能達成100，這叫求其上者得其中。下一層再下達，就變成了150，還是同樣的道理。等到了負責銷售的業務手裡，目標可能就定在了200。業務怎麼辦？眼看就要達不到業績，達不成業績就要滾蛋，於是哪還管得了公司規定，管它什麼手段就都來吧，坑蒙拐騙、無所不用其極。最後的結果呢？就算目標達成了，服務品質也完蛋了，很可能一個不錯的品牌的口碑就此毀於一旦。

老闆衝銷量有錯嗎？沒有錯，可一層層地執行下去，這事兒就跑偏了。所以前面為什麼要講「勇於敢則殺」？就是這個道理。上有所好，下必甚焉。怎麼避免？根上還是要格清楚自己的欲情念，否則一念之差就可能失之毫釐，謬以千里。

衝銷量這個念頭怎麼來的？其核心還是來自於「恐」的情緒，怕失去市場、怕錯失擴大規模的時機、怕失去投資方的青睞……恐懼的背後是什麼？還是私欲，怕公司倒閉，怕自己傾家蕩產，怕失去了光環……如果按部就班地努力，公司會倒閉嗎？不但不會，反而能累積良好的口碑，將來可以厚積薄發。既然性命無憂，那為什麼非要急於求成呢？成功了要做什麼？何不在其中多待一會兒，享受這個過程，鍛鍊一下身心？等萬事俱備了再上岸，豈不更加順理成章？

貪多、求快就很可能導致與人爭利。若與員工爭，就會壓榨員工；若與使用者爭，信口雌黃，承諾了又不兌現。與人爭利，人就會與我爭利。人人與我爭，我還好得了嗎？所以說，「夫唯無以生為者，是賢於貴生」。

第四章　方法論

第五章　修身

最可怕的莫過於自欺欺人

谷神不死，是謂玄牝。玄牝之門，是謂天地根。綿綿若存，用之不勤。（第六章）

又來描寫道了。老子特別喜歡谷啊、溪啊這些窪地，也特別喜歡用若啊、或啊、不啊這些若有若無的表述，當然玄、虛也都是他的偏好。其實這就是人家寫作風格，是在類比，本來也沒辦法精確。告訴了我們一個大方向，又給我們指出了錯誤方向，我們就應該知道怎麼走了，至於具體的道路，只能自己走著看。對於這種風格，很多人想多了，覺得老子有點藏著什麼，背後肯定有什麼不可告人的祕密。

這就是不實踐帶來的後果，想像一下，如果是我們要描寫老子所描寫的對象，自己會怎麼寫？拿起筆來自己試著寫寫，看能不能寫出言之鑿鑿的描述？很可能一個字都寫不出來吧？或者寫出來了，回頭再看人家老子寫的，就把自己的稿子當廢紙扔了。寫的東西都一樣，語言還不如人家生動，留著又有什麼意義？這時候我們就知道老子不是有所隱瞞，「道可道，非常道」，對這句話的理解更深刻了吧？人家已經盡力了，幾千年來，說得最好的還是人家。

還有一些字在當時是很常見的字，例如這個「玄牝」，現在生活在都市的人可能一輩子都沒見過耕牛吧？農村用耕牛也越來越少了。大家廣告裡常見的是乳牛，這些牛大多數都是引進品種，從荷蘭進口的，是經過了幾十代雜交篩選出來的，產乳量極高，跟中國本土的耕牛在各種體徵上都有天壤之別。所以，在現代人的印象裡，牛就是荷蘭乳牛那樣的。加之農

業機械化，現在很少有用耕牛耕種的吧？所以，本土耕牛已經很少見了。古代耕牛就很常見，屬於生產必備工具，很多朝代是不允許殺牛、吃牛肉的。《水滸傳》裡動不動來半斤熟牛肉的都是梁山好漢或者土匪強盜，吃牛肉就是跟朝廷對立的象徵。

一般耕牛就兩種，我們現在知道「老黃牛」，而另一種就叫「玄牝」或者「玄牡」，玄就是黑中帶紅的那種顏色，玄牝就是黑紅色的母牛（「牡」則可指公牛）。我們現在去網上搜尋照片，耕牛還是玄色的居多。老子說玄牝，就是拿當時最常見的事物做類比，這樣大家才好理解。誰知道時過境遷，讀者反而沒見過牛，還覺得這是個什麼稀奇東西呢！如果老子現在重寫，他肯定也就不用這個來比喻了。

當然了，用這個比喻，我猜還有一個原因，下面這些少兒不宜了，大家謹慎閱讀。這個「牝」字，左邊是個牛，右邊是個匕，這個匕在甲骨文裡，就是女性生殖器的形狀，所以這個字就是母牛的意思，後來引申指母獸。與之對應的是牡，右邊這個土，在甲骨文裡就是男性生殖器的形狀，所以這個字是公牛的意思，引申指公獸。

大家是不是覺得老子這個比喻有點為老不尊、老不正經呢？其實啊，古人對這些東西沒那麼多忌諱，既然它在那裡，就沒什麼不能說的。所以，這就叫說者無心，聽者有意了。生殖器這東西，不管我們說還是不說，它都存在，難道還能割了不成？人家說的時候，我把它當作一般事物就好，別總去亂想，去想那些不可描述的畫面。是我們自己非要往歪了想，難道為了不讓自己想歪，還要消滅所有可能引起邪念的東西不成？

這就是孔子說的，「詩三百，一言以蔽之，曰：思無邪」。

少兒不宜結束，下面請正常閱讀。還有「谷神」這個詞，不是有了神字就是神祕主義，那你現在說的「股神」、「賭神」、「籃球之神」等等是不是都是神祕主義和迷信？谷神這個神，除了在《道德經》裡，誰還聽說過

這個神？所以，老子也是怕大家想歪了，用心良苦地造出了一個新詞，為的就是讓大家知道，他說的不是什麼神仙，而就是「股神」一類的比喻而已。

讀書、看文章，先去理解人家的意思，理解透澈了再「擇其善者而從之，擇其不善者而改之」。也只有當自己理解透澈了，才有能力批判。上來就抱著找碴的心態讀，我們讀它幹什麼呢？一無所知也可以「批判」，對不對？只不過這種批判被叫做「抬槓」。

大多數人沒辦法進步的原因不是父母不行，也不是國家不行，父母要是沒有我們，人家過得可好了。國家有的是能人，只有我們不行，是誰的問題？我們的問題就在於考慮問題的時候，第一個先把自己有問題的可能性排除了，然後千方百計去找別人的問題。所以孔子說「君子求諸己，小人求諸人」。

老子這句話還是在比喻「道」，空無一物卻運轉不息，就像母牛的產門，可以不停地孕育、生產，綿綿不絕、用之不盡、生生不息。我們就別再抬槓說產門裡不是空的，有子宮，子宮裡有受精卵，人家比喻是為了讓我們了解比喻對象，不是讓我們研究比喻本身的。

如此鉅細靡遺地講，是不是就知道老子並不是故弄玄虛了？只是隨著時間的推移，語言習慣不停地演變，很多字我們後來用得越來越少，以至於就讓很多人產生了神祕感，懷疑老子為什麼用這些字？是不是在暗示著有一種神祕力量？而大多數人是懶得思考的，所以別人說什麼就信什麼，或者自己隨心所欲，想到什麼就說服自己是對的，有時候明顯答非所問，也可以自欺，在心裡暗示自己「就是這樣」。

怎麼才能避免自欺？我們還是要跳出來，例如，思考一下自己讀《道德經》的目的是什麼？是為了出去跟人家炫耀自己博覽群書、見解獨到？那我給你指條明路，去讀梵文佛經，因為那東西沒人弄得明白，可以信口

開河，想怎麼說就怎麼說。中華文化沒有中斷過，《道德經》裡面許多字都能溯源，原意、引申意一目了然，沒有自由發揮的空間。而且，前後五千言，翻來覆去說的就是道、德兩件事，不同角度、不同側重點反覆地說，前後有不少相互印證。我們得承認老子還是比自己的水準高吧？不然怎麼人家的著作跨越幾千年流傳下來了呢？所以，妄圖故意歪曲人家原意的行為，無異於以卵擊石，只能是自取其辱。

我們讀《道德經》的唯一目的，就是拿去實踐，而不是拿去跟別人爭對錯。我們之所以對，只能是因為實踐有效果，否則的話，就算說服了所有人，可做什麼都搞砸，那又有什麼意義呢？

最後，順便說一句，大家用粵語朗誦一下這段，它是押韻的。《道德經》裡面很多文字，其實都是押韻的，只不過我們現在口語發音變化，不容易發覺。這意味著什麼？《道德經》其實是詩的語言，怎麼讀詩就怎麼讀《道德經》，這樣就對了。

為什麼要學習水

上善若水。水善利萬物而不爭，處眾人之所惡，故幾於道。居善地，心善淵，與善仁，言善信，正善治，事善能，動善時。夫唯不爭，故無尤。（第八章）

詩，是模糊的表達，表達的是意境，而不是精確的意思。所以，怎麼讀詩？有不認識的字、理解不了的字，就把這個字拿出來去查，查字典、查《說文解字》、查字源演化。但是，這是準備工作，千萬不要捨本逐末，把它當成了全部。我們真正要做的，是理解了一個字之後，把它放回去讀句子、讀章節，最後一定要整篇連起來讀，連起來去體會它的意境。這就是之前不停在講的，人家為我們指方向，我們先看一眼手指，但不要

盯著手指一直看，而是要去看方向。

就好比這句話，這是說水嗎？是說道嗎？是說德嗎？其實都是。《道德經》之所以難讀，就是很多時候人們過分看重分解，鑽進去就出不來，最後忘記了總合。看到了眼前的目標，就忘記了還有一個長遠的目標。我們要記住，老子打的所有比方、做的所有類比，都是用不同方式在為我們指引方向，有時候用手指，有時候用教鞭，有時候用樹枝，手指、教鞭、樹枝就是那些類比，我們並不需要關注它們，而是要順著它們指的方向去看，那個方向就叫道。

但是看了就能看到嗎？當然不能。視力再好能看多遠？一公里之外都很難分辨清楚。所以還要「行」，而「德」就是在指導我們怎麼「行」。我們必須要動起來，走出去，才能看得更遠，也才能接近於道。

「上善若水」，就是老子又換了個方法在為我們指方向。水，善於使萬物獲利卻從不與它們爭奪，停留在眾人厭惡之地，所以與道相近。善於擇地而居，善於使心境深遠，善於以仁愛之心與人交往，說話善於守信，為政善於治理，做事善於發揮能力，行動善於選擇時機。這些，說的都是水的特點，但這又是在說水嗎？誰看不出來這是借物喻人？因為不爭名奪利，所以不會有過錯。其實，理解之後回過頭來再看這一章，就是「上善若水」四個字，再聚焦就是這一個「水」字。

我們想一想水是什麼樣子？無色無味，司空見慣，因為太平常，所以沒人把它當回事。渴了想喝水，那就喝，洗手、洗衣服想用水，那就用，外面小溪、小河不停地流淌，灌溉農田，滋養禾苗產出糧食，我們才有飯吃。水裡生活了魚蝦，動物口渴了也去飲水。植物要吸水，動物要飲水，人要喝水，但是水從植物、動物、人這裡獲取什麼了？水根本不在乎，水把它所滋養的對象當作「芻狗」而已，所以說，水與道相似。

既然水與道相似，我們模仿道沒有頭緒的話，就模仿水好了。水的目

的是什麼？滋養眾生嗎？當然不是。水只是向著低窪處流淌，至於眾生需不需要，水才不關心呢！但是，水在低處匯聚，眾生自然就向低處聚集，攔都攔不住。這就是道，我只按我的規律執行，萬物於我只是「芻狗」，雖然我不在乎你，但只要我按部就班地運轉，你就必然會獲益。你獲益了，自己高興就好，回饋我，我不在乎，不回饋我，我無所謂，就算反過來罵我，我也不會減少你的收益，因為我只是在運轉我自己，你怎麼樣與我無關。

《三體》裡面有句話，叫「消滅你與你無關」，而道則正好相反，「對你好但與你無關」。既然道是如此，德又該如何呢？

人都需要有一個使命，當然每個人的使命可以不同，而且可以逐漸升級累積。但是這些使命都有一個「終極版」，就是追求道。這話聽起來有點神祕主義了，因為道這個字被很多不知所謂的人濫用了。那麼我們換句話說，那就是每個人的終極使命，都應該是為宇宙建立模型，意思還是那個意思，聽起來是不是符合科學精神了？

我們還得解釋一下「宇宙」：這是一個無奈的事實，漢字經歷了從甲骨文、金文、小篆、隸書、楷書到現代簡化字演變的漫長過程，所以說，很多漢字的演變，都可以拍成一部微電影。畫面、電影是藝術，藝術就有意境，因此許多個漢字都有它的本意以及引申義。絕大多數人，可能這輩子都沒有賞析過這些電影，又該如何理解漢字的內涵呢？

上下四方謂之宇，古往今來謂之宙，所以用現代白話說，宇宙就是時間與空間的總和，也就是四維時空以及萬事萬物。而建立模型，就是要把一切時空資訊進行抽象，並在我們的思維中建立一種能夠為我們所理解，並能夠用以預測未來的模型，這種模型一旦達到完美，就是老子所說的「道」。但是我們無法直接獲得一個完美的模型，最初只有一個粗製濫造的模型，但是「有」正是一切的開始，「有」了我們就可以累積後取代它，先

別管快慢,總之我們可以前進了。

那麼怎麼累積呢?就是我們去按照那個粗糙的模型實踐,但絕不是埋頭苦做,實踐的同時,要時刻瞄著那個完美模型的方向不斷去調整。每次調整一點就更加接近道一點,如此不斷累積,即便最終仍然無法達到完美,但自己的人生卻有了意義。那個被自己不斷研磨的,不完美、但趨向於完美的半成品模型,就叫做「德」。

而《道德經》全篇最有意義的,並不是道、德這兩個概念,因為它們只是狀態、是結果,而真正有意義的是實現方法。如此高層次的方法,已經是產生一切方法的方法了,所以我們可以叫它方法論(Methodology)。

總是在極度自信與自卑之間搖擺怎麼辦

重為輕根,靜為躁君。是以聖人終日行不離輜重,雖有榮觀,燕處超然。奈何萬乘之主,而以身輕天下?輕則失本,躁則失君。(第二十六章)

再輕的東西,也會因為重量落回根部,好比枯葉,即便輕得可以隨風而去,但最終還是要落葉歸根;躁,這個字從足從喿,指走得急,表示焦急、輕浮,但是再焦躁的人最終也需要靜下來,沒有人能一天到晚走個不停。

所以,君子終日行走於天地之間,永遠離不開輜重。輜,以帷布遮住四周的大車,主要用於裝衣物,也可以睡覺,類似於今天的露營車。後來引申為出門所需的一切物資,也指軍隊的後勤保障。君子,古時候有地的貴族稱「君」,所以君也就是國的第一執掌者,也叫國君,分為公侯伯子男五個等級,這些等級叫爵位;「子」,通常是君的下屬,分為大夫和士兩個等級,當然裡面還有細分,就不細說了。這兩種人加在一起,就是周代

的貴族，是世襲的。到了老子那個年代，這些世襲貴族已經傳承了幾百年，甚至上千年，例如夏、商遺留下的那些貴族，傳承時間非常長。

時間長了，他們就有了自己的圈子。什麼是圈子？就是擁有相同習慣的群體。圈子裡面的習慣跟圈子外面不同，所以圈子是相對固定的，不容易出，也不容易進。這個君子圈的習慣被稱為「禮」，就是孔子後來一直研究並倡導的那些文化習慣。現在社會，身分世襲的貴族很少了，但基於家族血緣的上流社會圈子文化在很多國家都存在，甚至可以說只要生產力發展，就會產生上流社會圈子，只不過大家的叫法不盡相同罷了。在英國叫紳士，在歐洲叫騎士，在美國叫 old money，在日本叫武士，等等。而這些特權世家的存在也不完全是消極意義，因為他們不事生產，衣食無憂，所以他們就不用局限在求生欲和繁殖欲中，而有精力去滿足求知欲和美欲。所以，很長一段時間裡，他們能抵達文化的核心。

榮觀，就是榮耀的外觀，通常是指在朝廷上做大官風光的樣子。燕當讀作「宴」，就是平靜、安定的意思。處，居住，也可以引申為處理、對待。超然，就是超然物外那個超然，恬適清靜。

以上老子講了這麼多，「重」、「靜」、「輜重」和「燕處」，似乎都在描述一個意象，就是做人要有根。那這個根是什麼呢？當然就是德，也就是我們的價值觀，而德又要同於道，所以也可以說根在於道。只是，道太過博大，為了實踐，我們還是把根放在德上好了，反正「人、法、道、天、地」，根在德上，自然也就在道上。

不管多輕浮，最終讓一個人做出決定的也只能是他的價值觀；不管多躁動，最終讓一個人安靜下來的也只能是他的價值觀；行走於天地間，價值觀就是我們的輜重，不論走多遠我們都要回到輜重處去補充、修養精神；在朝為官，不論多麼風光，最後散朝之後都要回家，這個家就是我們的價值觀，不論世間多少紛爭，價值觀都可以讓我們超然於物外。

既然君子之行離不開輜重，身為萬乘之主，在面對天下時，又怎麼可以因為自己的「身」，也就是一己私欲，來做出輕率的決定呢？

所謂「萬乘之主」，指的就是周天子了，因為只有天子可以有萬乘，諸侯只能有千乘。乘，甲骨文字形是人在樹上，指登上之意，後來引申為車。在周代，四匹馬拉一輛戰車，稱為一乘。春秋以前，諸侯之間打仗是要指定時間、指定場地、指定人數、邀請裁判的。那個時候諸侯對戰爭的理解更像是一場決鬥。而比賽場地通常在平原上，面積也不會太大，地形都是一馬平川，誰被打出場地就算輸了。所以，在這種條件下，車戰就成了主要戰爭方式。當時的車就相當於現在的坦克，是軍隊的核心。一輛車上有甲士三人，車下配備步卒七十二，後勤還有二十五人服務這些作戰人員。所以，一乘戰車就有一百人圍繞著，這就是一個作戰組織。

所以，「萬乘」可不只是一萬輛戰車那麼簡單，那可是雄兵百萬，還有四萬匹戰馬。當然了，這是天子可以擁有的軍隊規模，是上限的概念。平時常備軍當然沒有這麼多，否則誰養得起他們？

所謂天子萬乘，諸侯千乘，就跟現在的軍事條約差不多意思，大家商量好一個軍隊規模，誰都別搞軍備競賽。當然，到了春秋時期，這些條約逐漸變成了一紙空文。

回到正題，這句話老子想說的是什麼呢？顯然他是說給周天子聽的，也就是說給最大的那個君主、大宗聽的。各位創業的老闆可要洗耳恭聽了，換到現在，對應的不就是我們這些企業執掌者嗎？

事業做得越大，越要修練自己的德，讓它變得厚重、寧靜，也就是要建立起一套屬於自己的完整且符合邏輯的價值觀。我們的所有言行，最終都要落到這個價值觀上。德就是我們的輜重，就是我們的根，就是我們的君，就是讓我們可以超然物外的心靈家園。

不要輕率、草率地做可能違背了自己的價值觀的決定，這樣就失去了

根;不要躁動,躁動也很可能違背自己的價值觀,這樣就失去了根。因為最終不論如何,我們還是要回到這個根的,繞的圈子越大,走的冤枉路只能越多。

當我們的手裡是萬乘之國時,任何一個小的決定,都可能影響成千上萬的人。所以,越是坐到高位,越是要如臨深淵、如履薄冰,時刻提醒自己不能受到私欲的干擾,不能受情緒的影響。做決定之前,靜下心來,分析一下自己的「情」,是不是帶著喜怒?這種喜怒有沒有影響自己的判斷?

再分析一下自己的「欲」,做這個決定是不是為了滿足一己私欲?自己是不是急功近利,只想著賺錢、只想著出名?

如果帶著情緒,如果有了私欲,那就危險了,這就是「以身輕天下」。自己的決定與自己的價值觀不符,就算賺到了錢,出了名,但最終仍然會後悔,因為自己違背了自己的價值觀,變成了自己討厭的人。甚至,自己已經不是自己了,因為自己的行為不符合自己的價值觀,價值觀才是真正的自己,而現在的自己卻並不是自己了。自己被殺死了,而殺手正是你自己。

這就是老子說的,「輕則失本,躁則失君」!

人如何才能有自知之明

知人者智,自知者明。勝人者有力,自勝者強。知足者富,強行者有志。不失其所者久,死而不亡者壽。(第三十三章)

這一章用孟子的一句話概括,就是「凡行有不得者,皆反求諸己」。

善於揣度別人心思、能摸清別人心理的叫做智巧,能夠了解自己的才叫高明。這句話真可謂一針見血、鞭辟入裡!看看現在有多少人在問,

「怎麼看透人的心理」或「如何能夠快速看透一個人」，問這種問題的人是怎麼想的？他們幻想有一種讀心術，能夠瞬間摸清楚對方的想法，這樣不就可以投其所好或者制其要害了嗎？

投其所好的想法也還好，無非就是想投機取巧罷了，好逸惡勞是人之常情，倒沒有什麼大的危害。但試圖擺布他人就其心當誅了。試想一下，如果是自己被別人摸透了心理，只能任人擺布，我們怎麼想？又會如何做？是不是必欲殺之而後快？奪人自由，更甚於取人性命。在自己做事之前，要換位思考，古時候把這種能力叫做「惻」，即心之涌則，用現在的話說，就叫共情。共情的過程，叫做「恕」，即心之如也，此心如彼心，便是恕。子貢問孔子，有沒有一句話是可以終身去踐行的？孔子說的就是「恕」，「己所不欲，勿施於人」。

老子這裡所說的正是一個意思，既然我們自己不希望被他人看穿、受其擺布，那推己及人，當然也不應該去鑽營這些智巧，想方設法地影響或者控制他人。這麼做，不過是偷雞摸狗，不走正路。不走正路，最終反而會偷雞不成蝕把米，不但不高明，反而是真愚蠢。

什麼才叫高明呢？自知的人才叫高明。揣度他人、控制他人，就是與他人爭奪控制權。既然我們去爭，人家必然會反擊，人家是控制自己，我是去控制別人，而且名不正言不順，你覺得誰會贏？簡直就是蚍蜉撼樹、不自量力。可是別人我們管不了，卻可以管自己。了解自己、控制自己，名正言順，想怎麼了解就怎麼了解，想怎麼控制就怎麼控制，對不對？

你看，我們連自己都還沒有了解，就想去了解他人，這跟羽毛球初學者上來就想單挑國家隊選手有什麼區別？不可能實現！浪費時間不說，以卵擊石還容易自取其辱。那要如何自知呢？

《道德經》實在太凝練了，這五千字大多講的還是「是什麼」的問題，最多為了讓大家更好地理解引出了一些「為什麼」，但是至於「如何做」，

老子並沒有詳細講。其實，這是《道德經》的一個問題，就是過於追求綜合，追求意境，歸納、類比做得好，可演繹做得並不好。給人的感受就是，作者寫出這些經典，根本就不是給大眾看的，而是誰想看就看，至於看懂看不懂，一切無所謂。當然了，很大一個原因確實就是因為老子沒想到自己的著作在幾千年後會被如此廣泛地傳播，《道德經》這部書非常明顯就是寫給天子、諸侯的，連士大夫可能都不是作者的目標讀者。所以，後世沒有管理實踐經驗的人當然無法理解。雖然無法理解，但是意境在那裡，就會讓人有一種模模糊糊覺得它就是真理的感覺，所以就出現了各種牽強附會、生拉硬扯、神祕主義。老子真要是看到了，可能會又好氣又好笑。

對於「如何做」的問題，倒是儒家繼承下來並加以展開，提出了「格物致知」。這四個字出自《大學》，而《大學》是《禮記》的一篇，《禮記》又是西漢時戴聖依據典籍整理編撰的，自己創作的成分很少。尤其「格致誠正，修齊治平」作為《大學》開宗明義的綱領，不大可能是戴聖原創的，其來源應該還要往前追溯。就語言形式而言，應該不會早於春秋，因為用字已經很有春秋時期的風格了。但是，就算這個表達形成於春秋時期，其內涵的形成卻未必那麼晚，很可能是要繼續向上追溯的，到周公、文王是有很大機率的，到堯舜禹湯也不是不可能。畢竟《尚書》中舜禪讓給禹的《禹謨》中就記載了中華文明的十六字心法，「人心唯危，道心唯微，唯精唯一，允執厥中」，而格物致知，正是對「唯精唯一」的展開。既然這種含義在舜的時代已經成文，那就說明其思想還需要繼續向上追溯。是不是能追溯到炎黃、伏羲？現在的線索有限，就不得而知了。

很多人問我什麼是格物？為什麼這麼重要的概念，其內涵現在幾乎失傳了？其實還是上面講的那個問題，中國哲學太強調綜合，過於追求意境，甚至發展出了不立文字的「禪宗」，這對使用者而言是極其不友好

的。好比我們想打桌球，教練說照著國家隊選手的方法練就好了，你說這讓初學者怎麼練？所以，我建議初學者，還是要從科學入手，因為路徑清晰可以循序漸進。而且，科學實際上就是形式邏輯加上實驗檢驗，對於了解客觀世界而言，這是目前已知的最優解。這種方法得出的結論最容易被理解，同時也最可靠，所以非常適合初學者奠定基礎。

有了科學學習的基礎，熟練掌握了形式邏輯，具備了科學精神之後，再去鑽研中國哲學。其中科學能接手的就交給科學去解決，剩下的科學沒辦法解決，我們再求諸中國哲學。還剩下哪些呢？主要就是美學（Aesthetics）、倫理學（Ethics）、方法論（Methodology）、認識論（Epistemology）、本體論（Ontology）等領域，對應的中國概念就是德（美學與倫理學）和道（方法論、認識論、本體論）。

至於格物的格，指分門別類；物，即萬事萬物，只要能格的，都叫物。什麼叫做能格？有「名」的才能格。換句話說，所謂格物，就是在整理概念，並將它們分類和聚類。例如把欲望分解成「生性知美」四種基本欲望，這樣一來，所有的欲望就是這四種基本欲望的綜合，這種分類沒有遺漏，子類之間彼此不重疊，而且每種欲望的影響相仿，子類的劃分是均衡的，那麼這就是一個好的分類。這個過程就叫格物，說直接一點，就是透過不斷地問「是什麼」來為概念總結出一個清晰的定義。

什麼是知呢？其實就是基於各種概念，透過演繹、歸納、類比三種方法將它們連線起來形成的概念樹。

了解了格物致知，「自知」應該就好理解了吧？就是格自己嘛！格自己的什麼呢？之前我們講過，格我們的「心」。我們的「心」又有三個維度，一是「欲情念」，二是「惻仁德」，三是「名理知」，我叫它「道心三維」。我們格自己，就是要在這三個維度去問自己「是什麼」的問題，不停地去分類和聚類。需要到什麼程度呢？向下要到最小單位，以至於這個概念本身

就可以解答「如何做」的問題；向上要到混沌系統，因為我們還沒有能力去解析它，不得不暫停下來。

之前也講過，我們最常見的格物對象就是自己的「欲、情、念」。例如，文章讀到這裡，我們覺得豁然開朗，於是冒出了一個念頭：「如果這麼格物的話，是不是我就可以發財了呀？」於是就有了格物的素材，馬上格一下這個念頭，為什麼會產生這個念頭呢？就要從情緒上找。

有兩種基本情緒，「恐」和「慰」，就是恐懼和安慰。這個念頭的情緒根源顯然就是知曉了格物的方法，開心了，「慰」占了大部分因素，但同時又覺得自己生活沒有保障，需要錢，所以「恐」占了小部分因素，二者一綜合便產生了「情」，也就是情緒。

為什麼會產生這個情緒呢？就要從欲望上找。「恐」主要是因為求生欲、繁殖欲無法得到滿足，問問自己，想賺錢是不是跟這兩者有關？私欲一定不好嗎？飲食男女，人之大欲存焉，沒有人沒有私欲，所以我們不能說它不好。餓了吃飯，到了年齡結婚生子，這是再正常不過的事情，有什麼不對嗎？沒有。但是，如果餓了非要吃山珍海味，成人了一定要娶三妻四妾，私欲追求過度，就會出問題。出什麼問題呢？過度了就會與人爭利，與人爭利人就會與我們爭利，結果往往就會兩敗俱傷。欲望得到滿足便有了「慰」，飲食男女容易得到滿足，一夜魚水也就差不多了，這種「慰」來得容易，去得也容易。與之形成對比的，透過滿足求知欲和美欲所得到的「慰」則更強烈，也更加持久，而這兩種欲不是私欲，而是可以為所有人創造價值的「通欲」，因此我們可以盡情地追求，把「意」從私欲引導到通欲上面來，至此我們也便知道該「如何做」了。

排比句，講透了一句，後面的也就好理解了。戰勝別人，可以說是有力量，戰勝自己，才可以稱為強。是不是有人要問，有力量不是挺好嗎？為什麼非要強呢？一是因為力量是相對的，總有比我們還有力量的人會戰

勝我們；二是因為力量是會變化的，我們不可能從生到死力量恆強不變，有強的時候就有弱的時候。強的時候我們戰勝別人，弱的時候別人就會戰勝我們，這叫「天道好還」。既然這樣，戰勝別人只是一時的，不能算作強。強，甲骨文的字形是一個「弘」字，右下角加了一條蟲。弘，左邊一張弓右邊一條曲臂，表示有力。再加一條蟲什麼意思呢？據說這種蟲指的是米裡生的米蟲，只要有一條就會快速繁殖出無數條，指持續增加。

之所以說「自勝者強」，就是因為「自勝」是可以持續增強的，不會敗，反正都是自己的事，自己說了就算，只要我們想，不停地格物，就可以不停地「自勝」。朱子就說，「今日格一物，明日又格一物，豁然貫通，終知天理」。你看，這不又是給老了的「弱者道之用」做注解了嗎？

「知足者富」，字面意思好理解。我們要是專心品嘗過饅頭的甜美和麵香，一天吃兩個饅頭也會很滿足，那樣的話我們現在的存款可能足夠吃一輩子了吧？吃喝不愁，難道不是富嗎？但是，我們要結合上下文看，老子前半句說的「智」、「有力」可都不是他提倡的，後半句「明」、「強」才是他提倡的。所以，「強行者有志」中的「強」字剛才講了，是力量持續增加。志，心之止，即心最終要到達的地方。所以這句的意思是說，只有堅持不懈去實踐，我們的心才能有所歸宿。言外之意就是，小富即安沒什麼出息，持續努力才叫有志氣。

不失去自己的處所，那麼就可以長久。這個久，最早就是針灸的「灸」字，後來引申為持續的時間長。但是大家要注意，這是一個中性略偏貶義的詞，指的不是自然的延續，而是需要外力加以輔助才能維持，所謂「持久」就是要「扶持」才能久。對應的後面那個「壽」字則是個褒義詞，意思就是老年人無災無病，生命綿長。那什麼叫死而不亡呢？死，字形是一個人跪在屍體旁哀悼，字義到現在沒什麼變化。亡，是一把刀折斷了，指失去了作用。所以，死是一個中性詞，亡則帶有貶義了。後來死亡

往往連起來說，就是死了同時也沒有用了。但是，死了卻未必就會沒有用，像老子這樣死了幾千年我們不還是在學習他的思想？我們能說老子沒有用了嗎？當然不能，所以這就叫「死而不亡」，這就不是需要維持的那種「久」了，而是自然而然、綿延不絕的「壽」了。

整篇總結起來，還是孟子那四個字，「反求諸己」！

國之利器為什麼不可以示人

> 將欲歙之，必固張之；將欲弱之，必固強之；將欲廢之，必固興之；將欲奪之，必固與之。是謂微明，柔弱勝剛強。魚不可脫於淵，國之利器不可以示人。（第三十六章）

鳥在飛的時候，要搧動翅膀。想合上翅膀，就要先張開翅膀。歙，會意字，即合羽，指鳥合上翅膀。

想要有收益，就要付出成本。所有以上這些，就叫做「微明」，微妙且高明。現在，我們用得最多的就是「將欲奪之，必固與之」，說的時候通常咬牙切齒，基本就等同於說「欲使其滅亡，必使其瘋狂」。所以，這段話一直被人理解成老子是在教人處心積慮地算計別人。

可是，人家老子並沒說要對別人使用這些方法吧？是我們自己把其他人當作敵人，必欲除之而後快，所以才絞盡腦汁地想辦法算計人家，只不過正好讀到了老子這句話，就以為是在教自己迂迴戰術，對不對？如果我們沒有害人之心，大可以把這句話當作是老子對自己的警示嘛！提醒自己做什麼事要懂盛極而衰、亢龍有悔，這不就正能量了？

或者我們把它看作是自己追求「道」的方法。之前不是講了網際網路思維嗎？他們的做法就是這樣，透過免費甚至補貼來培養使用者習慣，建立起一個平台。使用者養成習慣之後，才開始提供有償服務，把錢賺回

來。這不就是將欲奪之，必固與之嗎？

做生意，或者先交錢，或者先交貨，一手交錢一手交貨的少之又少。身為賣家，我們不捨得貨讓人家試用，可人家不知道貨怎麼樣，怎麼會買呢？身為買家，我們不想給錢，還想訂製商品，可人家也是有前期投入的，怎麼會冒著風險讓我們做呢？既然我們的目標是做生意，就別在乎眼下這點小利益、小風險，吝嗇就什麼都做不成。

工作也是生意，我們把勞動力賣給公司，我們是賣家，公司是買家。我們的貨好，買家自然願意出高價買，前提是得有證明。拿 5,000 塊的薪資，做 10,000 塊的事，做好了，我們的勞動力就值 10,000 塊。而且這個價錢不以公司或者我們個人的意志為轉移，這家不願意給，市場上有的是人願意給，找機會跳槽就可以了。

而有些人給他們 5,000 塊錢，他們覺得自己最多就做 5,000 塊錢的事，甚至怕做多了便宜了公司，還要想方設法地摸魚，最後可能只能做 3,000 塊的事。自己白白浪費生命不說，越偷懶就變得越懶，越懶就越負能量。抱怨公司不識貨，不幫自己加薪水，加到 10,000 塊，我不就可以做 10,000 塊的事了？結果恐怕不但沒漲薪水，反而被裁員了。

老子只是告訴我們一個客觀規律，至於我們用它做好事還是做壞事，都是我們自己的事，跟老子無關。不過，後面這兩句卻是老子規勸君主的，柔弱會勝過剛強，魚兒離不開水，國家的「利器」不可以拿來示人。這幾句話的解釋歷來五花八門，不過，如果給一個有管理實踐經驗的人來看，意思卻再清楚不過了，老子說的就是如何管理。

所謂「柔弱勝剛強」，說的還是上善若水的意象，利萬物而不爭便是柔弱，往低處流也是柔弱，正因為柔弱才能無孔不入、無所不包。正是因為有了柔弱的性質，才會吸引萬物眾生，心甘情願地投奔到水的周圍。石頭倒是剛強，但是有人會圍著石頭生活嗎？

　　魚水之情，從古至今含義都沒有變過，指的就是君與民的關係。君就是魚，民就是水，水離了魚無所謂，魚離了水就是死魚。所以，這就是管理者對待團隊應有的態度，團隊是水，而我們是魚。

　　既然我們是魚，那麼應該如何對待水？答案是，「國之利器不可以示人」，說白了就是不能炫耀暴力去嚇唬團隊。最典型的反面教材，不就是嚴刑峻法、獨裁統治的大秦嗎？當然了，秦朝相比於周朝，還是有很大進步的，起碼打通了平民向上晉升的管道。如果始皇帝多活幾年，把權力交接得順暢一些，下一代再微調一下政策，也未必就不行。當然，我們也可以說，不能順利交接就是權力本身的特徵，這當然也對。

　　所以，以始皇帝的雄才大略都抵不住權力的反噬，身為普通管理者，我們是不是得好好掂量一下自己了？管理團隊的時候，是不是就別想著搞得跟軍隊一樣等級森嚴？那些沒用的繁文縟節是不是能省就省了？發表各種懲罰制度，是不是需要慎之又慎？就算不得已開除幾個人，如果不是本質問題，是不是就不要大肆宣揚，搞得人人自危了？這些暴力手段，就是老子所謂的「國之利器」。

　　對於國家也是一樣，我們見過哪個正常國家成天宣講刑法的？不是不應該普及法律，而是我們把刀拿出來嚇人的這種方式不對。遵紀守法的人被嚇得惶惶不可終日，生怕自己已經被盯上了；那些心思不正的人反而覺得找到了發財的機會，原來怎麼發財都寫在刑法裡面了呀，那我就按照順序犯一遍好了；更有些人，本來犯了點小錯，罪不當誅，可是我們把刑法搬出來這麼一嚇唬，他們就覺得自己是不是沒有活路了？反正都是死，還不如幹票大的，於是不就有「王侯將相，寧有種乎」了嗎？

　　所以，暴力手段是管理者的核武器，它的作用是威懾，當它發射的時候，基本上一切都沒有太多意義了。

什麼是做老闆的第一大忌

道生一，一生二，二生三，三生萬物。萬物負陰而抱陽，沖氣以為和。人之所惡，唯孤、寡、不穀，而王公以為稱。故物，或損之而益，或益之而損。人之所教，我亦教之：「強梁者不得其死。」吾將以為教父。（第四十二章）

這章原本難在「道生一」裡面的「一」是什麼。「一」就是對立統一的「一」，就是衝突雙方的統一體，就是有正反兩面的硬幣，就是太極，也叫太一。老子在講《周易》嗎？《道德經》必然是在《周易》的基礎上演化而來的。身為周朝圖書館館長，說老子不讀《周易》，你能信嗎？

這個「一」，還是《尚書》中《禹謨》裡舜對禹說的「人心唯危，道心唯微，唯精唯一，允執厥中」裡面的「一」。老子不可能不讀《周易》，也不可能不讀《尚書》吧？當時都是竹簡，記錄的資訊並不多，一個圖書館可能也沒有多少書。而那時候書和文字刻在青銅器上，刻在竹簡上，成本得多高？說一字千金也不為過吧？守著這麼一堆價值連城的寶貝讓我隨便看，任誰都會不捨晝夜、手不釋卷吧？

這個「一」還是孔子所說「吾道一以貫之」的「一」，曾子解釋是「忠恕而已矣」，這說的是孔子的「道之用」。而孔子的「道之體」，必然是與老子，與《周易》，與《尚書》一脈相承的。因為，孔子看的書跟老子是一樣的，周的文化奠基人就是武王的弟弟周公，而周公被封在魯國，孔子便是魯國人。

理解了這個「一」，那麼「一生二」就好理解了，「二」就是矛盾雙方，中國的說法叫陰陽。《周易》說「一陰一陽之謂道」，也就是衝突雙方對立統一，反之又反的永恆運動。這種運動便產生了三，然後是四、五、六，以至於無窮。量變引起質變，最終產生了宇宙萬物。

這個「三」有人認為是「天地人」三才，也未嘗不可，畢竟在我們的認知裡，這三者是萬事萬物匯聚的焦點。也有人說，這個三是陰陽產生的「和」，也就是黑格爾（Hegel）在辯證法（Dialectics）中所說的「正反合」的「合」，這麼理解也可以，確實也是生發萬物的過程。

而以我的理解，老子的三似乎並沒必要特指什麼，他只是在說量變需要一個過程，所以一二三要逐漸走過來，到了三之後這個系統就非常複雜了，我們很難再去建立解析模型，所以就直接到了萬物。這個說法倒是又與「三體」問題不謀而合了，不知道是湊巧，還是老子確實觀察並發現了混沌系統的特點。不過不管是不是巧合，老子清楚地理解「混沌系統」，這一點是確鑿無疑的。

萬物揹著陰抱著陽，就像一個「盅」裡面的陰陽二氣相調和，沖，之前講過，同盅，即內空的容器，如現在喝酒用的酒盅。這比喻的還是辯證法的幾個原理。

之後，老子又例行由道講到德了。人們都不喜歡孤、寡、不穀，幼而失親謂之孤，老而無伴謂之寡，人品不好叫不穀，這基本是人類最慘的三種情況了。但是，君主們偏偏這樣稱呼自己，為什麼呢？因為我們已經至高無上了，就不能再追求讚譽了。所謂物極必反、盛極而衰、亢龍有悔，為了避免這些悲劇的發生，當我們「益」到快滿了的時候，就要「自損」了。怎麼損？就是不爭、謙退嘛！

就像河谷，為了防止河水溢出變成洪災，就要時不時地疏通河道，把河谷挖得更低，這樣水大的時候才不至於氾濫成災。做人也是同理，我們想想自己身邊發生的事，只要自己有一點成就，溢美之詞是不是就鋪天蓋地席捲而來了？這個時候，人就容易飄飄然，俗話說「不知道自己怎麼回事了」，這是非常危險的。

好不容易創業當了老闆，就對團隊頤指氣使？你放心，這個團隊絕對

帶不好，用不了多久，我這個老闆說不定也當不長久。因為我把別人當奴隸，別人自然會反抗，敗事容易成事難，只要有一個處心積慮要搗亂的，那放心，什麼事我都做不好。所以，當老闆首先要調整心態，後其身、外其身。頤指氣使就是在爭權，攬功與推卸責任就是在爭利。我們跟團隊爭，大家就變成了比賽雙方，地位對等，我們就一個人，而人家人多勢眾，我在明處人家在暗處，誰強誰弱不是一目了然？

如何才能立於不敗之地？不下場比賽就永遠不敗。把權力和利益都讓給團隊，我們負責定目標、找對人、給資源支持他們就好。這在法家叫做「術」，就是讓君主在場外當裁判，也是一種老子思想的應用，只不過是消極的。更積極的做法呢？不要當裁判，去當教練。培養隊員、布置戰術、分析形勢、鼓舞士氣，這是老子思想的積極應用。

老子說，這些道理都是前人教授我的，我也把它們拿來教人。不知道大家有沒有發現，中國哲學的宗師們從來沒有一個強調自己的理論是原創的。老子這麼說，孔子也說「述而不作」，意思就是我所講的道理只是複述古人的，我自己並沒有創作。孟子說「遊於聖人門者難為言」，意思就是聖人把該說的都說了，我已經沒得說了。

這就是中華文明傳承數千年，連綿不絕、屹立不倒的原因吧，而究其根本，還是中國古老辯證思想的潛移默化。我們承認衝突，但強調統一，這叫做「中」；我們承認運動是永恆的，但強調反之又反，這也叫做「中」；我們承認事物是會發生質變的，但強調這種顯著的質變必然是由微小的量變引起的，應對好這些細小的量變叫做「和」；我們承認宇宙是個混沌系統，沒辦法為其建立精準模型，但仍然強調「道可道」、「人亦大」，人是需要去努力追求道的，這叫做「德」，德便是「道之用」。這種「用」細微而弱小，所以我們把這種用叫做「庸」，這個字甲骨文的形象是上面樂器下面水桶，表示日常所用。以上這些概念就是我們耳熟能詳的，「允執厥中」、

「中和」、「中庸」了。

最後這句話，說得比較狠了，橫行霸道的人不得好死，這是我教人的宗旨。梁，原本沒有下面的木，左邊是水，右邊是橋，指的就是橫在水面上的橋，這也是橋梁的由來。具體說，高高拱起的叫橋，平平直通的叫梁。後來，建造房子用的那個貫通東西的橫木是架在「棟」上面，也就是支撐的柱子上面，與橋梁的梁類似，而梁的特點是橫著的，所以強梁也就引申為強橫了。

老子這句話說得很重，放到現在基本相當於破口大罵，為的就是讓後世人提高警惕，不是怕強橫的人欺負人，而真的只是為了那些少根筋的強橫者好。欺負人的代價有多大？哪怕我們只欺負了一個人，這個人被逼急了跟自己拚命能受得了嗎？更何況，其他人還在看著呢，他們能看得下去嗎？而且，大多數情況下，很少有強梁只欺負一個人吧？欺負了那麼多人，人人都要跟自己拚命，我還能知道自己是怎麼死的？

尤其手握權柄之人，更是要慎之又慎，因為我們欺負人實在太容易了，可能就是在不經意間。但是，被欺負的人可不會管我是不是故意的，人家被我害了，就要找我報仇。想像一下，日常生活中有個人天天就等著跟自己拚命，我們是什麼心情？

所以，各位老闆，還是好自為之。

如何保持目標明確

大成若缺，其用不敝。大盈若沖，其用不窮。大直若屈，大巧若拙，大辯若訥。躁勝寒，靜勝熱，清靜為天下正。（第四十五章）

我們創業時，一個專案做著做著就會出來很多分支專案，於是又去做這些新的專案，然後發現又會有更多的專案冒出來，彷彿永遠也做不完，

公司也永遠存在缺陷。於是我們沉下心來，一個專案接著一個專案地做下去，忽然有一天再抬頭審視公司的時候，驚訝於公司已經這麼大了，有這麼多的使用者、這麼多的員工，創造了這麼大的價值。公司越大，事情也越多，這叫「大成若缺」。不斷地發現問題，解決問題，公司變得越來越成功，永遠不會破敗，這叫「其用不敝」。

為了解決問題，我們不停地學習新東西。可學了一個新概念，就會多出來好多新概念。學了多出來的概念，又會有更多的新概念冒出來，彷彿永遠也學不完，自己的認知永遠存在缺陷。我們感嘆自己是多麼的無知啊！有了這種心態便更加如飢似渴地學習，這叫「大盈若沖」。我們不斷地獲取新的知識、掌握新的方法，認知體系也不斷地突破邊際，於是總是可以找到解決問題的辦法，這叫「其用不窮」。

我們不再一馬當先。即便自己先找到了解決方案，即便自己的判斷千真萬確，也要忍耐，知而不言是一種煎熬，但我們仍然忍受著團隊人員七嘴八舌、東拉西扯的討論，因為需要讓他們自己找到答案，這樣他們才會覺得自己是專案的主人，才會有成就感，也才會成長，這叫「大直若屈」。

我們做事不再思前想後，不會等到計畫天衣無縫時再去行動，而是先有了行動，找到最小的突破點，嘗試著切入進去開始做。邊做邊檢討，發現問題、解決問題，控制試錯成本，快速累積後更改。別人嘲笑我們，因為我們看起來像個笨拙的嬰兒在蹣跚學步。可轉眼間已經累積了百代、千代，當初的嬰兒已經健步如飛，讓那些嘲笑的人瞠目結舌，這叫「大巧若拙」。

別人與我們辯論，不管他如何伶牙俐齒、巧舌如簧，我們只問他三個問題。是什麼？也就是問題中概念的明確定義是什麼？為什麼？也就是辯論的目的是什麼？以及如何做？也就是辯論希望求得一個怎樣的解決方案？當他無法回答時，辯論就結束了。在別人看來，我們笨嘴拙舌，只會

問幾個簡單問題，可我們只是覺得這種辯論是在浪費生命，多投入一分鐘都是多餘的，這叫「大辯若訥」。

靜勝熱，如何靜？想清楚自己的目標，眼裡只看一個目標，心裡只有一個目標，直接走向這個目標，這就是靜。也就是德的本意，眼直、心直、行直。我們發現一個問題，但是解決它會得罪人，於是開始猶豫要不要做，心中煩躁。這是因為我們有了兩個目標，一個是解決問題，一個是不得罪人，我們在兩個目標之間搖擺不定，所以才會煩躁。我們需要去除一個目標，只留下一個目標也就靜了。那麼去除哪個呢？再往上抽象一層，自己更大的目標是什麼？是做一個有價值的人，還是做一個討好別人的人？做一個有價值的人，是我們的大目標的話，那還管別人高不高興幹嘛？

如何才能使所有的目標清晰明確？我們要形成一套完整且符合邏輯的價值觀，所有的判斷均由這個價值觀做出，這些判斷自然前後一致，不偏不倚，我們才可以知行合一。

此時，我們的心不但靜如止水，而且澄澈見底，對任何人都不必遮掩，敞開心扉給他們看。有的人瞥一眼，便知我們一塵無染，也便對我們敞開心扉；有的人凝視我們，見我們純淨如許，卻又深不可測，便會追隨我們。如此，便可以為天下正宗。

如何避免低效勞動

不出戶，知天下；不窺牖，見天道。其出彌遠，其知彌少。是以聖人不行而知，不見而名，不為而成。（第四十七章）

看到這幾句，宅男們終於找到知音了。「不出戶，不窺牖」，這不就是宅男的理想嘛！實際上，老子那個年代，是絕對不會出現宅男的。一個

人一天不出門，左鄰右舍可能就上門來了，因為他們一定會以為這個人病得不輕。因為按照《周禮》的規矩，除非生病，否則白天是不能待在家裡的。為什麼古人連待在家裡都不讓，還寫到官方檔案裡面？因為，那時候生產力不發達，養不起閒人。一個成年男人幾天不出去種地，田地可能就雜草叢生、害蟲橫行了，今年收成沒了，全家說不定都會餓死。古代在家宅著可不是鬧著玩的，是會出人命的。

既然不鼓勵宅，那老子這一番話是什麼意思呢？前面不是講了「道生一」嗎？老子這兩章就是要為我們講述，如何達到那個 。

與概念分類對應的是概念的聚類，也就是歸納。當我們熟練掌握了概念分類之後，會習慣性地追求不遺漏、不重疊、相均衡這三個優秀分類的特徵。為什麼分類可以具備這三個特徵？因為，這是概念本身就具備的特徵，也就是之所以能演化出今天被我們廣泛認可的概念，正是因為這些概念本身具備了可以被拆解為優秀分類的屬性，否則這個概念本身存在缺陷，就會在漫長的演化過程中被淘汰掉。所以，這是概念系統本身具備的形式，這種系統也被叫做形式邏輯（Formal logic）。由於形式邏輯研究的是概念自身的形式，所以形式邏輯是「絕對正確」的。為什麼要打引號？因為「絕對正確」這個概念本身就是被形式邏輯定義的。換句話說，之所以一個概念的分類符合形式邏輯，就是因為形式邏輯就是這樣定義這個概念的，否則它就不屬於形式邏輯這個系統，所以形式邏輯不可能錯。

但是形式邏輯的問題也隨之出現了，既然所有形式均來自系統內概念本身，那麼這套系統就無法產生本系統中不存在的新概念，也就是凡是形式邏輯說的話，都是正確的廢話，它對於一個已經掌握形式邏輯的人而言毫無意義。而恰恰是形式邏輯以外的那些，對於我們來說才是新的、未知的、有價值的。於是用一句話概括就是，凡是形式邏輯說了的，都是廢話，凡是有用的，形式邏輯都不說。

　　所以，我們才需要類比和歸納。類比之前講過很多了，下面講講歸納。歸納的優勢顯而易見，它可以告訴我們原本不知道的。例如，我們自己餓了就想吃好吃的，所以就歸納出：基本上所有人餓了都想吃好吃的；單身了，就想找個人陪，所以就歸納出：基本上所有單身的人都想找個人陪。難嗎？不難，我們不需要接觸多少人，就能歸納出這個道理。所以老子說，「不出戶，知天下；不窺牖，見天道。」

　　反而有些人，自己不靜下心來歸納，總是一味地貪多求新，看起來倒是很忙碌，到頭來可能一無所有。所以老子說，「其出彌遠，其知彌少。」這不是老子反對行萬里路讀萬卷書，而是反對貪多嚼不爛。孔子也說過類似的話，就是著名的「學而不思則罔」。它們都是一個意思，都是告訴我們不要一味地去求新求奇，而是要靜下心來對已有的東西進行歸納。如果不歸納，怎麼能做到「吾道一以貫之」？

　　是以聖人不行而知，不見而明，不為而成。這句話老子說得有點誇張了，但我們結合前文讀，也能理解老子的意思，還是強調歸納的重要性嘛！大概是當時的君主們有這個毛病，就是凡事貪圖新鮮、愛看熱鬧，但就是不認真，看過就忘，下次差不多的事，他還當作新鮮事一樣。老子應該就是對症下藥，極言歸納的重要性，希望君主們引以為戒。

　　我們也別嘲笑古代君主，以為人家不開竅，我們現代人不開竅的程度比人家可能還有過之而無不及。看看那些埋頭苦學的「好學生」，為什麼早起晚睡地學習，成績就是好不了？因為同樣的題型，稍微變換一下形式他就不會了。就算做了一萬題，第一萬零一題還是不會，這就是不歸納，學而不思的後果。

　　工作中有多少人操作 Excel 還是「一指禪」？用滑鼠點點點，最簡單的公式、快捷鍵都不會用？我曾經就帶過這麼一位，工作是真「努力」，加班到很晚，我的會都開完了，出來看她還在加班。我當時好奇給她的工作

也不複雜，怎麼做到這麼晚？於是就過去看看，發現還真就是我擔心的那樣，她在用滑鼠一個單元格一個單元格的複製貼上呢！我忍不住教她用了幾個簡單公式，10分鐘搞定了。她也挺驚訝，還拍手叫好，說還是老闆厲害……結果，過了幾天我看她操作Excel還是「一指禪」，她不加班，誰加班呢？

我們不是聖人，不可能不行而知，但是老子講的歸納，對大多數人來說確實如何強調都不為過。

當然了，強調歸強調，但老子的話其實只說了一半，我需要把另一半補上。歸納雖然有它的優勢，但是缺陷也是顯著的，那就是不可靠。就算我們遇到的所有人餓了都想吃大餐，也不能證明，我們沒遇到的人也是如此，甚至我們都沒法證明遇到的這些人將來會不會變。以我自己為例，原來我也是這樣以為，但是後來餓了就只想吃個饅頭，因為還有更多有意思的事要做，哪有閒情逸致吃山珍海味呢？

這也就是「經驗主義」被「理性主義」攻擊的軟肋，經驗主義就是盲人摸象，偶爾對了，可能還是瞎貓抓到了死耗子。就像「理性主義」同樣也有軟肋，正如上面講的，說出來的都是廢話，有用的卻不說不出來。這又是人類認知方法的一體兩面，衝突對立的統一體。

雖然老子話說了一半，但我們也別急著批判人家，畢竟類似的事孔子也做過，而且做的比老子更離譜。有客人來問一年有幾季，子貢告訴他有四季。那人信誓旦旦地說，一年只有三季。兩人爭執不下，便去問孔子。孔子看了那人一眼，就說一年有三季。那人聽後，志得意滿、趾高氣揚地走了。可子貢不滿了，說夫子你怎麼胡說呢？一年能是三季嗎？孔子說，你看看那個人，一身綠，明顯就是蚱蜢變成的精怪，他春天出生，秋天就死了，你跟他說四季，這不是浪費時間嗎？你那麼閒呀，跟他吵什麼呢？子貢這才恍然大悟。這就是「夏蟲語冰」的典故。

孔子和老子這種表達方式雖然不嚴謹，但論針砭時弊，恐怕效果要比咬文嚼字好得多吧？我們讀書，要挑著對自己有用的讀才好，有用的都還讀不明白，就先別想著批判了。尤其歷經幾千年大浪淘沙的經典，讀的時候心中起碼要存著點敬畏，我們不大可能比幾千年間的大儒都高明，所以不到萬不得已，切忌出言不遜。

為什麼說為學日益，為道日損

為學日益，為道日損，損之又損，以至於無為。無為而無不為。取天下常以無事，及其有事，不足以取天下。（第四十八章）

前一章講了歸納法的重要意義，這章是上一章的延續。

學東西，不管是學知識還是學技能，只要學，自己會的就越來越多，這好理解。不好理解的是「為道日損」。幸好我們前面講了歸納法，現在連著讀，是不是就明白老子想說什麼了？

還是以羽毛球為例。初學階段：今天學握拍、明天練步伐、後天練高遠球分解動作，練好了再練吊球、網前小球、殺球、四方球戰術、殺上網戰術……隔幾天就有新東西，總是能掌握新的技術、戰術，這就是「為學日益」。

等我們把所有基本功都練扎實了，教練一定會強調「動作一致性」，就是不管打高遠球、吊球還是殺球，除了觸球點以及那個瞬間的拍形不同之外，其他的部分都是一樣的。為什麼要這樣？因為一致性高，對手就很難判斷我們的意圖，他需要等我們觸球了才能做出判斷，如果提前預判，我們就可以根據他的預判去調整自己的動作，這樣他就被動了，可能要二次啟動，有時候可能直接就丟分了。你看，這就已經開始「為道日損」了。

　　等技術動作已經完全定型了，上場比賽的時候，我們還會想著標準動作嗎？還會去考慮這個球應該回高遠還是吊網前嗎？根本沒有時間考慮，靠的都是下意識反應。所以，這個時候，可以說已經「損之又損」，把「技戰術」都融入了潛意識，以至於根本想不起它們來。

　　至於自己的判斷準不準，應對得合理不合理，能不能抓住對手弱點，能不能掌控比賽節奏，這些就是所謂的「球商」了。之所以取這樣一個名字，就是因為這種東西已經無跡可尋，背後是非常多的複雜因素，而我們在場上有 0.1 秒的反應時間都是很奢侈的，之所以那樣判斷、那樣應對，根本就沒辦法還原出來個因為所以。而頂級高手之間的對決，技戰術大家同樣爐火純青，身體資質同樣登峰造極，那最後拚的是什麼？就是「球商」，也就是身經百戰之後，融入潛意識裡面那些東西。因為背後是一個混沌系統，所以我們沒有辦法為它建立模型，這種模糊的美，就是我們之前講過不止一次的「境界」。最高境界，就是無為，因為根本不需要動用工具理性，做出判斷的是我們構造出來的一個模糊模型，也就是德。

　　做人也是如此。很多人處心積慮地想學獨門知識、獨門技術，誤以為世界上真的存在「武功祕笈」一樣的東西，獲得了就可以一步登天、平步青雲。只可惜，武俠小說被叫做「成年人的童話」不是沒有道理的，因為它把這個世界抽象得過於簡單，終究還是童話。

　　當然，學習總是沒有錯的，老子也沒有反對學習，而是強調在學習新東西的同時還要進行歸納。為什麼很多人知識學了不少，技術也掌握了不少，可就是不知道人活著是為什麼？有那麼多人問，「既然人遲早要死，那活著的意義是什麼」？就是因為不歸納，學而不思則罔。

　　為什麼我們一定要了解活著是為了什麼呢？因為，身為人，我們一切痛苦都來自恐懼，而一切恐懼則來自無知，一切無知則來自對未來的不可預測性。之所以不可預測，首先正是因為我們不知道自己想要預測什麼，

其次才是我們有沒有能力預測。

　　有人問，怎麼才能看透一個人的心理？顯然他是想預測別人的行為。可預測別人的行為是為了什麼呢？顯然是為了與他爭利。爭利又是為了什麼呢？為了更多的利，為了發財。發財又是為了什麼呢？為了衣食無憂。衣食無憂又是為了麼呢？恐怕只剩下混吃等死了吧？反正都是等死，為什麼不現在就躺平等死呢？差別無非就是多浪費了幾十年的糧食而已嘛！可能又怕挨餓不舒服吧，所以你看，這些人甚至連虛無主義者都還不如，起碼人家是真的看破了生死的。

　　我們不應該評價人家的是非，畢竟這是很私人的東西，沒有對錯之分。不過可以想一想，一個最終目的是想發了財之後混吃等死的人，有沒有可能發財呢？世界上有千千萬萬這樣的人，大家都想發財之後混吃等死，怎麼就能輪到我們呢？唯一的可能是不是只有靠買樂透中獎？這可能就是為什麼樂透被叫做「成年人童話世界的鑰匙」的原因吧！

　　還有更令人絕望的訊息，那就是我們越刻意地做什麼，反而越做不好什麼。打羽毛球，我們刻意地想把球回遠，拚命地回想每一個環節的標準動作，可最後偏偏打不遠。為什麼？因為想得太多，動作脫節，還慢半拍。不只是打不遠，能打上都謝天謝地了。我們想贏得比賽，時時刻刻暗示自己「一定要贏」跟「輸不起」，上場之後反而四肢僵硬，頭腦空白，什麼策略戰術都拋到九霄雲外去了，剩下的只是一身蠻力。別說贏了，不輸得很難看都已經阿彌陀佛了。

　　賺錢跟打羽毛球是一個道理。一心想賺錢，絞盡腦汁地想，就像打高遠球的時候刻意去做好每一個動作，結果自己滿心歡喜地等著成功的喜悅，最後收穫的卻只是失敗的苦果。為什麼會這樣？因為我們的動作脫節了。公司給我兩萬五千元的薪水，我最多就做兩萬五千元的事，心想多做一點我不就虧了？我可是要發財的人，怎麼能做虧本買賣呢？於是花了大

量的時間去衡量要做多少工作，想方設法地摸魚。看著旁邊勤奮懇切的人，我還笑人家是傻子，永遠只能被剝削。可結果呢？人家因為工作出色，升遷的升遷，加薪的加薪。就算沒有升遷加薪的，也找個機會跳槽走了，因為辛勤工作鍛鍊了自己的能力，新公司高薪聘請，結果還是升遷加薪。反觀自己，覺得自己做了兩萬五千元的事，沒想到還高估了自己，整天摸魚，還一肚子負能量，最後被公司開除不說，一點本事沒學到，去哪哪都不要。

不需要多久，那些沒什麼「心眼」，做什麼都踏踏實實，一門心思做到極致的人，升到了更高的職位，接觸到了更高層次的人，把行業摸得更加透澈，自己也有了一定的累積。他們覺得現在的行業還存在這樣那樣的弊端，這些弊端並不符合自己的審美，如果不能去除這些弊端，自己的強迫症就要犯病了。於是他們開始創業，他們不缺錢、不缺地位，創業只是因為「看不慣」，覺得不夠美。最終能讓行業改變的，能為社會創造價值的，只能是這些人。與他們所創造的價值相對等，經濟機制給予他們回報，從來沒想過要發財的人，反而被動地發了財。

這就是老子所說的，「取天下常以無事，及其有事，不足以取天下」。

這些人成功之後，會混吃等死嗎？恐怕不會，他們會覺得自己的價值觀還存在太多不完美，需要一處一處地修補。每修補好一處，另一處原本不那麼顯眼的又顯得特別刺眼起來，於是只好馬不停蹄地繼續修補。他們雖然衣食無憂，但是卻比任何人都忙碌，比任何人都動力十足，因為他們知道，自己正在接近「道」。

如何面對私欲

天下有始，以為天下母。既得其母，以知其子。既知其子，復守其母，沒身不殆。塞其兌，閉其門，終身不勤。開其兌，濟其事，終身不救。見小曰明，守柔曰強。用其光，復歸其明，無遺身殃，是為習常。（第五十二章）

天下母是誰？是「一」，就是「道生一」的那個一，就是衝突的統一體，就是太極，也叫太一，就是舜告訴大禹「唯精唯一」的一，就是孔子所說「吾道一以貫之」的一，這在前面講過了。

其子是誰？就是這個衝突的統一體不斷地運動，不斷地否定再否定，量變引起質變，產生的所有子類、子概念，這是一個演化的過程。

既然所有的子概念最終都可以歸納到「天下母」，那我們就不需要去窮盡子概念。遇到什麼新鮮概念，套用「天下母」的對立統一、否定之否定、量變引起質變，就可以推得子概念，就可以採取適當的應對。就好像我們背幾何定理，所有定理都是由那五條公理推匯出來的，只要守住五條公理，掌握了推導方法，我們就可以推得無窮無盡的定理。

做人也是一個道理。想清楚自己想要什麼，假如就是為宇宙建立模型，是追求道，那就所有事都朝著這個目標去努力，自然就沒了爭名奪利的心思。為了能夠建立更完善的模型，我們甚至需要無私地幫助其他人，幫助他們完善自己的價值觀。當他們的價值觀完善到一定程度，他們就可以加入我們，共同建設那個模型。我們雖然對他們好，但與他們無關，我們只為了去追求道。

這叫「既知其子，復守其母，沒身不殆」。

接下來講的還是控制私欲。為什麼老子一再講控制私欲？控制私欲固然重要，但也不至於這麼強調吧？對於我們普通人來說，好像也沒有那麼

旺盛的私欲可以控制呀？因為老子這番話不是講給我們普通人的，他的目標群體叫「君主」。這個群體如果窮奢極欲起來，真的會導致生靈塗炭、血流漂鹵。對於這些人，老子極言私欲之害，最多也就算是因材施教。我們可千萬不要理解錯了，老子是發明辯證法的，人家可沒有那麼極端，非要我們禁欲不可。

而本章老子所說的「塞其兌」，說的還不只是控制君主自身的私欲，比君主自身私欲更可怕的是天下人的私欲。如果每個人都與別人爭利，天下不就變成了叢林？人人相攻伐，難以協同。人類失去了社會合作、各自為戰的話，以人類不算頂尖的實力，豈不是立刻就被野生區域中的職業選手們擊潰了？君主除了自己的私欲之外，面對的更大挑戰便是這天下人的私欲。

要如何應對？還是從小處著手，以柔克剛，借力打力嘛！這叫「弱者道之用」。大家想吃飽飯，那就把土地分給大家，興修水利，號召大家勤勞耕種。天子帶頭祭天，祈求風調雨順，這坑意本身當然影響不了氣候，但是它可以影響人心。如果每一個人都認為只要勤勞就可以吃飽飯，爆發出來的生產力可就十分驚人了，這就是我們「與天鬥，其樂無窮」的底氣。

放到現在，做老闆的也一樣。大家來跟著我們做，不就是想著賺點錢，過好日子嘛！那就盡可能地滿足大家，把平台搭建好，制度建立起來，只要認真做，有了業績，公司跟你五五分帳。不但錢給得多，老闆還得身先士卒，帶頭一起拚命做。第一次做出了業績，分了錢，第二次就好辦了，大家衝業績賺錢，我們想攔都攔不住。公司都做到這個份上了，離上市還遠嗎？何必跟大家爭眼前那點小利呢？

這就叫「用其光，復歸其明」。有私欲是正常的，人非草木，老子可不主張大家修成枯禪。私欲就是一把刀，用它殺人就是凶器，用它救人則是神器，刀不殺人，人殺人。

　　既然能把天下人的私欲引導到正途，自己坐享其成就好了，哪裡還會遭殃呢？襲，左衽的衣服，是給死人穿的，本來對活人沒有用，可是我們透過引導，利用看似有百害而無一利的私欲去做善事，這難道還不能永恆嗎？

德不配位，必有災殃，如何避免

　　治人、事天莫若嗇，夫唯嗇，是謂早服。早服謂之重積德，重積德則無不克，無不克則莫知其極。莫知其極，可以有國。有國之母，可以長久。是謂深根固柢、長生久視之道。（第五十九章）

　　需要治人、事天的人是誰？除了君主還能有別人嗎？所以，這一章又是老子在教育君主了。

　　順應天道治理國家的方法，沒有比「嗇」更好的了。這裡的嗇是指收斂私欲，也可以叫對自己吝嗇。

　　收斂私欲，就可以儘早降服它。服，指降服。儘早降服私欲就是在累積厚重的德行，也就是我們現在說的建構自己的價值觀。有了厚重的德行，也就是有了完整的價值觀。有了完整的價值觀，就沒有不能勝任的工作。沒有不能勝任的工作，就擁有了不可估量的能力。擁有了不可估量的能力，才可以去做一國之君。不但可以治理國家，而且可以掌握治理國家的方法，有了正確的方法，國家才能長治久安。

　　只有這樣，才可以稱得上是根深蒂固，也才能做到長治久安。「柢」，就是土下面的根，指植物的根埋在土下的部分。也有版本用的「蒂」這個字，指瓜果與植物的莖相連的部分。不論是哪個字，都不影響理解。

　　這一章，老子講的是如何才能避免德不配位。德不配位這個詞，現在好像已經很少被提起了，因為大家覺得，德是比較虛的東西。現在一切向

錢看，笑貧不笑娼，誰還關心價值觀呢？於是，很多公司升遷都只認業績，不管價值觀，倒是有點「唯才是舉」的意思。

但是，人家曹孟德施行「唯才是舉」可是在東漢末年，是個亂世啊！亂還不說，兩漢的世家門閥累積了四百年，已經爛到根了。孝廉孝廉，比的是孝和廉，舉的也都是豪門大族的子弟。這些人裡面，很多人不孝和不廉，對治國理政一竅不通。不過這也不能怪人家，當時選拔標準就是這樣，還能指望考生怎麼辦？那種選拔標準下，當然就不會有人去讀四書五經，讀了也考不上。那個時候唯才是舉，是撥亂反正，最多算是矯杆過正。

現在可是太平盛世，也早就打破了門第觀念，這時候不提倡德才兼備，就會出問題了。看看網上有多少罵老闆的？如果我們當老闆，被那麼多員工在暗地裡罵，這個老闆能當得安穩嗎？

有些人抱怨，公司為什麼不讓自己升遷？我認為如果這麼想升遷，私欲還是重了些，不讓我升遷長遠來看對我反而未必是壞事。我們追求權力，追求利益，而一旦又被開啟了方便之門，自己更會變本加厲，這就是自尋死路的節奏了。反而自己先把私欲調整好，做到對自己吝嗇，不貪功不圖利，一心只想把事情做好，做到這個程度，價值觀基本完善了，「德」也差不多夠重了，那時候再當老闆也不遲。

當老闆，大家以為是一件值得高興的事嗎？如果有這個心態，那就做不好老闆。位置越高，彙集的焦點就越多，心態越是應該「戰戰兢兢，如臨深淵，如履薄冰」。至少下面那麼多雙眼睛盯著呢，隨便一點過錯，就會被人無限放大加以指責，那種感覺我們真的受得了？

可「人非聖賢，孰能無過？」靠謹小慎微，是沒辦法避免錯誤的。唯一的辦法，還是修練自己的價值觀，這是基本功、笨辦法，但卻是唯一的正道。我們的價值觀修練到多高，位置才配坐到多高。如果想做老闆，至

少必須完整建構自己的價值觀，不能有覆蓋不到的領域，更不能有彼此衝突的地方。這樣的價值觀，會生發出一個使命，而完成使命的路徑才是我們的創業方向。

如果想更上一層樓，那就要朝著「隨心所欲不踰矩」去努力了。

想成功，自己首先要成為一個「強者」

大國者下流，天下之交；天下之牝，牝常以靜勝牡，以靜為下。故大國以下小國，則取小國；小國以下大國，則取大國。故或下以取，或而取。大國不過欲兼畜人，小國不過欲入事人。夫兩者各得其所欲。大者宜為下。（第六十一章）

作為大國要如何對待小國？大國應該謙卑，把自己的位置放低，仿照雌性，去做天下的焦點。雌性的特點是什麼呢？雌性不爭、無為，只是靜靜地等待雄性的追求，看起來很謙卑，但雄性都要圍著她們轉。所以，大國也要像雌性一樣，對小國謙卑，透過自身的吸引力，包括經濟和文化兩方面，使小國折服。小國對大國也要謙卑，這樣就可以獲取大國的幫助。一個謙卑地折服他國，一個謙卑地獲取他國幫助。大國無非就是想兼併小國的人畜，小國無非就是想從大國那裡撈點好處。如此一來，它們各取所需，而其中關鍵還是大國要首先謙卑。

以國家為例有點脫離生活，我們就說說身邊的，如何做一個強者？首先，我們要有使命。所謂使命，就是此生不論貧富貴賤、艱難困苦，都必須去追求的目標。這個目標很遙遠，遙遠到終其一生也不可能實現。然而，雖千萬人吾往矣！有人會問目標如果不可能實現還有什麼意義呢？意義就在於它指引了我們的方向。有了方向，人才能堅定，才不會無所適從，像個無頭蒼蠅一樣亂撞。始終朝著一個方向前進，才能走得遠，才能

看到不一樣的風景。

每個人都可以有自己獨特的使命，不過所有這些使命最終都可以歸納成一個，就是我們無數次提到的「為宇宙建立模型」，也就是老子所說的「道」。

其次，我們還需要一顆強者之心。如何才能擁有一顆強者之心？第一步，至少我們自己要認為自己是個強者吧？如果自己都不認為自己是強者，那自己怎麼可能是強者呢？什麼是強者之心？就是「以百姓為芻狗」嘛！簡單地說，就是「對你好，但與你無關」。

再次，有了強者之心之後，如何行動呢？以百姓的心為心，把身邊的人都視為合作夥伴，幫助他們實現他們的物質需求。怎麼突然轉變話鋒了呢？不是以百姓為芻狗嗎？沒錯，百姓還是芻狗，幫助芻狗並不是為了芻狗，而是為了實現我們自己的使命。不可能一個人去實現所有的宏偉目標，我們需要感召更多的人，共同實現使命。我們利用芻狗去使芻狗自己幸福，反過來別人也會把我們當作芻狗，利用我們使我們更幸福。如此一來，大家便可以通過利用對方使對方幸福的方式來實現彼此的使命。而追求道，也是一個道理。

有人問了，如果我幫助的人忘恩負義，得了便宜還對我恩將仇報怎麼辦？這就是常見的弱者心態了。孔子說：「君子坦蕩蕩，小人長戚戚。」而「長戚戚」，就是擔驚受怕、畏首畏尾、愁眉苦臉、滿肚子負能量的樣子。自己的心態問題，能怎麼辦？還是要「反求諸己」。如何反求諸己？不是叫我放下屠刀立地成佛，而是叫我「先為己之不可勝」，讓自己立於不敗之地，然後再去幫助他人。

兩個人交往，禮尚往來，總有一個人要先付出點什麼對不對？買東西也不能嚴格地一手交錢一手交貨，總是有人先給錢或者先交貨吧？如果我們總是期期艾艾，擔心給了錢拿不到貨，那就沒辦法買東西了，生活也過

不下去。為什麼現在人們敢在網上買東西？最主要的原因還是我們覺得這點風險自己承受得了，對不對？就算萬一買了假貨、投訴無果，我自己理虧了，也不差那些錢，是不是？只有有了「不差錢」為依託，我們才敢上網買東西，這叫「己之不可勝」。

別人向我們尋求協助，我們怎麼知道幫了他會得到回報？如果他連聲謝謝都不說怎麼辦？如果今後自己找他幫忙他不幫怎麼辦？如果擔心這些，是不是每次幫忙之前都要先講好條件，我幫你一次，你也要幫我一次云云？但就算講了，遇到小人將來反悔了，又怎麼辦？如果人人都這樣想的話，還能交往嗎？所以，當我們具備了一定的物質基礎，在能承受得了一定損失的基礎上，還是要調整心態，去做坦蕩蕩的君子。幫助別人，只是自己的價值觀認為應該幫助，而不是計較後覺得這買賣划算。身為一個強者，我幫別人只是舉手之勞，還會在乎他那點回報嗎？他畢竟只是芻狗而已。

當能夠以強者心態對待周圍的人、幫助周圍的人的時候，我們就是圈子裡當之無愧的強者。如果我們以強者心態對待所有人，幫助所有人，我們就成了所有人之中當之無愧的強者。

為什麼強者身上都具備這幾個特質

江海所以能為百谷王者，以其善下之，故能為百谷王。是以欲上民，必以言下之；欲先民，必以身後之。是以聖人處上而民不重，處前而民不害。是以天下樂推而不厭，以其不爭，故天下莫能與之爭。（第六十六章）

要謙退。怎麼謙退？「以言下之」，「以身後之」。怎麼以言下之？

一是把自己的身段降下來，好辦法是自嘲；一是把別人的身段抬起

來，好辦法是誇人。但是，做到這兩者的大前提是，自己要有強者心態，就是「以百姓為芻狗」的心態。

為什麼那麼多人誇誇其談，自吹自擂？因為他們不敢自嘲！他們的內心是一個弱者，認為自己需要保護，禁不起風吹雨打。可是別人不來誇我，我脆弱的心靈怎麼承受得了如此殘酷的現實？所以，既然沒人誇，就只好自己誇自己了。

而強者則不然，他們會認為，這些芻狗哪來的資格評價我呢？只有我才能評價我自己。那為什麼不自誇，非要自嘲呢？因為呀，我們說的強者，只是心態上的強者，行動上雖然不會弱，但也不可能強到完美，總有解決不了的問題、處理不好的事，對吧？

面對這些棘手的問題，強者也需要緩解壓力、調節情緒，而最好的辦法就是自嘲。長期壓抑著，壓力就會越來越大，把自己弱的一面展示出來，找個出口釋放出來，既能緩解壓力，又顯得平易近人，一舉兩得，何樂而不為呢？而自誇反倒是給自己立了牌坊，牌坊越高壓得自己越喘不過氣來，別人也離我們遠遠地等著看笑話，兩頭不討好的事，強者怎麼會去做呢？

弱者不敢自嘲的同時，也不敢誇人，因為把別人抬上去，不就把自己比下去了嗎？自己這麼脆弱，怎麼受得了被別人比下去呢？所以，絕對不能誇人。

強者正相反，他們被誇得多了、誇得煩了，就迫切想逃離焦點呢。如果一個大學生去打籃球，小學生看他打得好，就圍上來誇他太厲害了，他是什麼感覺？會喜悅嗎？會當真嗎？甚至會覺得沒面子吧？怎麼才能逃離焦點？最好的辦法就是「以其人之道還治其人之身」，而且要「先下手為強」，在別人還沒來得及張嘴誇自己的時候就率先「發難」，先誇他，這樣自然而然地就把焦點引到了別人身上。

所以，自嘲看似拉低了自己，實則是拉近了他人；誇人看似抬高了他人，實際上也抬高了自己，能夠發現別人的優點，說明我比他只高不低。拉近了他人，他人就會親近我們；顯示了自己的段位，他人就會尊重我們。以言下之，又是「進道若退」的實際應用。

怎麼「以身後之」？把利益分出去，把功勞分出去，自己一點都不留，看起來是不是已經很「後」了？可誰才有權力論功行賞呢？當然是站在最前面那個領導者了。我們分給大家越多，自己拿得越少，大家就越擁護我們的權力。就算真的有一天換個人來分配利益，大家也不會同意，誰知道他會不會中飽私囊？畢竟人不為己，天誅地滅，天底下哪有幾個捨己為人的？好不容易找到我們這樣大公無私的人，大家怎麼可能輕易放過呢？這個領導者，你想當也得當，不想當也得當！「以身後之」，也是進道若退的實際應用。

我們經常自嘲，時不時誇人，大家是不是就迫切地要我們當老闆？我們把利益、功勞全部分出去，大家是不是就死心塌地地追隨我們？所以，「聖人處上而民不重，處前而民不害。是以天下樂推而不厭」。

做到這樣，我們爭了嗎？沒有爭。如果有人想跟我們爭，天下人能同意嗎？不同意。除非他跟我們一樣的「以言下之」，一樣的「以身後之」，一樣的不爭，對不對？可如果他和我們都不爭，又怎麼可能產生「爭」呢？這就叫，「以其不爭，故天下莫能與之爭」。

如何控制情緒

善為士者不武，善戰者不怒，善勝敵者不與，善用人者為之下。是謂不爭之德，是謂用人之力，是謂配天、古之極。（第六十八章）

善於為士的人，不追求武力。為什麼不追求武力？因為目標是化干戈

為玉帛，以戰止戰，而不是炫耀武力、窮兵黷武。善於征戰的人，不會有憤怒的情緒。為什麼不會憤怒？因為征戰的目標是結束戰爭，使人們回歸正常生活，而不是仇殺。

善於戰勝的人，不會輕易與敵人交戰。為什麼不交戰？因為戰爭的目標只是戰勝，而不是多殺人。能不打就不打，上兵伐謀。

善於用人的人，把自己擺在很低的位置上？為什麼要在低位？因為目標是把戲唱好，自己只負責搭戲臺，真正唱戲是演員的事，自己在臺下支持他們就好了。所以孫子說「將在外，君命有所不受」。《禮記》有云：「介者不拜，兵車不式」，就是甲冑在身，不必拜見君主，兵車之上，不必扶軾行禮。式，這裡讀作「軾」，車前面的橫木。這些都是君主用來表示對將領們用人不疑的禮。所以，孔子說「君待臣以禮，臣事君以忠」，這是對「為之下」最好的註釋。古聖先賢們可從來沒提過什麼「愚忠」，反而孟子倒是說過「民為重，社稷次之，君為輕」這樣大逆不道的話，讓很多帝王如鯁在喉，可就是沒有辦法。

其實這些說的還是德，心直、眼直、行直，想清楚目標，只盯著目標，直奔目標。如此就不會想著窮兵黷武，就不會被仇恨衝昏頭腦，就不會嗜殺如命，就不會對團隊指手畫腳。

這種德，與世無爭，所以叫「不爭之德」。這種用人不疑、疑人不用的能力，就叫「用人之力」。有了不爭之德，有了用人之力，就可以被稱為德配天地、德配古今了。

不武、不與、為之下，這些都還好，唯獨不怒這件事不容易。而一旦控制不住情緒，必定會訴諸武力，必定會發生仇殺，必定容不下所用之人。

怎麼控制情緒？

之前不止一次地講過，要學會格物。物有很多，其中就有「欲、情、念」。時時刻刻注意自己的念頭，這東西很微妙，一念為善一念為惡，善惡只在一念之間，這在前面的「唯之與阿」中講過了。要特別留心自己的念，有了念馬上去格。問自己這個念是善是惡？為什麼會有這個念？背後是什麼情緒？如果是「怒」，那麼引發怒的欲又是什麼？無非求生與繁殖兩種私欲不同程度的結合。再看這兩種私欲是不是追求過度了？過度了，就停下來，把多餘的注意力引導到通欲上面去。如此，便消解了惡念，增加了善念。

一反一正，日積月累，厚積薄發，做到「隨心所欲不踰矩」。這才是一個人的底氣，敵軍圍困萬千重，我自巋然不動。也只有具備了這個底氣，才可以臨機決斷，危而不亂。才配為將，為帥，為君。

如何修練自己

善建者不拔，善抱者不脫，子孫以祭祀不輟。修之於身，其德乃真；修之於家，其德乃餘；修之於鄉，其德乃長；修之於國，其德乃豐；修之於天下，其德乃普。故以身觀身，以家觀家，以鄉觀鄉，以國觀國，以天下觀天下。吾何以知天下然哉？以此。（第五十四章）

講這章之前，大家讀讀下面這段：「大學之道，在明明德，在親民，在止於至善。古之欲明明德於天下者，先治其國；欲治其國者，先齊其家；欲齊其家者，先修其身；欲修其身者，先正其心；欲正其心者，先誠其意；欲誠其意者，先致其知；致知在格物。」

有沒有覺得這兩段話說的是一個意思？你看，儒家的《大學》和《道德經》又說到同個方向去了。不只同個方向，如果這兩段放在一本書裡，簡直可以無縫銜接，毫無彼此衝突之感。不信？我用《大學》的內容，來

解釋一下老子這段話。

「善建者」，建的是什麼？是德，儒家所說的「三不朽」，立言、立功、立德，立德便需要「建」，建立建立，不建怎麼能立呢？

為什麼「不拔」？因為是明德。所謂明，之前講過，自發光叫明，被光照叫亮，明和亮是相對的。既然是自發光，那麼德便獨立於萬事萬物，根基不在於任何外物，又怎麼可能被拔除呢？

「善抱者」，抱的是什麼？是民。用《大學》的話說，就是「親民」。因為親民，所以不會脫離民，而反過來，民也不會脫離我們。

做到明明德、親民，自然可以子子孫孫綿延不絕，這不就是「至善」嗎？之後，老子照例開始講如何做了，也就是儒家說的修身、齊家、治國、平天下。以身觀身，以家觀家，以鄉觀鄉，以邦觀邦，以天下觀天下，這說的不就是「格物」嗎？之前講過格物，也講過「道心三維」，其中「名、理、知」這個維度就叫做「格物致知」。再複習一下，生成「名」的過程叫做「認」，把名組織起來形成「理」的過程叫做「識」，把「理」進一步分類聚類的過程就叫做「格」，「格」好之後的「理」就成了「知」。

我們要格什麼呢？對外格物，對內格自己。格自己的什麼呢？當然是道心三維的另外兩個維度，一維是「惻、仁、德」，這個維度我們之前講過了，不再複述。另一個維度就是「欲、情、念」，這是日常接觸到最多的維度，因為這是一種動物本能，我們的注意力習慣性地走這個維度，因為可以直達「念頭」，所以這個維度也叫「直覺」。

所謂的修身，就是修煉自身，確切地說，應該叫修心，是修自己的心，心修好了，身作為心的展現自然也就修好了。修心最重要的功夫就是時時刻刻格自己的「欲情念」，把自己的「欲、情、念」格清楚了，格透澈了，那麼別人的「欲、情、念」我們自然也就清楚了，這就是「以身觀身」。把家裡人的「欲、情、念」格透澈了，就可以「齊家」。自己家格透

澈，別人家自然也就透澈了，就是「以家觀家」。然後，就是治國，以鄉觀鄉，以邦觀邦。再然後，就可以平天下，以天下觀天下。

格物，是概念的分類和聚類，致知的「知」，就是形成的概念樹。分類分好了，有了自己的概念樹，用類比法推廣到他人，再歸納到家，再類比他家……以至於天下。

第六章　我與他人的關係

對你好，但與你無關

天地不仁，以萬物為芻狗；聖人不仁，以百姓為芻狗。天地之間，其猶橐龠乎？虛而不屈，動而愈出。多言數窮，不如守中。（第五章）

看到這句總是會心一笑，其中關鍵就在於「芻狗」兩個字，真是唯妙唯肖。什麼是芻狗？是草扎的狗，祭祀用的，跟我們現在燒紙錢、燒花圈，還有燒紙糊汽車是同樣的意思，老祖宗也是這樣祭祀的，只不過他們講究六畜興旺，所以燒六畜。

現在已經不知道芻狗要不要燒了，按理說應該要燒的，因為人們覺得魂在天嘛，燒了才能升上去呀；魄在地，剩下的灰要埋在地下，這才算寄出去了「快遞」，祖先才能收貨。

這個芻狗有什麼特點呢？第一，如果不是祭祀，它就是一堆雜草，一文不值。第二，這東西祭祀前要好好儲存，輕拿輕放。因為用完就扔了或燒了，所以做工不會太仔細，一不注意可能就散掉了，參考我們現在的花圈。第三，祭祀的時候擺在祭壇前面，我對著祭壇恭恭敬敬行禮，芻狗也沾光，也接受我的行禮。

這句話什麼意思呢？就是天地是沒有企圖心的，當然更沒有分別心，萬物都一樣，都是芻狗，它看似對芻狗行禮，實際上是越過它朝它後面行禮；看似對芻狗小心呵護，但實際上不是怕它怎麼樣，而是怕它壞了影響祭祀；只在乎祭祀，芻狗只要滿足祭祀要求就好，除了這個別的才懶得管。

「聖人」，也是一個道理。這個聖人跟孔子口中那個聖人還不是同樣的

意思，那個聖人則又引申了一層，指的是內心盡善盡美的上位者。

　　老子說的這個「仁」，跟孔子說的那個「仁」也不同，要結合上下文，結合全篇去理解。老子的「不仁」指的是，不要為了仁而仁，就是不刻意，把眼光放遠，放到芻狗後面的祭壇上去，甚至也不是祭壇，是放到我們要祭祀的對象上去。這樣，雖然我們內心沒想著要對芻狗仁，但實際上，它們獲得的就是我們的仁，這種不刻意的仁，才是大愛。

　　總結起來就是一句話，「對你好，但與你無關」。其實老子全篇翻來覆去，各種比喻、類比，講的都是這個道理，就是告訴我們要跳出框架，站到更高維度上去看待事物，去實施管理。求其上者得其中，那想要得其上怎麼辦？你就要超越「上」，去「求」更高。

　　什麼最高？當然就是道了。怎麼求道？實際上道就不能求了，那要怎麼辦？具體方法不容易說清，所以老子全篇都在從不同角度去引導，看似囉唆，實際上就是想「量變產生質變」，讓我們看得多了、實踐了，終有一天能夠悟出來。他都沒辦法三言兩語說清楚，我當然也沒辦法，我們慢慢看，邊看邊實踐，慢慢悟吧！

　　後面這個比喻也很通俗，你說天地之間像不像個風箱？古時候風箱主體是皮子做的，叫橐，兩頭有進出氣的排管，用竹子做的，叫龠，這個龠加一個禾，就是之前講的「和」字。裡邊雖然是空的，但是永遠不會癟、總能吹出來風。

　　當然，老子不知道空氣的存在，認知有局限，這我們要承認，經典多少都會有這樣的問題。雖然實驗能力不行，但是古人的思辨卻很卓越。他們的智慧是，我知道我說不明白，而且說得越多錯得越多，所以我也不一板一眼地說，我就為你指個方向。你別管我手指粗不粗、直不直，也別看我手指，只要沿著我手指的指向看就好。而且，你站著不動，是看不了多遠的，你得往前走。走不遠、看不到東西，你不能怪我指錯了路。你要邊

走邊看，走得越遠，看得也越遠，越走越會發現，還真就是這個方向。所以，老子一再強調，少說話，說得越多，越窮途末路。

有什麼話，自己先憋一會，做做看，之前不是講過？未發謂之中，守住這個狀態，就叫守中。做著做著，就發現剛才幸虧沒說，說出來就丟人了，明顯離題了，所以趕緊調整一下，偏右了就往左調，偏左了就往右調，調完就能說了嗎？還得憋著，不斷地發現偏離，不斷地調整，守中是個動態過程。

我要是真這樣做了，這樣調整了，不需要多久，恐怕也就不想多說話了，因為大多時候說了就是偏離了。

能守中就盡量守中，少說話、多實踐，在實踐中動態守中，快速累積並改進。實在不行了，不得不說了，那時候再說，說出來的話要「中節」，也就是說，退而求其次的話我也要追求「和」。

團隊只是執行命令的機器嗎

天長地久。天地所以能長且久者，以其不自生，故能長生。是以聖人後其身而身先，外其身而身存。非以其無私邪？故能成其私。（第七章）

又回來講德了。其實講德、講道這個說法有好處也有壞處。好處是讓我們分開來理解，可以聚焦，有針對性地理解能簡單一些；壞處就是，全篇不管是講德還是講道，其實最終都是在講德，告訴我們德就要向道學習，因為對於人而言，德才是我們的核心，而道只是方向。所有的類比，都是用常見的事物來引導我們理解道。而理解道之後呢？當然還是讓我們按照道去修練自己的德。什麼是德？目直心直行直，甲骨文中的「德」字就是這麼畫的。所以，最後還是落實到行上面，而道就是告訴我們怎麼才算「直」。

就算是講道的時候，我們也要思考自己要如何按道的方式去實踐；而講德的時候我們也要思考，這個德對應了道的什麼方式？最後，身體力行，都做過了、困難都遭遇了，走過來，才算融會貫通。

很多人說，我看到某一句就受到了啟發，豁然開朗，為什麼老子不把那句放在最前面？因為老子不是為你一個人寫的。有些人看好多遍，也還是一知半解。有些人看到一半突然被某句話擊中要害，回頭再讀便大徹大悟。有些人看兩三句就清楚了，越看越覺得醍醐灌頂，越看越覺得相見恨晚。還有些人不看、單憑實踐經驗總結也能貫通，後來再回來看只是印證，然後發現，哦，原來自己悟出來的這點道理，人家早就說清楚了。而且，一共就五千字，靜下心來一個小時也看完了，所以我們不要對古人吹毛求疵。

這一章，其實是比較容易讓人頓悟的一章，就因為「後其身而身先，外其身而身存」這句寫得已經再清楚不過了，領悟了這兩句，所有的也就都領悟了。

舉個例子。高中籃球隊有這麼一位，個人能力很強，鶴立雞群、出類拔萃，很多時候，隊伍一半的得分都是他一個人得的。所以，時間一長，他也就把自己當球星了。要球權，很多比賽，都是四個人看著，他一個人對五個人，還得了不少分，可見其實力。

但他也有個煩惱，就是比賽輸多贏少，每次輸球他都大發脾氣，罵隊友飯桶，好幾次差點打起來。日常訓練氣氛很尷尬，一個個沒精打采的，就他一個人練得熱火朝天，他還想拚個 MVP（Most Valuable Player，最有價值選手）呢！

就這樣，比賽越輸越多，隊友們一個個越發無精打采。他自己當然也獨木難支，進攻總是被包夾，又沒有人支援，於是離 MVP 越來越遠了。

這個打擊有點大，他自己跟自己較勁，既然拿不到 MVP，乾脆我一

分都不拿了！他找教練換了位置，不打小前鋒了，去打控衛，發誓自己絕不再投進任何一球。

卜一場比賽，替補小前鋒上場，他憑藉自己的能力去幫助隊友，也讓這個替補得了十幾分，雖然仍然輸了，但是他覺得，哎喲，好像還不賴。他給自己定了一個目標，先讓小前鋒得分穩定上雙，然後再讓分衛穩定上雙，然後是中鋒。

他驚奇地發現，原來身邊的隊友打得都很好，根本不比自己還弱。大家有了球權，也都提起興致了，該跑位的跑位，該擋拆的擋拆，不到幾場，小前鋒、分衛得分就都上雙了，他們逐漸開始贏球。

等到中鋒得分上雙的時候，他們已經是全市的強隊了。可惜半決賽被淘汰，只好去爭三四名。爭奪三四名的比賽異常激烈，終場前居然只差兩分，這在高中比賽中是很少見的。大家一致決定，讓他投關鍵球，這也是他發誓不得分以來，獲得的唯一一個三分。最終，他們取得了全市第三，這是校史最好成績。

這就叫「後其身而身先」。

再舉個例子。曾經，我聘請來一位高級主管，是學電腦的，分析問題條理清晰，非常嚴謹，反應也快，我很看好他。可是，空降沒多久，就開始不停地有資深員工找我私下反映，說是沒辦法跟新主管溝通。我就感到奇怪，這麼理性的人，應該很好溝通才對呀，難道是價值觀有問題，表裡不一？

我把告狀的打發走，就開始暗地觀察。旁聽了幾次他主持的例會，觀察了一下他做事，我就發現，他的價值觀沒問題，心思很正，一心想把事情做好。那問題出在哪裡呢？

問題就出在他太想把事情做好了，於是所有事都要親力親為，團隊彙

報裡面的每一個邏輯錯誤都被他揪出來，往死裡找碴。

他手下兩個團隊的負責人有爭議，他直接把部門目標攤出來談，然後照著目標逐一分解，誰對誰錯一目了然。那個錯了的啞口無言，但是情緒上又接受不了，憋得滿臉通紅，可這位主管卻看不出來，或者看出來也不在乎。那位說對了的也沒惦記著主管的幫扶，只覺得這是我的功勞，現在你把手伸這麼長，那我的價值在哪裡？

這種事發生多次之後，其實只要價值觀沒問題，能力夠用，假以時日是可以磨合好的。只不過，我不想節外生枝，也懶得成天安撫投訴，於是就私底下找他談心。幫他想辦法，說你剛來，磨合期別太急，你看我都沒給你壓力，你自己那麼著急幹嘛？

他說，我也不是著急，就是看到有人說的話自相矛盾，壓不住心裡的火，要是都這麼亂說，事情要怎麼完成？這不是浪費生命嘛！

我說，都是過來人，你這個想法思我也理解。不然這樣，你看你那裡那麼多人，有人腦子不清楚，肯定也有腦子清楚的。你反應快，但是自己壓抑一下，別總搶答，給團隊點機會。總有人能說對吧？你支持他的觀點就可以了，我們這樣試試約一個月左右，真的不行，你再改回去好不好？

都是明白人，溝通就容易得多，點到為止。他真的試了試，我這投訴立竿見影就少了，因為大家有機會說話了，也就要花時間去想正事，自然沒心思去思考怎麼投訴了。後來，他找我聊，說發現團隊能力還真是不錯云云。撇除拍馬屁的成分不談，因為他這種人也沒什麼拍馬屁的心眼，這就是「十室之邑，必有忠信」。

這就叫「外其身而身存」。

所以，不要爭功勞。如果真是我們的，我們越是謙退，大家就越會把功勞安在我們頭上，有時候反而會比實際的功勞還大。多出來的部分，就

是自己人品的加成。有人會說，你這就是心靈雞湯，會哭的孩子有糖吃沒聽說過嗎？老實人什麼好處都撈不到！

會哭的孩子有糖吃固然沒錯，但是我們還是孩子嗎？我們周圍的人都是孩子嗎？成年人偏偏長了孩子的心，這種人叫什麼？叫小人，也叫巨嬰。如果我們身邊都是認為會哭才有糖吃的人，那還是趁早遠離他們吧！當然，如果我也跟他們一樣，那就別去禍害別人。

不是老實人撈不到好處，而是沒有價值而只能自認為老實的人撈不到好處。創造價值的人，就算自己再老實，縱不爭名奪利，這裡不給他好處，別人那裡也會想方設法把他挖走，硬把好處塞給他，這就是市場規律。

「後其身」不是讓我們只是「後其身」，我們得有「身先」的資本，這是關鍵，有了資本才需要「後其身」。如果本來就在後面，我還後哪門子身呢？《道德經》根本就不是在教人消極避世，而是積極得不能再積極的方法。當然了，如果一個人只能看出來消極避世，閉著眼睛喊「我在睡覺」，那也沒有人能夠叫醒他，祝他好夢。

怎麼才能創造價值呢？要「外其身」。老闆不要去跟團隊爭，那樣我們就把自己降低到了團隊的層次，做了團隊的工作，那憑什麼我們是老闆呢？我們把團隊的工作搶了，讓他們去做什麼呢？就算我們把團隊的工作做得很出色，但其他人沒人管理，做得一塌糊塗，公司的業績達不到，是一個合格的管理者嗎？

下棋的時候，我們把自己當成棋子，擔心被人家吃掉，患得患失，這盤棋能贏嗎？玩電動遊戲，把自己當成小卒，看到血量少，拚命去救，其他的都不管，保壘都被攻陷了，能打贏遊戲嗎？

每個人都有很多角色，在公司對員工就是老闆，對老闆就是員工，下班回家對父母就是子女，對子女就是父母，對伴侶就是老公老婆，上了球

場就是球員，下棋就是棋手，打遊戲就是玩家。

這麼多角色，你說你是誰？如果只能扮演其中的一個，大概會變得天地不容吧？不信我試試當父母的老闆？當子女的員工？把老公當棋子？把老婆當遊戲角色？所以，即便是個普通人，面對這麼多角色，仍然需要跳出來，「外其身而身存」，在外面操控這些角色，切不可深陷其中而不能自拔。

要像天地那樣，跳出萬物的界限，只是遵循一個自動執行的機制，把自己放在機制之外，讓這個機制自己執行，我們只在需要的時候去微調一下，它就又可以朝著正確的方向前進了。天地有什麼私心嗎？沒有，但是萬物生長，哪個不是在天地之間？

如何應對推卸責任

寵辱若驚，貴大患若身。何謂「寵辱若驚」？寵為上，辱為下，得之若驚，失之若驚，是謂寵辱若驚。何謂「貴大患若身」？吾所以有大患者，為吾有身，及吾無身，吾有何患？故貴以身為天下，若可寄天下；愛以身為天下，若可託天下。（第十三章）

「寵辱若驚」，說的就是小人，也叫巨嬰。這種人還不是誰把他們當小人的問題，而是他們自己就把自己當小人了。

為什麼寵辱若驚？因為自己認為自己不如人，低人一等，所以才總是等著人家來評價自己呀。既然低人一等，別人寵了我，我擔驚受怕，現在得寵，以後不得寵了可怎麼活呀？別人辱了我，我又會擔驚受怕，人家都看不起我，我可怎麼活呀？但是，誰說我就低人一等了呢？沒有，只有我自己這麼認為。

如果只是這麼脆弱倒還好了，也算人畜無害，可巨嬰們又不傻，你以

為他們只是一味地低三下四，求人表揚嗎？不，他們認為所有人都是自己的爸媽，都有義務幫助自己，讓他們開豪車、住豪宅，榮華富貴享用不盡。

如果沒有滿足他們呢？他們就會大聲地哭喊抱怨社會不公、老天無眼、爹媽無能，憑什麼自己不成功！憑什麼自己生不逢時！憑什麼自己不發財！憑什麼自己不是富二代！

這種巨嬰當然也不會擔當，他們進入職場之後，個個都是推卸責任的高手。為什麼要推卸責任？因為他們骨子裡還是嬰兒，自認為自己這麼弱小，怎麼可能犯錯呢？就算犯了錯，又怎麼可能自己承擔呢？我幼小的心靈怎麼能承受得了錯誤的打擊呢？你們都是我的爸媽，憑什麼不幫我承擔錯誤？這種人只要遇到問題，第一反應絕不是如何解決問題，而是如何把事情撇得一乾二淨。

很多時候，大家都在齊心合力地解決問題，甚至都還沒來得及想這是誰的責任，巨嬰們就已經按捺不住了。他們想，大家都一聲不吭、埋頭苦做，是不是都在想辦法推卸責任呀？是不是都想著陷害我呀？那可不行，我要先下手為強，於是率先挑起推卸責任大賽。

本來很快就能解決的問題，被他這麼一攪局，大家都沒心思做事了，心想，我在這裡好心好意地幫你解決問題，你還讓我背黑鍋。於是，大家都不做了，能跑多遠跑多遠。結果，本來的小錯誤，因為沒有及時糾正，變得越來越大，最後一發不可收拾。

如果我們發現自己多少也有點這種傾向，但又不想當小人、當巨嬰，該怎麼辦？老子說了，把我們的注意力從自身利益上面移開，轉而去關注更高維度的東西。當我們關注他人利益時，自己的格局就是捨己為人。當我們關注部門利益時，自己的格局就是部門主管。當我們關注公司利益時，自己的格局就是公司老闆。當我們關注天下的利益時，就可以把天下

寄託在我們這裡了，因為這樣的「德」配得起天下之位。

　　是不是很耳熟？對，說的還是「後其身」「外其身」，把維度提升上去。有人又要笑了，說你可別糊弄傻瓜了，人不為己天誅地滅，人人都在推卸責任，我不推卸責任早被陷害。要我說呀，我覺得大家都在撇清一切，很可能就是因為自己先把責任推給了大家。人家只是不接而已，然後又反彈給了自己。好比我們去打牆，用力越大，傷得越重，真的把手打骨折了，難道還去法院起訴牆故意傷害嗎？

　　當然，不可否認，有可能別人也會主動把責任推給我們，怎麼辦？把責任擋回去就好了，難道還要把它推給更多的人嗎？別人打了我們，我們自衛反擊，這叫正當防衛。可從來沒人說過，有人打自己，自己就可以去打其他人。打我們那個人違法，會被抓起來，我去打別人也違法，同樣會被抓起來。到時候開庭，我難道還跟法官說，因為我被打了，所以我就要打其他人？你猜法官會怎麼判？倒是有可能把我送去精神病院。

　　那如果真的是自己周圍所有人都在推卸責任，怎麼辦？很不幸，如果不是物以類聚的話，那就自認倒楣吧。只是現在發現也不晚，趕緊跳槽吧，難道我們對這種文化還有什麼留戀？孔子說，「危邦不入，亂邦不居」，正是此理。

哪種人是團隊中必須根除的毒瘤

　　古之善為士者，微妙玄通，深不可識。夫唯不可識，故強為之容：豫兮，若冬涉川；猶兮，若畏四鄰；儼兮，其若客；渙兮，若冰之將釋；敦兮，其若樸；曠兮，其若谷；混兮，其若濁。孰能濁以止？靜之徐清；孰能安以久？動之徐生。保此道者不欲盈。夫唯不盈，故能蔽不新成。（第十五章）

　　古時候善於遵循道的法則做事的人，微、妙、玄、通。雖然這幾個字合起來大家也知道什麼意思，但是分開看，還是可以還原更多細節，所以我們稍微鑽研一下。

　　據《說文》，本義是「隱形」，就是隱蔽地行走、悄悄地前行。

　　「妙」，本義是美好。

　　「玄」，之前講過，懸掛起來還未染色的絲，就是千絲萬縷，雖然千頭萬緒，但卻並不糾纏，似乎有一定的規律，未來也擁有無限可能。這是老子特別喜歡的一個字，也是特別形象的一個比喻。

　　「通」，很重要，這裡就是貫通之意。為什麼說這個字重要？因為如果不能貫通，微、妙、玄就都沒有用。貫通什麼呢？首先，自己的思想要貫通，用現在的話說就是符合邏輯，也就是不能自相衝突。能做到這一點已經很難了吧？看看周圍的人，有幾個是「通」的？是不是說話都經常自相衝突？那麼思想通了就是通了嗎？遠遠不是。思想貫通只是基礎，下一步是把思想和行動貫通起來，也就是陽明先生說的「知行合一」。

　　「知行合一」還不只是學以致用那麼簡單，而是說不去球場打比賽，不管我們看多少教學影片，也不可能學會打籃球。既然不能先知後行，那先行後知嗎？同樣還是不行，我們連標準投籃姿勢都不知道，怎麼可能投得準呢？所以人家才說「知行合一」，哪個在前都不行，就是要交替著來，知了一點就去「行」，行了發現了一些細節，反過來再去累積「知」。詩經早就說過「如切如磋，如琢如磨」。是之謂也！

　　那麼知道了，會做了，就算是通了嗎？雖然這已經可以讓我們出類拔萃了，但仍然不能叫通。我們能說自己研究通如何做人了嗎？不能。但是人家孔子就能，他就能「隨心所欲不踰矩」。為什麼能做到這樣？因為他已經把所有「矩」固化進了自己的潛意識。好像騎腳踏車，因為路況千變萬化，一個人永遠不可能把所有的情況事無鉅細地講清楚。但是，當我們

騎得多了之後，是不是所有情況就都可以應付了？怎麼轉彎、怎麼煞車、怎麼超車，這些還需要想嗎？甚至想做錯都很難吧？這也就是老子所說的「專氣致柔，能嬰兒乎」。做人雖然更難，但道理是同樣的道理，只是過程更長，孔子自述，到了七十歲才能達到「隨心所欲不踰矩」的境界。

做到了「微妙玄通」，人家就是絕頂高手，對於我們這些業餘玩家來說，已經深不可測了。這一點，下象棋的人應該最有體會。遇到一個人，跟我下得有來有回，勝負各半，誰也不服誰，我們就知道這個人跟自己的能力差不多。又遇到一個人，我們覺得人家走的每一步棋都是好棋，自己怎麼都贏不了他，感嘆自己怎麼就想不到這種妙招呢？這個人就是高手。而當我們又遇到一個人，他走的棋我們都看不出來用意，甚至覺得都是臭棋、廢棋，可最後自己就是莫名其妙地輸了。雖然輸了，但是心裡還不服氣，覺得這人的棋下得很一般呀，那麼多廢棋，自己好好下應該是能贏的吧？這個人，很可能就是絕頂高手。

下棋拚算力，我算三步，人家算四步，人家就贏了，自己會佩服他，因為我勉強還能看懂。但是真要是有人能算五步甚至六步，人家贏了，我反而覺得他是僥倖，因為自己根本看不懂人家的棋。本來是招好棋，在我們眼裡卻成了廢棋，因為三步以內，它確實就是廢棋，要到五步的時候它才有用。而真的到了它發揮作用的時候，我們肯定不敢相信這是人家刻意布局的棋子，還以為是碰運氣的。所以，跟這些人下棋，自己連輸都不知道是怎麼輸的，這就叫「不可識」。

既然叫「不可識」，自然無法直接描述，只能用比喻的方式來講。這些人像大象一樣謹慎，懂得在冬天河面還沒有凍結實的時候過河；像猴子一樣警惕，隨時對周圍的危險持高度警戒狀態；恭敬的樣子像是去別人家裡作客；坦然的樣子像冰凌悄然融化；純樸的樣子像未經雕琢的木料；寬廣的樣子像深谷；看不透的樣子彷彿渾濁的水。

排比修辭的特點是，我們並不用逐條理解，只要理解了其中一條，其他的也就都可以理解了，多餘的那些只不過是在加深我們印象。

總之，這種人就是這樣，大概就是孔子學生形容孔子的「溫良恭儉讓」。我們去日常生活中找找，類似的人其實也有。籃球高手，都是一個動作擺脫然後得分，人家不耍花招，甚至有人會誤會他是不是就會這一個動作。羽毛球高手，就在場地上來回著走，可我就是得不了分，我們甚至會誤會他是不是身體很差。桌球高手，就是一拍拍的標準動作，不慌不忙，就是打不死人家，我們甚至會懷疑人家是不是個只練過基本功的初學者。這些高手又都非常謙虛，不把自己這點本事當回事，對誰都客客氣氣的。反而是那些半吊子才喜歡自吹自擂地一直炫耀，對不對？

讀書也是一個道理，參加奧林匹克數學競賽的絕對沒人會說自己數學有多厲害。因為人家見識過高手，知道自己沒比別人強多少，有點成績也不算什麼。反而是那些偶爾考試得了一次滿分的喜歡四處炫耀，因為確實難得嘛！

職場中還是這個道理，真正有本事的人從來不會誇誇其談，把事情做好了就行了，也不居功；事情做不好，自己靜下來想解決辦法，不推卸責任。用之則行，舍之則藏，從來不抱怨，整天笑呵呵。反而是那些一無是處的人，成天愁眉苦臉，抱怨父母無能、抱怨社會不公。腦子裡只想著摸魚，越摸心越虛，看人家努力，就罵人家是「傻瓜」，老闆讓自己做事就罵人家是「資本家」，彷彿身邊全是壞人，都在想方設法迫害他。

如果是我們選擇合作夥伴，我們會選哪種人？當然是那種既可以安靜下來澄清濁水，又可以活潑地讓死水煥發生機的人了。這就不是排比了，靜和動是具衝突的對立統一，缺一不可。老子猜想是怕有人理解錯了，所以才把「動之徐生」加了進來。加進來的意思再明顯不過了，就是告訴那些只談「清靜無為」的人，我說的可不是你們那個意思，你們別亂解釋。

我可沒說只需要「清」，我說的是既要「清」又要「生」，「後其身」是為了「身先」，「無為」是為了「無不為」。

古代有一種人叫做「平時袖手談心性，臨危一死報君王」，你以為古代人迂腐可笑？現在這種人也比比皆是，只不過他們倒不會「一死報君王」。古時候這種人雖然沒用，好歹還算有氣節，現在這種人氣節都沒了，就是徹頭徹尾的廢物。

這種人在職場中就是「搖頭黨」，不管什麼專案、什麼方案，問他們意見，永遠都是搖頭。看起來一本正經、堅持原則，是不是很「清」？但是他們從來不給建議，認為這個不行，他們倒是說說怎麼才行啊？就是不說，因為他們很清楚找碴有多簡單，說出來就是別人的靶子，說多錯多，所以他們只提反對意見，不給建議，這樣就可以立於不敗之地。

這種人在公司裡面留不得，他們不只禍害一兩個人、一兩個專案，而是禍害所有專案。而一旦有專案失敗，他們就一副痛心疾首的樣子，說「你看我早就說了不行吧」。可不是嘛，他們個個都說不行，那些行了的他們就不提了嘛。他們自然也擔心這一點，萬一專案行了打臉怎麼辦？所以不但找碴，還要拖後腿、耍花招，千方百計、想方設法地攪局。

別看做成一件事很難，但是想攪亂一件事還不容易？哪怕這件事還沒有結論，中間碰到一點小挫折，這些人就又跳出來了，極盡誇張之能事，一個小問題能說得像天塌了一樣。這樣內憂外患，事情能做好可就真見鬼了。

如此這般什麼都不做，倒是清靜了，可變成了一潭死水，百無一用。「搖頭黨」一心想的就是保住自己的「不壞金身」，千萬別犯錯，這種心理就叫做「欲盈」。

怎麼才能避免一潭死水？老子說的是「不欲盈」。什麼意思？有人又理解成得過且過、渾渾噩噩了吧？我想如果真是這個意思，那他根本不用說，因為現在已經有很多人比這做得更好了。甚至有人從開始工作的那一

天就進入了養老狀態，二十歲和六十歲絕不會有大差別，只差在多吃了四十年的飯。

盈這個概念，必須拿一個目標比著看才行，對不對？例如一個杯子水滿了，那就是杯子「盈」；一個池子水滿了，那就是池子「盈」，如果拿一杯水倒進池子裡，池子會「盈」嗎？所以，老子所說的「不欲盈」，是讓我們把杯子換成池子、把池子換成湖、把湖換成海、把海換成天地、把天地換成道，這樣才不會盈，這才是「不欲盈」的方法。每把目標放得遠一些，離「盈」就會遠一些，而當我們把「道」作為目標的時候，就真的達到了「不盈」的狀態。

或者說，我們不應該有一個目標，「道」也並不是一個目標，而是一個方向，方向上沒有終點，我們可以肆意馳騁，在死之前，看看自己可以跑多遠。有了這個方向，我們就不會想著去保持什麼，因為那樣只是杯水車薪，而是去不斷地探索，在各個領域追求極致。

這樣一來我們也就不怕犯錯，不怕否定自己，追求「道」的人怎麼會在乎自己過去是對是錯呢？真的發現了自己的錯誤，改了，就更接近道一些，高興還來不及吧？這就叫「聞過則喜」，也就是老子所說的「蔽不新成」了。

我們真的會做老闆嗎

太上，不知有之；其次，親而譽之；其次，畏之；其次，侮之。信不足焉，有不信焉。悠兮，其貴言。功成事遂，百姓皆謂「我自然」。（第十七章）

《道德經》這五千字成書的時候，是不分段落、沒有斷句的。古人惜字如金，為的就是節約成本，怎麼可能還留空格、空行、加標點呢？所

以，這些章節、斷句都是後人加上去的。古時候專門有一門功夫，叫做句讀，就是訓練人斷句、點標點的。

我們看到的版本，都是經過人家斷句、斷章之後的加工品了。至於老子自己的本意是想如何斷，我們不得而知，所以才會有這麼多版本，對於斷句才會有爭議。不過幸好全篇句句都有與之相互呼應的內容，翻來覆去就說「道」和「德」這兩件事。不管我們怎麼斷，只要斷得不對，總會跟其他章節、其他句子發生衝突。如果沒有衝突，能夠符合邏輯的話，那麼不管怎麼斷，最終理解出來的意思都是一樣的。所以，這就是為什麼古人認為可以不用標點符號的原因，反正我指給你看的只是方向，不管我怎麼指，你都看不了多遠，最後還是要自己走著看。既然都要走著看，那我指個大概也就可以了。

這章的針對性很強，就是給管理者看的，職位越高越是對症下藥。如果縮小一點範圍，可以說當時這就是給君主看的，換成現在，對應的就是公司老闆，狹義的老闆，就是那個創始人、實際控制人，不管是叫董事長、總經理、總裁、還是 CEO，總之就是那個在公司裡面說了算的領頭羊。

這個領頭羊要怎麼做？老子先給了幾個階級：最高階的，團隊只知道有這麼一位，也有的說「不知有之」，就是團隊都不知道有這麼一位，其實意思差不多，就是最高段位的領導者在公司裡面沒什麼存在感。其次的段位，叫「親而譽之」，就是字面意思，員工親近他，都說他好，也不是拍馬屁，純粹是發自內心地讚譽他，做到這樣卻只是其次的段位。再次，員工都怕他，這已經是較差的段位了。最差的，員工都罵他，為什麼罵他？因為他沒有獲得大家的信任，所以說什麼大家都不相信他。

我們下面就講一下「論老闆的四個段位」。為了方便理解，我們反過來，從最低段位開始講。

最低段位的老闆，員工都罵他。這種老闆在公司中很常見吧？按理說老闆給員工發薪水，手裡掌握著大家的經濟命脈，員工應該尊敬老闆吧？至少應該是害怕老闆吧？為什麼連怕都不怕，而直接開罵呢？絕大多數造成這種後果的原因其實就一個，因為老闆說話不算話，朝令夕改，承諾的做不到，張口就來，說了就忘，這種事不用多，第一次就會有人心裡思考「這老闆不可靠啊」。第二次絕大部分人就會心生怨氣：「你看看，我就說他做不到吧」。第三次，所有人心裡就都不抱任何幻想了：「認真你就輸了」。如果我們還有勇氣說第四次，看看員工看自己的眼神，是不是就相當於看騙子？

這個段位的老闆，很適合一個詞，叫「德不配位」。其實他也不是做了老闆才變成這樣的，沒做老闆之前他也這樣，俗話叫「就這德行」。我若連自己做人還沒做明白呢，就敢去給別人當老闆了？就算機緣巧合，輪到我推不掉，那是不是也得有點緊迫感，一邊做一邊趕緊加強能力？人家曾子還「吾日三省吾身」呢，我天天被員工罵、被人戳中要害，自己就不覺得難受？如果遇到了這樣的老闆，身為員工還是走為上策吧，這個公司活不了多久的。與其倒閉了再走，不如早走，還不至於被動。

次低段位的老闆，其實在大家通常的認知裡面，雖然不能算好，但也絕不能算差了，至少也是個不好不壞的水準吧？可在老子那裡，這種人人害怕的老闆卻是倒數第二差的。與上一種老闆相比，這種老闆說話是一定算話的，甚至言出必行、令行禁止，只有這樣員工才會怕他。這就是他與上一種老闆最大的區別，上一種老闆信口雌黃，所以員工不把他當回事才敢罵他；這種老闆說到做到，所以員工才會怕他。

很多人覺得老闆不就應該這樣嗎？威風八面、生殺予奪。我們都怕他，就算他不在，我們都覺得有雙眼睛在盯著自己，平時說話都不敢大聲，就更別說工作上犯錯了。怎麼這種老闆才排倒數第二呢？

原因很簡單，就是因為他的存在感太強了。為什麼存在感會這麼強？因為他管得太多了、太寬了。管得多、管得寬有什麼不好？身為老闆，我們管得越多，員工管得就越少。因為就那麼多事情，一件事老闆也管、員工也管，你說最後聽誰的？肯定員工要聽老闆的呀，難不成老闆聽員工的？要是聽員工的，別管就好了，何必費這勁呢？

本來員工有三件事，我們今天管了一件，他就剩兩件，明天我再管一件，他就剩了一件，第三天再管一件，他就沒事可管了。讓他怎麼想？反正老闆自己都管了，我也沒辦法管，那就聽老闆的好了。

於是，大家就變成了指揮一步走一步，不指揮就原地等著。我還指望他們自己走？他們才不會呢！自己邁了左腿，命令下來要求邁右腿，那我不就白走了？不光白走，我不是還犯錯了？不光犯錯，別人直接邁右腿，我還得把左腿收回來再邁右腿，不只浪費時間，還比別人慢，豈不是又要挨罵？一次兩次記不住，那下次還會主動嗎？

所以，這種老闆帶的團隊，一定是死氣沉沉，開會絕對沒有人主動發言，更不會有什麼討論。只能是老闆說話，其他人在下面埋頭記錄，就像老師給小學生指派作業一樣。那要是老闆說錯了呢？老闆說錯了，那是老闆的事啊，反正我們是按他說的去做了，出了問題反正怪不到我頭上，對吧？於是公司就只剩下老闆一個人，日理萬機，操縱著下面一群人形機器做事。就算老闆犯了哪怕再明顯的錯誤，哪怕這個錯誤可以讓公司瞬間倒閉，哪怕所有人都看出來了，這些人形機器都不會提出反對意見，而是繼續埋頭執行，直到公司倒閉。

這種管理方式，在古代叫做「威權」，最大的問題還不是能不能發揮主觀能動性的問題，而是它的容錯率實在太低。只要公司裡唯一那個不是人形機器的人有個小失誤、小毛病、三長兩短，問題就會被這種機制無限放大，整個體系會瞬間崩塌。別說現在這些小公司了，就是當年盛極一時

的大秦帝國不也沒撐過考驗？短短十幾年便煙消雲散，以至於後世再沒有人敢模仿。始皇帝何等雄才偉略尚且承受不起威權的反噬，何況我們小小老闆呢？

再高一個段位的叫「親而譽之」。很多人看了可能就疑惑了，老子這是多高的要求，又親近又讚譽了還不行，只能排在次級段位？

其實，這個段位的問題跟「畏之」是一樣的，還是存在感太強。只不過這個段位改良了刷存在感的方式，讓員工更好接受了而已。只要存在感強，老闆就必然是表現出他的存在了，對吧？不管是用群眾深惡痛絕的方式，還是用群眾喜聞樂見的方式，總之人家都關注他了。大家的注意力都用來關注老闆這個人了，自然就沒有餘力去思考事了，再加上人天生懶得多動腦，於是迷信就開始了。

「迷信」雖然是自覺自願的，但其後果卻與「威權」相同，那就是眾人安危只繫於一人，這種系統的容錯率太低了。那麼，老子理想的領袖是個什麼樣子呢？是大家只知道有這麼一個人，僅此而已。

可能又有人嗤之以鼻了，標準定得也太高了吧？哪個領袖能做到？持這種論調的人大多是因為一個問題，就是分不清楚目標和方向。什麼叫目標？在自己前面，能夠達到的那個叫目標。什麼叫方向？在自己前面，未必能夠達到，但應該去追求的那個叫方向。

一個人，想提升格局，首先就要把「能夠做的」和「應該做的」分清楚，然後去追求應該做的，而不需要一直糾結能不能夠做到，這叫做使命。例如「道」，就是我們應該去追求、但又不能夠達到的那個使命。

所以，老子說的「太上」也是這樣一個方向，我們不一定能達到，但是知道有這樣一個方向之後，就不會茫然不知所措，朝著這個方向走就對了。至於能走多遠，那就要走著看了。

　　這裡對創業者說兩句。創業者其實不是單純的老闆，我們還身兼數職，產品、研發、營運、財務、人力……樣樣都要懂，哪裡出差錯自己都得彌補上去，因為我們沒得選，不補上就只能等著完蛋。所以，創業者必須是全才。但是，就算全才，就算能表現得比員工還出色，也斷然不能自己做。因為就算再能幹我們也就一個人，無論如何也做不了幾十人、上百人分量的工作。要是不服，非說自己可以包攬一切，那我還聘用那麼多人幹嘛呢？

　　正如上面所講的，我們一旦伸手，就會搶了員工的工作，他們只能退避，我們一再伸手，他們一再退避，最後的結果就是，沒有人再會主動做事。這樣，就形成了上面講的「畏之」局面。這是那些專家型創業者最容易犯的毛病。

　　那創業者要做什麼？我們什麼都可以不做，但是必須要做「品牌」。對外叫品牌，對內叫企業文化。我們之所以創立公司，是因為心中有一個使命。誰給的使命？我們的價值觀，也就是我們的「德」，而公司品牌就是我們自身價值觀的外在表現。公司之所以成為公司，它的一切都可以被仿製，而唯有品牌是無法被仿製的。品牌是公司的唯一指標，因為品牌就是「大眾認為你是什麼」，是一種大眾認知。企業之所以偉大，是因為「大家認為你偉大」，所以老闆所有工作的核心，一定是圍繞品牌的。而且這件事除了我們自己，沒人能代替我們去做。

　　品牌的載體是產品，所以，身為一個創業者，產品是我們的核心。文化的載體是人，所以，身為一個創業者，除了關注產品，剩餘的所有心力都要用來關注人。首先是找人，要找什麼樣的人呢？與自己價值觀相同的人嗎？這種人不可能存在，如果兩個人的價值觀相同，他們就變成了一個人。人之所以有自由，正是因為每個人的價值觀都是一個混沌系統，都是獨一無二的，是無法被複製和預測的，這種不可預測性就是自由的根源。

那麼是不是我們要找一些人，然後通過洗腦把他們的價值觀同化了呢？同化他人價值觀，不是殺人勝似殺人，這才叫殺人誅心。退一萬步說，就算能找到看上去價值觀「相同」的人，就算能洗腦「成功」，你放心，這只有一種可能，人家只是投其所好裝出來的，當面一套，背後一套，這是妄圖洗腦的必然結果。

這些都不行，那要找什麼樣的人呢？真正要找的是孔子所說的「君子和而不同」的「君子」。他的價值觀與我們的價值觀雖然不同，但可以和諧相處，沒有衝突；他的使命和我們的使命雖然不盡相同，但大方向一致。這種才是我們唯一能找到的人，也是我們唯一需要的人，大家在奔赴使命的征途中正好有一段同路，於是便攜手同行，過了這段路終究還是會分道揚鑣、各奔前程。臨別只需揮一揮手，互道珍重，然後海內存知己，天涯若比鄰。

有人問：如果員工真的不把我這個老闆當回事，認為所有的功勞都是自己的，對老闆一點感激之情都沒有，那豈不是養了一群忘恩負義之人？做成這樣難道不是失敗嗎？早知道這樣，幹嘛要養他們？我們這個問題的根源還是在於沒有「外其身」，還停留在與員工相同的維度，只有跟別人站在同一個維度，才會期待與他們禮尚往來、平等交往，對不對？如果已經站在了更高的維度，還會在乎人家感恩不感恩嗎？

怎麼才能「外其身」？答案是，要有一個使命。如果沒有使命怎麼辦？沒有使命就不要當老闆。因為即便當了老闆，也當不好老闆，賺不到錢不說，可能還惹一肚子氣。就好像上面那個問題，我們養員工、分給員工利益就是為了讓人家感恩的嗎？如果是這樣的話，人家不感恩怎麼辦？或者感恩少了、慢了、晚了怎麼辦？開除他？或者乾脆不創業了？如果這點事都能讓你萌生退意，我勸你，從一開始就別來蹚這渾水，水太深，而你又不會游泳，走不了幾步就得調頭回去。

什麼是使命？就是我們認為可以為之奉獻畢生精力的事情。雖然奮鬥一生也未必能夠實現，或者我們本來就知道肯定無法實現，但仍然要做，不問能不能做到，只問應不應該做，這才叫使命。

既然我們是為了自己的使命創業，員工於我而言不就是芻狗嗎？對你好，但與你無關。那與什麼有關呢？只與自己的使命有關。因為自己的使命符合「道」，所以自己的員工都借了「道」的光而已。

好比騎車上學，我們是為了讓腳踏車上學才騎著它嗎？當然不是，我們只是為了自己上學，而上學要用到腳踏車而已。所以，我們能說自己對腳踏車有什麼恩情嗎？當然沒有。那腳踏車需要感激我們嗎？當然也不用。大家合作共贏、各取所需、各盡其才、互不相欠。

當然，以上說的是底線。如果我們可以做得更好，發自內心地感恩員工的一路陪伴，那自然更好。只是心裡要清楚，我們的感恩可不是希望獲得回報，而只是發自內心感激人家而已。人家可以回報我們的感激，也可以不回報，不論回報與否，就算事先知道了他們不會回報，可我們該感激還是感激，這才叫「德」，眼直心直行直是也。

身為員工，「不必感恩」也只是底線，做得更好的話也可以感恩。當我們感恩的時候會發現，「恩」是一種神奇的東西，大家彼此感恩，不但不會消耗「恩」，反而會不斷增加「恩」。感恩之心增加，工作就更愉悅，大家都會更努力，進而可以創造更多的價值，就可以走得更遠，更接近使命。

既然感恩有百利而無一害，為什麼不去感恩呢？

老闆如何做到「太上」

大道廢，有仁義；慧智出，有大偽。六親不和，有孝慈；國家昏亂，有忠臣。（第十八章）

前文講「太上」，老子講了老闆應該是什麼樣子，那麼接下來這一章，他就講為什麼應該是這個樣子，也就是為什麼「太上，不知有之」？

之前一再說，《道德經》是給管理者看的，甚至就是為君主量身定製的，老子根本想不到幾千年後會有這麼多人拿來讀。說給君主聽，是因為君主是受過良好教育和管理訓練的，而且他們有大量的實踐經驗，所以講起來就可以從進階的理念說起，而不用囉唆地從基本概念開始一一說明。但是現代人未必受過良好的文言文教育，很多人也沒有管理實踐經驗，所以讀這種高階讀物自然會很困難。

就好比國家隊教練帶領國家隊訓練，戰術可能一句話、甚至一個眼神，隊員就明白了，不用長篇大論地說教。真要是理解能力差的，恐怕也進不了國家隊，對吧？這跟訓練初學者是完全不同的套路，對初學者，教練要不停地嘮叨，一個動作反覆演示、實踐、糾錯，從各個角度去啟發，重複好多遍才能讓其掌握。

老子是個國家隊教練，而他教的東西也比體育運動複雜得多。有些業餘愛好者聽風就是雨地聽說了幾句話，就開始忙著斷章取義，非得說老子「反仁義」、「反智慧」、「反孝慈」和「反忠誠」，甚至說這就是在針對孔子，批判儒家。他們要聽老子的，一定要不仁不義、要反智、要反對孝慈、一定不能忠誠。如此一來，一些一無是處、好吃懶做的社會「邊緣人」可開心了，終於找到靠山了嘛！

如果照這麼說，那老子已經不只是虛無主義了，簡直就是反社會、反人類的恐怖主義。有這麼嚴重嗎？還真有。

大家知道仁是什麼？仁者，愛人，這是人天生就具有的本性，其根源就在於孟子說的「惻隱之心」，現在叫「共情能力」。就是小嬰兒在井邊爬，任何人都會毫不猶豫地去把他抱下來，對不對？這用想嗎？不用，這是人類進化出來的潛意識反應，這種反應是與生俱來的，是被編輯進遺傳基因裡面的，不需要後天教育，只要沒有精神疾病，是個人都會不由自主地這樣做。

什麼是義？義者，儀也，是祭祀中獻祭的「犧牲」，引申為為了高尚的目標做出自我犧牲。與仁的與生俱來相比，義的後天成分更大一些，主要是人的個體在人類社會大環境中後天演化出來的。它來自於社會的潛移默化，也來自於教育。這種力量之大，甚至很多時候超過了先天演化，它可以讓人放下私欲，捨生取義。看到有人溺水呼救，哪怕自己不會游泳，也有一種跳下去救人的衝動，對吧？就算不敢跳下去救人，自己內心也會很掙扎，對吧？更不會一走了之，取而代之的是奔走呼救，對吧？如果你真的當時沒有理睬走開了，那你放心，這件事會一直縈繞不去，見死不救的包袱可不是誰都背得動的，這就叫做義。

說老子反仁義難道不就等於說老子反人類？一部反人類的著作，被歷代傳頌，以至幾千年來沒有斷絕，不但沒有斷絕，還被奉為經典，你覺得可能嗎？

還有說反智的，人們研究了幾千年的經典是反智的？反智慧指導實踐嗎？不能指導實踐就毫無用處，那人們研究它幹什麼？中國人連求神拜佛都是要有回報的，沒有回報轉身就罵你不靈，如此實用主義的一群人，能把一本「反智」的書研究幾千年？

說反孝慈的，父母對子女慈愛也是人類的天性，也是編輯到基因裡，天生就帶來的。不用說人，所有哺乳動物都知道養育子女，那些不養育子女的物種，子女活不了，基因根本流傳不下來。父母對子女慈愛，子女對

父母孝敬，這也是人類演化出來的「以眼還眼」的最優博弈策略。不用說父母對我們的愛，即便換一個人對我們好，我能對人家不好嗎？以怨報德的結果，一定是遭到別人的報復，以怨報德多，被報復的也就多，被那麼多人報復還能生存下來嗎？不能，所以以怨報德的「基因」也很難留下來。

反對忠誠，也是一個意思。我們忠於別人，別人才會忠於我們。我們欺騙別人，別人也會報復我們。欺騙了 100 個人，這 100 個人都來報復自己，你覺得自己能受得了？所以，不忠誠的基因在任何文化裡都會被淘汰的。

這些道理我們明白，人家老子能不明白？這一章老子之所以這樣寫，其實是在解釋上一章的方向，「太上，下知有之」。大家不是想知道為什麼親而譽之還不夠，而一定要做到「下知有之」才行嗎？這就是解釋，只不過老子省略了四個字，「刻意標榜」，我們把這四個字加上再讀，是不是就豁然開朗了？

大道廢棄了，才需要刻意標榜仁義。如果人人都追求道，那就人人都相容仁義，大家都一樣，個個仁義，那還用刻意標榜仁義嗎？可能連仁義是什麼都不知道了吧？因為只有拿不仁不義做對比，才能發現仁義的存在。

這裡為什麼說「道」相容仁義，而不是說道就是仁義呢？因為道本身沒有仁義不仁義的概念。記得之前說的芻狗嗎？有道之人看所有人都是芻狗，我雖然對你百般呵護、怕你壞了，但你其實對我沒用。你看我好像在對你恭敬，實際上我是越過你，對你後面的祭壇恭敬。祭壇上是什麼？是道，而你只是被擺在祭壇前面，沾了道的光而已。所以，只能說，道相容仁義，而道本身並不是仁義。對你好，但與你無關。

「慧智」也有版本寫的是「智慧」，可能就是為了區別老子說的「智慧」

和我們通常說的「智慧」。之前一再說過，老子說的「知」、「智」與「慧智」都是智巧、機巧的意思，它們的問題就在於動機不純。所以出了這種智巧，人們就一定會處心積慮、為達目的不擇手段，以至於就會出現「大騙子」。什麼是「大騙子」？欺世盜名者，大盜竊國者，都是。

按一般的說法，老子生活在春秋時期，早於孔子。據說孔子曾經仰慕老子，特意去向老子問道。春秋時期那個大環境，大家也清楚，用孔子的話說就是「禮崩樂壞」，用老子的話說，就是「慧智出，有大偽」，是不是有異曲同工之妙？我們往後讀，老子還會講道、德、仁、義、禮之間的關係，讀完就會發現，孔子其實就是接著老子在講。只不過他覺得道、德這兩件事老子講得很清楚了，自己不需要再講，而是著重講仁和禮。後來，孟子身為孔子傳人，仍然沿著這條主線發揮，然後著重於講何謂義。

給人的感覺就是，老子說要追求道，按道做事就有了德。孔子學了之後說，您說得對，但是您那個太難，沒幾個人能做到，我把門檻降低點。大家先追求仁，按禮做事，做到了這個，然後再去追求道。孔子也是到七十歲才實現了「隨心所欲不踰矩」，這其實就達到了老子所說的德的境界。孟子看了幾位老師的教材，說你們說得太對了，但門檻還是太高，學生們都被嚇跑了，我再降降門檻，給大家減輕負擔。於是，孟子提倡追求義，按禮做事。大家如果連義都做不到，就別想著仁了，也別思索德了，先過了這個門檻再說吧……

這麼清晰的一條主線，你說老子反對儒家？第一，老子那時候還沒有儒家，連道家也沒有，任誰闡述思想，都不會給自己扣個「某某家」的帽子，這些帽子都是後來人給扣上的。連儒家、道家都還沒分出來呢，他怎麼反對一個不存在的東西？第二，孔子的學說成形比老子還晚，老子先說了這些話，孔子後說了那些話，先說的怎麼反對後說的？第三，大家除了用詞差異，其他的地方都是一致的，這能叫反對？

六親不和的時候，才需要刻意標榜孝慈。否則個個父慈子孝，還會有孝慈這個概念嗎？還是比較的結果嘛！

國家混亂，才需要刻意標榜忠臣。否則國家清平，怎麼才能顯現出來忠臣呢？忠臣總要做點忠臣的事情才能稱為忠臣吧？國泰民安，所有人都按部就班，該做的事都做了，想立功都沒機會，哪裡還能有忠臣？

說了這麼多，老子就是在解釋，為什麼「太上，下知有之」。真做到「太上」，所有人都仁義，以至於分不出仁義不仁義；所有人都純樸，以至於沒有人投機取巧；所有家庭都和睦，父慈子孝，以至於分不清孝慈不孝慈；所有事情井井有條，大家各司其職，以至於想當忠臣都沒有機會表現，能做到這樣難道還不是「太上」嗎？

這個錯誤一旦犯了，離散夥也就不遠了

絕聖棄智，民利百倍；絕仁棄義，民復孝慈；絕巧棄利，盜賊無有。此三者以為文不足，故令有所屬：見素抱樸，少私寡欲，絕學無憂。（第十九章）

前面兩章，講了好的老闆是什麼樣子，為什麼要這個樣子，這章講如何做。這個老闆是狹義的，指的是公司的領導者，倒是很適合指導創業。如果不是領導者，參照著去做的效果可能沒有那麼明顯了，因為根源不在我們這裡。

上一章講過，老子語境裡面的聖、智、仁義、孝慈前面加上「刻意標榜」就好理解了，這與孔子語境中那個絕對的、發自內心的意義正好相反。

有人可能又要問了，憑什麼你說的就是對的？憑什麼老子就不能提倡不仁不義、不忠不孝？正如前一章所說，仁義、忠孝、智慧這些是人類演

化出來的本性，人之所以能稱之為人，正是因為人有仁義、忠孝、智慧這些特徵，而這些特徵定義了什麼是人。如果反其道而行之，那就違反了人的定義，也就不叫人了，而是另外一個物種了。如果老子是教人們反人類，他的學說也不會流傳幾千年，這裡就不再複述了。

確定了這個大前提，我們來看如何做到「太上，下知有之」？身為老闆，自己要杜絕希望成為聖人、智者的念頭，因為這是爭名逐利的私欲。杜絕了這些私欲，我們才能把精力放在認真做事上面，才能帶領團隊創造價值。創造了價值，公司才會有收益。有了收益，我們又不與員工爭私利，員工才能獲利。我們不爭私利，一心放在產品上，產品變得更好，公司就會獲得更大的收益。我把利益分給員工，員工就有了積極性，大家一起努力研發產品，就可以創造更大的價值，公司收益還會變得更大。

大家只有一塊蛋糕，我們跟員工爭，各分半塊，員工人多吃不飽沒心思工作，我們自己其實也沒有多少；不與員工爭，自己吃一口，其他給員工，員工吃飽了，他們每個人就都有力氣去做新的蛋糕。每個人做出來一塊蛋糕，我們每塊吃一口，也足夠填飽肚子了。所以，永遠想著把蛋糕做大，就永遠不愁沒有蛋糕吃。

不要整天滿口仁義道德，光說不練，甚至就算我們既說又練了，但是說多了說早了，都會被人當作在裝腔作勢。所以，自己默默去做就好了，「行不言之教」。做什麼？不是去施捨小恩小惠，而是去做大蛋糕。大家最根本的訴求是「分蛋糕」，吃不飽肚子、賺不到錢，談感情有什麼用？就算都是真感情，人家也只會說我是個好人，但不是個好老闆。老闆就要做老闆應該做的事，我們是要帶領團隊創造價值的，這才是老闆的「道」。

不要有投機取巧之心，更不要利欲薰心，因為「上有所好，下必甚焉」。老闆站在臺上，下面幾百雙、幾千雙眼睛盯著我，這些眼睛都在觀察，都在吹毛求疵，任何一個小缺陷，都會被某雙眼睛發現。一雙眼睛發

現就會向所有眼睛廣而告知，所有眼睛就都會盯著那個瑕疵看。不光是看，他們還會模仿，而且還振振有詞：「老闆都這樣，憑什麼我們不能這樣」。

例如設定 KPI（Key Performance Indicators，關鍵績效指標），我們想方設法給員工壓力，員工就會想方設法把壓力轉化成「動力」。這不是挺好嗎？你以為他們會轉化成創造價值的動力？門都沒有，他們會轉化成跟我鬥智鬥勇、千方百計蒙混的動力。

最典型的就是老闆下一個考核程式碼量的指標，結果怎麼樣？一個「Hello world」（你好，世界）都能寫出一萬行程式碼。當然，這是個極端例子，日常管理不會有人傻到去這樣考核。雖然表面沒有這麼愚蠢，但我們向營運、產品、研發這些腦力密集型職位下達量化指標，其實質與這有什麼區別嗎？只不過愚蠢得不那麼明顯罷了。我們費盡心機，實際上並不會讓蛋糕做得更大，而只會培養出一批「盜賊」千方百計地偷蛋糕，甚至破壞蛋糕。

刻意標榜的聖智、仁義、巧利只能用來文過飾非、自欺欺人、隱藏不足罷了。不管怎麼勵志、標榜、爭取，不足還是在那裡，太平從來粉飾不出來，反而越粉飾就越諷刺，粉飾多了，說不定表面的太平都崩了。

既然刻意標榜則求之不得，那又要怎麼做呢？面對權力和利益，做到「太上，下知有之」。員工只是知道有一個老闆而已，但是那個老闆從不爭權，從不奪利。權力留給員工，讓他們自己做主人；利益留給員工，讓他們不是在為別人做事，而是為自己做一番事業。

做到這樣，公司就會變得簡單，每個人都埋頭做好自己的事情，沒有一己私欲，不去勾心鬥角。每個人都回歸純樸，大家越努力，創造的價值越大。價值越大，自己收穫就越多。不只是物質的收穫，還有精神的收穫。如此這般，就算讓他們去學投機取巧、讓他們去學鑽營算計，他們都

會嗤之以鼻，不屑一顧。學這些幹嘛呢？我是公司的主人，做自己的事業，學這些難道還要自己陷害自己？做到這樣，自然萬事無憂，而每個人都會覺得「我自然」。於是就達到了「太上」境界，大家都說：「好像是有個老闆，但是有他沒他都沒關係，反正我就是這樣的」。

為什麼說「夫唯不爭，故天下莫能與之爭」

曲則全，枉則直；窪則盈，敝則新；少則得，多則惑。是以聖人抱一為天下式：不自見，故明；不自是，故彰；不自伐，故有功；不自矜，故長。夫唯不爭，故天下莫能與之爭。古之所謂「曲則全」者，豈虛言哉？誠全而歸之。（第二十二章）

又是一個常被誤解的章節，它被無數人曲解成老子勸人委曲求全，與世無爭，當個「廢柴」。持這種觀點的人，能不能解釋一下，為什麼當個廢柴，還要「明、彰、有功、長、莫能與之爭」呢？解釋不通？那就不要自己想混吃等死卻拉著老子來當擋箭牌了。

「曲則全」跟「委曲求全」雖然看起來類似，但完全不是一回事，後者最早出自《漢書》，老子那時候還沒有這個詞呢！老子那個年代大家還不用成語來寫作，因為一下就是四個字，成本太高，寫不起。那個時候，都是一個字就是一個詞，即便這樣，用字還力求凝鍊呢，哪有預算去用成語？而成語很多也是從那時候的經典中抽取出來的，所以老子在寫《道德經》的時候，根本就不知道什麼叫「委曲求全」。

「曲則全，枉則直」，都來自日常生活中老子對樹木的觀察。他發現那些長得筆直高挺的樹，往往會被風吹斷，難以保全。而那些長得彎曲低矮的樹卻不會受大風影響，一直完好無損。枉，原意是指樹木自由生長彎彎曲曲。老子就是看到有些樹木被岩石擋住，但依然直挺挺地向上長，這樣

的樹跟岩石較勁，又頂不開岩石，最後就成了歪脖樹。而往往是那些柔弱一些的、隨彎就彎的樹，它會沿著岩石長到外面去，長出去之後就可以筆直生長了，這些樹最後才是直的。後面這幾個類比之前都出現過了，窪地才能積水；敝這個字本義是衣服破了，引申為破舊，這裡面用的是原意，舊的不去新的不來；少私寡欲才會覺得滿足；選擇太多反而無所適從。

有人看到這裡就不看了，然後斷言，說老子是虛無主義！哪怕再多看一句，可能都說不出這麼無知的話了。虛無主義怎麼「抱一為天下式」？這一句才是這一章的精髓，是點睛之筆。這種人又犯了人家指路他非盯著手指看的毛病。

老子說「抱一」，孔子也說「一以貫之」，這個一究竟是什麼呢？就是前面提到的那個「孔德」，用現代話說，就是完整且符合邏輯的價值觀。只有抱著這樣一種價值觀為人處世，才足以成為天下楷模。怎麼建構這種價值觀呢？老子用了概念分類的方式，繼續把「德」向下拆分。

不炫耀自己，才能證明自己；不自以為是，才能彰顯自己；不自吹自擂，才能取得功績；不自高自大，才能走得長遠。總是想炫耀自己與眾不同，可越炫耀就越沒人理；總是認為自己對，別人錯，跟人抬槓，結果人家說「你高興就好」。社會上總有些人自我吹噓，這種人通常沒什麼本事，你聽過富豪說過自己多有錢嗎？手伸得特別長、管得特別寬的老闆，事業做不大的，因為他根本沒有精力做大。

理解了這些自然就不會去爭名逐利，不爭名逐利，天下自然就沒人能與我們爭。結合上下文看這句千古名言，其含義是不是躍然紙上？怎麼也無法理解老子是教人什麼都不做，過豬一樣的生活吧？

為什麼不爭名奪利就沒人與自己爭呢？趨利避害，是人之本性，人人都有逐利之心。所以司馬遷才說「天下熙熙，皆為利來，天下攘攘，皆為利往」，真是至理名言。但是，偏偏我不跟他們爭利，讓他們失去了爭奪

的目標，他們怎麼爭呢？沒得爭了呀！

那為什麼大家都在爭利，老子卻偏偏不讓我們爭呢？因為，凡是能爭的，都是蠅頭小利。一塊蛋糕，就算全給我，我最多也就只有一塊。為什麼說是最多一塊？因為周圍的人沒得吃，餓得眼冒綠光，看我們眼紅。假如被 10 個人成天虎視眈眈地盯著，我們敢把蛋糕拿出來吃嗎？那時候就沒心思吃蛋糕了，我們可能只顧著擔心自己該不會都被他們吃掉了吧？

但是一塊蛋糕，我們吃一口，其他的分給那 10 個人，大家每人都吃上一口，餓不死了，就有力氣去做新蛋糕，每個人做出來一塊，每一塊我們吃一口，是不是也撐死了？而且，不但不用提心吊膽，反而人家會心甘情願地給我們吃，何樂而不為呢？

如果這麼說，那有了 10 塊蛋糕我仍然不能爭啊，有了 100 塊、1,000 塊還是不能爭啊，那我的蛋糕怎麼辦？老子全篇都在解釋這個問題，我們追尋的是名利嗎？當然不是，我們追尋的是道啊！只不過在追求道的過程中產生了一些叫做名利的副產品而已。好比我們是一個廚師，做了一桌子菜，這些菜被顧客品嘗。我們會去跟顧客搶著吃菜嗎？當然不會，因為我們的目標是做好菜，而不是把這些菜據為己有。而怎麼才算做好菜？評價標準首先是我們自己的價值觀，我們真心認為好，那就是好。其次呢？當然是大家喜歡吃我們的菜，雖然這比不了價值觀做出的評價，但是有了好評總不是壞。不過，無論如何，我們也不會做出了菜自己留著不給別人吃對不對？

怎麼才能「夫唯不爭」？打籃球，幫助所有隊友得分上雙，就算自己一分沒拿，比賽也贏了；讀書時，為同學們講解題目幫他們拿高分，和他們講清楚了自己就會對題目有更深入的了解，分數自然低不了；工作，幫助上下游部門獲取業績，做產品經理的就讓營運超額完成業績，讓研發提前上線需求，自己的業績自然差不了；創業，讓團隊每一個人各盡其才，

幫助他們實現自我價值，並給予他們與價值相等的收益，這樣的公司能不偉大嗎？

做到這樣還需要自吹自擂嗎？根本不需要，反而越低調就越被人佩服；越佩服，合作越順暢；越順暢，取得的成績越輝煌；越輝煌，我們就能獲取更多極致體驗，獲取更多極致體驗就越能建構更宏大的價值觀，價值觀越宏大則越接近於道了。

我們與天下人爭利，天下人便會與我們爭利；我們尋道，爭利的人就沒辦法與我們爭利。尋道的人呢？當然更不會與我們爭。追求美是通欲，我們把美分享出去，自己不會少一分，其他人卻有收益，所以根本沒必要爭。這就叫「夫唯不爭，故天下莫能與之爭」。

古之「曲則全」者是誰？是古之有道之人。「全而歸之」歸的又是什麼？當然是尋道的方法。老子也是從古人那裡繼承了這些方法，再發揚光大，才有了他的修為，才有了今天的《道德經》。所以說，豈虛言哉？誠全而歸之！

這個錯誤九成管理者依然在犯

希言自然。故飄風不終朝，驟雨不終日。孰為此者？天地。天地尚不能久，而況於人乎？故從事於道者同於道，德者同於德，失者同於失。同於道者，道亦樂得之；同於德者，德亦樂得之；同於失者，失亦樂得之。信不足焉，有不信焉。（第二十三章）

少發號施令，順應事物自身的發展規律。中華文化有一個非常鮮明的特點，那就是不喜歡多說話。老子說「希言自然」與「不言之教」，孔子也說「巧言令色鮮矣仁」。成語裡面，形容能說會道的大多不是什麼好詞，巧舌如簧、巧言令色、信口雌黃……人們日常也喜歡講「口說無憑」、「空

口白牙」等等。歷朝歷代,就出過兩個口才好的,一個叫蘇秦,一個叫張儀,這兩位按理說功勞可不小,但就是沒有好名聲,這種「三寸不爛之舌」儼然成了讀書人的反面教材。

為什麼會這樣呢?簡單地說,就是因為中國早早就進入了高度發達的農耕文明。幾千年前的古人就掌握了當時最先進的耕種技術,如果沒有天災,只要勤勞,那就可以種瓜得瓜、種豆得豆,豐衣足食。對耕種的熱愛,甚至滲透到了基因之中,哪個古人不嚮往日出而作日落而息的田園生活?而耕地種田是不需要多說話的,話說多了,反而耽誤農活,劇烈勞動時甚至還可能喘不上氣或者吃一嘴土。我是怎麼知道的呢?因為小時候回鄉下,我也下過農地去做農耕,即便身為一個打雜的,我也深切地感受到做起農活是沒心思說話的。人家專業農民,更是成天成天地悶頭耕地,一聲不吭。

有了這樣的人民,君主自然也要少說話。一是人家不愛聽,二是只要我別亂搞事,人民總能想方設法地脫貧致富。歷史的經驗一再證明,不管底子有多差,都能扭轉乾坤,看看漢唐初年的休養生息,不就換來了文景之治和貞觀之治嗎?

中國的諸子百家,家家都不約而同地提倡「別沒事找事」,哪怕是兵家都說「上兵伐謀,其次伐交,其次伐兵,其下攻城」。看看,連職業軍人都主張不到萬不得已別打仗。所以在「別沒事找事」這一點上,中國的先賢們是高度一致的。

老子也是建議君主們順應自然規律,與民休息。狂風不可能刮一早晨,驟雨不可能下一天。風雨是誰在「主宰」?當然是天地。可就算天地都沒有胡亂搞事的資本,何況是人呢?

什麼叫「自然」?修道的按道來,修德的按德來,什麼都不修的才亂來。順應了道,那麼道自然使其有收穫;順應了德,德自然會使其有收益;

亂來的，自然會有亂來的後果。這句話大概又有人要曲解本意往神祕主義聯想了，甚至把道啊、德啊這些都擬人化成神仙。要我說呀，我們成年人又不是小孩子，我們的理智已經發育健全了，講道理是能聽明白的，就不需要編神話故事了吧？人家老子就是用了個擬人的修辭，我不至於搬各路神仙出來壓陣。

最後又是那句名言，我們如果不能取信於人民，人民自然就不信任我們。身為公司的老闆，一定控制好自己的權力欲，不要動不動就指手畫腳。要是實在忍不住，我就這麼想，花 200 萬年薪請來的這位高級主管怎麼用才划算呢？整天發號施令，他不就成我的祕書了？200 萬的祕書，這性價比也太低了吧？就算我喜歡追求那種「君臨天下」的感覺，為什麼不花同樣的錢，請 40 位祕書來呢？他們可以列陣聽我發號施令，難道這樣不是更好嗎？

我從來沒見有人花 6 萬買一臺電腦只是為了上網，我也從來沒見過有人花 10 萬買輛電動腳踏車只是為了騎著它去買菜，這不是錢不錢的問題，這是資源浪費。身為老闆，不管自己的使命是什麼，其中都一定要包含一條，那就是「人盡其才，物盡其用」。

沒有不好的團隊，只有無能的老闆

善行，無轍跡；善言，無瑕讁；善數，不用籌策；善閉，無關楗而不可開；善結，無繩約而不可解。是以聖人常善救人，故無棄人；常善救物，故無棄物。是謂襲明。故善人者，不善人之師；不善人者，善人之資。不貴其師，不愛其資，雖智大迷。是謂要妙。（第二十七章）

每次看到這段都忍不住想笑，各種解釋都是牽強附會。有人可能會問，別的章也有不同解釋，你為什麼不笑，偏偏這章要笑？因為老子這章

講的就是不要先入為主、不要想當然、不要固化思維，而那些費盡心機解釋的人，偏偏就犯了老子說的毛病，你說是不是挺好笑的？倒不是笑他們的人，只是笑他們做的事，對事不對人。

「善行，無轍跡」，怎麼回事？為什麼善於駕車出行的人，不會在地上留下車轍痕跡？善言無瑕謫，想說什麼？善於建言的人怎麼就沒有瑕疵和過失呢？

誰看到這兩句心裡都會有這兩個疑問吧？我也不例外。所以，我們先不著急解釋，往下看，畢竟是個排比，之前說過，排比的特點是任何一句看懂了整個意思也就懂了。幸好後面的都很好理解了，善於關門的人不用門閂別人也打不開，善於捆綁的人不用繩索別人也解不開。後面這兩句很清晰，沒有爭議吧？老子說的是什麼？就是不要拘泥於形式，不要有先入為主的觀念，不要認為關門只能用門閂、捆東西只能用繩索，沒有門閂放條狗看著行不行？沒有繩子，找點枝條捆也可以吧？

這兩句讓我們看明白了這個排比的用意，其實這就可以了，未必就一定要執著於前面兩句。但是，既然開頭都賣了關子，我們還是解釋一二，也讓大家見識一下老子的行為藝術。

「善行，無轍跡」，不是說善於駕車的人就能騰雲駕霧，不留痕跡。人家老子是嚴肅思想家，別總覺得他是「神棍」。這句話的意思是，善於駕車的人不需要按照地上原有的轍跡走。人家清楚自己的目的地，駕車技術高超，自然可以另闢蹊徑，走一條別人沒走過的新路出來。古時候沒有柏油馬路，所以駕車的人通常是按照前人留下來的車轍走，因為有人走過了，所以說明那裡可以走得通，車轍就相當於今天的火車軌道，我們常說的「沒轍了」，其實就是沒路了，引申為沒辦法了。只有那些技術高超的人，才善於觀察路況、調整馬匹、控制車輛，使得車子不至於陷入泥裡或者被石頭顛到散架，所以，也只有這種人才能自己走出來一條新路。順便

說一下，孔子就身兼駕訓班教練，「禮樂射御書數」這六藝中的「御」，就是駕車。這說明駕車是一項對技術要求極高的工作，是需要專門的教練教授的。

這麼一解釋，是不是豁然開朗？「善言，無瑕謫」，也就好理解了吧？不是說善於建言的人本身不會有過失，而是說善於諫言的人不一定要等到有了瑕疵或者過失才諫言，也不見得非要針對過失諫言。例如我們身為老闆，團隊做錯了才批評，那就是馬後炮了。真正厲害的老闆是把可能發生的問題提前想到，做好預防根本就不讓它發生。更厲害的老闆，是做好了預防之後，再去尋找團隊的長處，在長處上諫言，讓他們把長處發揮到極致。不拘泥於過失的諫言，才叫善言。

本來不應該咬文嚼字的，得意忘言就可以了，可為什麼這裡要多說呢？因為我懷疑老子這老人家是挺幽默的，他在跟我們玩行為藝術，想逗著我們玩玩。他本來很容易就能說清楚這事的，不需前兩句，只說後兩句就得了。可能是覺得那樣帶來的衝擊力不夠強，所以開篇給我們挖了個小陷阱，故意讓我們掉進慣性思維的坑洞裡面。後面幾句再挑明，把我們從陷阱裡拉上來，然後滿臉壞笑地看著我們：小子，看到了嗎？是不是掉坑裡了？這下子知道我為什麼要提醒這事了吧？一個坑不能掉進去兩次，吃一塹長一智，有了教訓之後，這些說教我們就牢牢記住了。為什麼我敢這麼猜？因為，這事我也做過。

好的領導者，一定善於救人，所以不會有被拋棄的人；善於救物，所以就不會有被拋棄的東西。這就是後來人們經常說的「人盡其才，物盡其用」。做到了這樣，才叫做「襲明」。

「善人者，不善人之師」，這個「善人」跟現在常用的行善積德的好人還不大一樣，古時候的「善人」是指善於做人的人，「不善人」就是不善於做人的人。善一般當「善於」講，例如前面的善行、善言等。

　　這句話還是接著上面一句講的，不是「無棄人」嗎？怎麼才能不拋棄不放棄？當然是當他們的老師，教他們做人了。師，甲骨文的字形是土臺下面有腳，意思是站在土臺之上對著下面發號施令。古代出征，要登臺拜將，拜完將之後，君主離開，拜的那個將在土臺之上號令三軍，所以這個字引申為軍隊。後來，老師講課跟登臺拜將類似，也是一個人站在土臺上面講，下面一眾弟子靜靜地聽。所以，這個字又引申為老師的師了。不管是老師還是將領，總之，「善人」要幫助「不善人」變成「善人」。

　　這就是後面那句，「不善人者，善人之資」，「不善人」是「善人」的資源，也可以說是可以變成「善人」的原材料。如此一來，不尊重可以為師的「善人」，不愛惜可以成為「善人」的原材料，這樣的行為雖自以為聰明，卻是大大的糊塗。

　　這章是講完了，但是我得多說一句。老子這種人文關懷固然是我們努力的方向，但同時也要注意到，前途是光明的，道路是曲折的。在現實工作中，我們面臨的主要衝突是時間資源有限和慢工才能出細活這兩者之間。所以，正如老子一再提醒我們的，我們得時刻牢記自己的使命是追求道，在這個過程中不要拘泥於形式、不要過多陷入細節。有的人不開竅，啟蒙需要時間，那就不要在他身上浪費時間，去開導那些容易受啟發的人。更多的人啟蒙了之後，他們就可以啟發更多的人。繞過不開竅的人，啟發了開竅的人，這些受啟發的人成長之後，反過來又可以啟發那些不開竅的人，這才是最高效的方式。

　　同時，我們千萬不可以對任何人、任何物有輕慢之心。前面也講過，善惡只在一念之間，開竅只是靈光一閃。我們與那些不開竅的人，也就差了那麼一閃念，這一閃念可能連一毫秒都不到，只差了這麼一點，我們又有什麼可驕傲的呢？

　　反過來看，就算不開竅也不用自卑，那些看起來的天才，其實只是突

破了認知局限後才一飛沖天的。我們與天才之間其實也只差一個「靈光一閃」。天賦這個概念只是個「馬後炮」，只有當我們成功之後才能確認自己「有天賦」。而在成功之前，沒人知道自己究竟有沒有天賦。甚至，就算失敗了，都沒辦法確定自己沒有天賦。

退一萬步說，就算真有「天賦」這東西，它也只能決定我們的上限，而以我們現有訓練水準之低，有資格談上限嗎？

老闆是幹嘛的

> 知其雄，守其雌，為天下谿。為天下谿，常德不離，復歸於嬰兒。知其白，守其黑，為天下式。為天下式，常德不忒，復歸於無極。知其榮，守其辱，為天下谷。為天下谷，常德乃足，復歸於樸。樸散則為器，聖人用之則為官長。故大制不割。（第二十八章）

老闆是幹嘛的？老闆就是搭戲臺的，搭好了臺吸引人來唱戲，而不是只想著自己唱戲。老子的比喻則更妙。什麼叫知其雄？就是要了解雄性這個物種的德行，什麼德行呢？就是愛爭鬥、愛炫耀、愛出風頭嘛！為什麼雄性會這樣？還不是因為雌性！漫長的演化過程中，只有那些表現欲望強的個體才能獲得雌性的青睞，獲得了青睞才有交配權，有了交配權，才能生兒育女延續基因。如此優勝劣汰、大浪淘沙，千百萬代之後的今天，剩下的基因就變成了現在的模樣。

我帶女兒去捉蜻蜓，會優先捉一隻雌的，把它固定在草葉上，剩下的事就簡單了。只需要等著雄蜻蜓一隻一隻飛過來交配，來一隻捉一隻，輕鬆得很。這就叫「知其雄，守其雌」。

做事，也是一個道理，千萬別把自己當作雄蜻蜓去好勇鬥狠，就算我是最強壯的雄蜻蜓，結果也不過就是先被人家抓住了事。而我們要做的，

是要找到一隻雌蜻蜓，就算找不到，那麼寧可自己去做雌蜻蜓，起碼可以活得比所有雄蜻蜓都久。所有的欲望，都是雌蜻蜓。每個人都會有各式各樣的欲望，有的人追求錢，有的人追求名，有的人追求成長，有的人為了探索，這些都是「生性知美」這四種基本欲望按照不同比例的組合。而所謂搭臺，就是找到一種機制、一種模式，使得不同的人加入進來之後都可以源源不斷的滿足自己的各種欲望。

想贏球，就讓所有隊友得分上雙；想考 100 分，就為周圍的同學講清楚每一道題目，讓他們至少考 90 分；想成為億萬富翁，就讓所有跟著我做的人都成為千萬富翁。

把自己放在低處，連通江河湖海，所有的涓流自然匯集於我，而我並不需要刻意去做什麼，此即所謂「天下谿」。成為天下谿還不夠，要把這種德融入我們潛意識，做什麼事都以這種德來做決定，久而久之習慣成自然，就不需要刻意去想，而是變得像嬰兒一樣自然。

老子特別喜歡嬰兒這個意象，有人理解不了，又開始胡亂想，老子是不是有什麼讓人返老還童的靈丹妙藥啊？於是太上老君煉金丹就被編出來了，無人不知無人不曉，甚至比《道德經》還有名，不知道老子知道了會怎麼想。其實，所謂的嬰兒，就跟孟子說「赤子之心」的「赤子」是一個意思，該不會有人把「赤子之心」也跟長生不老聯繫起來吧？赤子，就是剛生下來的嬰兒。為什麼儒、道兩位宗師又不約而同地撞概念了呢？因為，嬰兒人人都見過，而且那真的是人類最天真無邪的狀態。以腦科學的結論看，嬰兒大腦沒有發育成熟，真的就是什麼「心眼」都沒有，想哭就哭，想吃就吃，絕無半點遮掩。

宗師們認為，做人這件事透過不停地訓練，也是可以達到嬰兒那種毫無刻意的狀態的。就像學會了騎腳踏車，我們絕不會思索每個動作怎麼做，也絕不會刻意地偏左或者偏右，一切都是順其自然，騎了就走。這就

是因為騎車經過訓練，融入了我們的潛意識。潛意識的特點就是，只需要耗費大腦極少量「能量」就可以完成極複雜的活動。做人，雖然比騎腳踏車複雜得多，但是我們訓練的機會也多，週期也長，所以還是有可能被融入潛意識的。當然，這不容易，孔子到了七十歲，才敢說「隨心所欲不踰矩」。

有了這句做參考，後面幾句就好理解了吧？排比明白了一個，也就都明白了。大家都知道白好，可我們卻要去守著那個黑。為什麼？因為白用不著我們守，有的是人去守。網際網路公司內部誰的話語權最大？當然是業務了，因為業績都是他們「扛」出來的嘛！那麼身為老闆，我們要把所有資源全部投入到業務嗎？當然不是，如果那樣，公司持續不了多久的。因為使用者認的還是我們的產品，業務只是他們接觸產品的一個渠道而已。既然業務已經是白了，我們就不要去關注那個白，反而要去關注產品、研發，因為他們在幕後，離業績遠，容易被忽視，那才是黑。

對國家來說也一樣。老師、醫生、軍人、科學研究工作者永遠都賺不了大錢，如果商人、明星是白，那他們便是黑。國家需要關注的不是商人、明星，而是老師、醫生、軍人、科技工作者。國家引導民眾去關注這些人，才能夠為民眾樹立楷模。民眾有了這些人做楷模，他們的價值觀就不會出現問題。久而久之，民眾就會把這種價值觀融入潛意識，這種潛意識會潛移默化地影響他們的方方面面，例如教育子女一心放在課業上，而不是放在梳妝打扮上；引導人們尊師重道，而不是笑貧不笑娼；引導人們保家衛國，而不是當懦夫；引導人們科學研究強國，而不是說明星的八卦。形成一個良好的社會風氣之後，整個國家、民族就會進入良性發展的軌道，那時候無須多做什麼，人們的生活自然會越來越好，這才叫「無極」。

「知其榮，守其辱」，還是那個意思嘛！有功勞你們上，出問題我來扛，這才是管理者應該做的。當老闆還跟員工搶功勞，這是多想不開？我

們帶領團隊取得成績，功勞預設就是我們的，有什麼可爭的呢？把功勞給員工，並不是把自己的功勞分出去了，而是把自己的功勞複製了好多份，整體功勞翻倍了。不但功勞翻倍，因為我們把自己放低，不居功，「為天下谿」，還會收穫謙退的美名，這不是一舉兩得？員工收穫了功勞，受到鼓舞，自然幹勁更足，會創造更多的業績，這是一舉三得。這種有百利而無一害的事，為什麼不做？

而一旦出了問題，我們要扛著，也是一個道理。你想想，如果我們是老闆，會去員工身上找問題嗎？老闆認識幾個員工？知道誰是誰？所有問題，都是管理者的問題。身為管理者我們把責任主動承擔下來，還能擁有勇於擔當的美名。這時候我要是真敢推責任給員工，只要老闆不傻，都會問一句「他在誰的團隊呢？」，是不是就啞口無言了？承認錯誤，並給出解決方案，問題解決了，什麼都好說。問題不解決，怎麼撇責任也無法撇清。所以呀，還不如自己主動擔下來，團隊成員也是人，老闆都這麼仁至義盡了，人家也會於心不忍，心想這是位好老闆，我們不能讓好人寒心，大家一起努力，問題才更有可能被解決。

如果我們常年做山谷，德行自然充足。這種德行融入潛意識之後，自然就回歸到「樸」的狀態。樸，未經加工的木材，也就是自然狀態，之前也出現過，這也是老子很喜歡的一個意象。「嬰兒」、「無極」與「樸」其實都是一種意象，就是自然而然、毫不矯揉造作的事物。

接著老子說，這種自然而然的「德」，散布到萬事萬物之上，便成了「器」。什麼是器？就是有某種特殊用途的工具。這個詞在經典中經常出現，孔子說「君子不器」，也是這個「器」，意思是說君子不要拘泥於某種才能，要廣泛地學習，然後融會貫通，最終實現「人的全面發展」。是不是又跟老子異曲同工了？老子說的「樸散」，意思也是說，管理者要把德用於各個領域，而不能只做一件事。把德用到各個領域了，便可以成為

「官長」，也就是「百官之長」，也就是君主了。這就是儒家提倡的「內聖外王」，而這個詞是莊子提出來的，莊子的老師是位儒生。所以，還是之前一再強調的，儒道本是一家，只是後世的好事之徒挑起了無謂的紛爭而已，老子最後也說「大制不割」，正是這個意思，政治制度、道德學問，到頭來其實都是一家，想分也分不開的。

對老闆來說，公司是什麼

> 將欲取天下而為之，吾見其不得已。天下神器，不可為也。為者敗之，執者失之。故物或行或隨，或歔或吹，或強或羸，或挫或隳。是以聖人去甚、去奢、去泰。（第二十九章）

這一章難在這個「為」字上面。老子所在的春秋時期，正好是中國文字大發展的時期。春秋以前，文字只在貴族之間流傳，流通範圍很小，所以內容也就有限，基本就是記錄一些國家大事，例如祭祀和戰爭，也就是《左傳》所言「國之大事，在祀與戎」。而那之前，戰爭又不多，所以主要記錄些祭祀的事情了。還有一些歌詞，供貴族們作精神享受，《詩經》其實就是那個時候流行歌曲的歌詞。

隨著周天子權威下降，諸侯紛爭漸起，大家不得不處心積慮地擴充實力。這樣一來，原來那種依靠王孫貴胄任人唯親的方式就不合時宜了，因為產生出天才的機率是一定的，能不能找到人才，能找到什麼水準的人才，基本就取決於選拔人才的基數。萬裡挑一，很大機率要優於百裡挑一。所以，為了不被其他諸侯攻占先機，所有諸侯就都開始了人才競爭。平民的時代來了。

而平民為了出人頭地，必須接受教育，於是平民教育應運而生，代表人物就是我們熟悉的孔子。而現在看來，老子很可能也是當時的一位「名

師」，否則孔子也不會聽說有老子這麼一位，還不遠千里跑去問道。而教育，就必然要使用到語言和文字，使用的人多了，表達的意義複雜了，文字不夠用，那就會演變、會增加。

老子生活在春秋早期，當時應該正是文字發展的開始，所以，《道德經》裡面存在一些一字多義的情況也是不得已的事情，一共就那麼多字，不充分加以利用，你讓老子怎麼辦呢？

這個「為」字，時而有「為而不爭」，當努力作為講；時而又有「無為而無不為」，前面那個「為」指的是刻意而為，後面那個指的是有所作為。這些都需要我們根據上下文，前後呼應地去理解。而「為」字，甲骨文字形是一隻手和一頭象，就是俗話說的「牽著鼻子走」，引申出來了上面那些意思。而在這一章，「為」的意思又不同了，用得正是本意。所以，取天下而為之，意思就是把天下掌控在自己手裡，牽著鼻子走，有「褻玩」之意。

這個「為」，與「因」是對應的，「為」是主動，「因」是被動。結合上下文，老子說的意思是，天下太過複雜，我們不可能主動對它做什麼，而只能被動的因勢利導。

對於君主來說，天下是什麼？

天下是最神聖的器物。既然神聖，就不可能被我牽著鼻子走，也不能被「執」。執，甲骨文字形是一個人雙手被枷鎖銬住，指以強力控制，畫得生動具體。放到這句話裡，意思就是天下同樣不可能以強力加以統治。越想牽著天下的鼻子走，就越會失敗，越是想以強力統治天下，反而就越會失去天下。所以，好的管理者不會試圖左右天下，所以他不會失敗；不會試圖掌握天下，所以就不會失去天下。

為什麼這樣呢？因為萬事萬物，千變萬化，存在衝突，對立卻又統一。有前行有後隨，有輕噓有急吹，有剛強有羸弱，有安居有毀滅。總

之，天下是個混沌系統，混沌系統的特點就是，隨著輸入的微小變化，輸出會產生巨大變化，就是大家熟知的「蝴蝶效應」（Butterfly effect）。而大家不熟知的是，中國早在幾千年前就有人發現了這個現象，這人還是位大帥哥，他就是所謂「宋玉潘安」的那位宋玉。他發現的「蝴蝶效應」寫在了《風賦》中，叫「風起於青蘋之末」。這樣的系統，我們怎麼可能去牽著它的鼻子走呢？又怎麼能強力統治呢？

所以要怎麼做？好的管理者，不可行為過度、不可驕奢淫逸、不可走極端。其實不只是君主，對於普通人也是一個道理。凡事不要過度，不能想賺錢工作就不要健康，年輕時候拿命換錢，老了拿錢買命，這不可取。有人聽到這句話就高興了，那這不就是讓我們躺平嗎？正合我意啊！老子就知道會有人曲解他的意思，所以他馬上又說了，不可以驕奢淫逸。什麼是最大奢侈？當然是浪費時間了，寸金難買寸光陰嘛！怕我們還不明白，人家最後又說，不能走極端，一下子覺得賺錢重要了就玩命賺錢，一下子覺得生活重要了就徹底躺平，搖擺不定會死得更快。

那應該怎麼做呢？當然是動態微調了，在不造成惡劣影響的前提下追求極致，如此才能長久，長久才能獲得更多的極致體驗，才能建構起更宏偉的價值觀，才能把德融入潛意識，才能更接近於道。

什麼是「大象」

執大象，天下往，往而不害，安平泰。樂與餌，過客止。道之出口，淡乎其無味，視之不足見，聽之不足聞，用之不足既。（第三十五章）

「執大象」，什麼是「象」？「象」與「道」相對，是道的具象化表現，也就是人們透過感官獲得的客觀世界的資訊，我們正是透過這些資訊去建立客觀世界的模型，而那個理想中完美的模型就是道。為什麼要「執

象」，卻不「執道」呢？因為道至大、無形、其外無物，所以道是沒有辦法執的，我們只能「執象」。

什麼是「大象」？與大象相對的肯定是小象嘍！好比下象棋，「大象」就是要把對方將死，小象就是要吃掉對方的子。所以我們不能執小象，就算把對方吃得除了老將就只剩下一個子，人家照樣可以把我將死，把我將死我就輸了，之前吃多少子都是白費。所以，下象棋講究的是布局、控制、爭先、寧丟一子、不丟一先。

日常生活中，我們與人辯論，爭得面紅耳赤，一定要說到他跪地求饒不可，這就是小象；聽對方怎麼說，平復了怒氣，再一起解決問題，這才是大象。

工作中，我們與同事勾心鬥角，哪怕比別人多動一下手指都覺得自己吃虧了，這就是小象；主動承擔責任，找機會鍛鍊自己，拉著大家一起創造業績，能力提升了，各大公司對我爭相求取，這才是大象。

當老闆，有了業績據為己有，出了問題推卸責任給團隊，這就是小象；把功勞分出去，我們自己不會少，團隊反而多出來了，於是士氣起來了就可以去創造更多的業績，所有人的功勞都越來越大，這才是大象。有問題，我推不推卸，責任其實都是自己的，倒不如踏踏實實承擔下來，積極地解決問題，團隊自然不會讓自己寒心，問題解決了，也就沒必要撇清一切了，這才是大象。

做老闆，賺點錢都放自己口袋，員工錢少事多，怨聲載道，這就是小象；財散人聚，大方點，加班福利、團康活動多投入些，賺這點錢也不夠讓我榮華富貴，倒不如發獎金激勵士氣，這些都是小錢，朝著公司上市，市值百億的方向去做，同時也讓員工期權變現衣食無憂，這才是大象。

執了這些大象，別人自然願意與我們合作，願意與我們共事，願意跟我們同舟共濟，願意陪我們打江山，這就叫「天下往」，也就是天下人都

自覺自願、爭先恐後地投奔我們，因為投奔我們有百利而無一害，沒有爭吵、沒有勾心鬥角、沒有貪圖功勞、推卸責任、沒有爭名奪利，那才是真正的自然安定、平和與泰然自若。

　　動聽的音樂與誘人的美食，只能讓來來往往的過客暫時停下腳步，但卻不能讓他們定居、安居樂業。這個「止」，與前面的「往」是對應的。往的主動性更強，有心嚮往之的意思。止則是個中性偏貶義的字，有一定被迫、被誘惑停下來的意思。餌，也就是漁獵用的誘餌，存在誘惑的意思，這也不是一個什麼正面含義的字。所以，老子是反對透過聲色犬馬這些外在誘惑去拉攏人的，這些都是短期利益，是小象，小象的背後很可能就是陷阱。

　　《淮南子》記錄了這樣一個故事，魏文侯問賢臣李克，吳國盛極一時，為什麼說亡就亡了呢？李克只回了四個字，「數戰數勝」。用現在的話說，就是戰術上的成功挽救不了策略上的失敗，也就是老子說的執大象的問題。

　　因此，身為創業者的我們怎麼能不警惕呢？方向錯了，越努力就越失敗，這還是老子說的執大象。

　　功利的誘惑終究是有限的，真正的大道無味、無形、無聲、無窮。既，甲骨文字形是一個人跪坐在盛食物的器皿旁邊，將頭扭向另一側，表示吃飽了。無既，就是吃不飽，沒完沒了，無窮無盡的意思。而最大的大象，就是宇宙的象，就是宇宙的模型，如果所有人都共同努力來建構宇宙的模型，那便是所有人都來追尋道。追尋道，自然「為而不爭」，自然就安定、平和且泰然自若，而副產品便是豐衣足食了。

公司都是我們的，去跟員工爭那點功勞幹什麼

　　昔之得一者：天得一以清，地得一以寧，神得一以靈，谷得一以盈，萬物得一以生，侯王得一以為天下貞。其致之，天無以清，將恐裂；地無以寧，將恐發；神無以靈，將恐歇；谷無以盈，將恐竭；萬物無以生，將恐滅；侯王無以貴高，將恐蹶。故貴以賤為本，高以下為基。是以侯王自謂孤、寡、不穀，此非以賤為本邪？非乎？故致數輿無輿。不欲琭琭如玉，珞珞如石。（第三十九章）

　　本章最不好理解的就是這個「一」了。有人說一就是道，如果是道的話，那就直接說道不好嗎？為什麼非要說一呢？全篇《道德經》用字是非常嚴謹的，本來篇幅就有限，內容又這麼複雜，想說清楚都難，如果讓我寫，我會在這麼重要的概念上玩文字遊戲嗎？

　　無獨有偶，老子還說過「道生一」，顯然這兩個「一」是一個意思，總不能一共五千字前後兩個關鍵概念還不一致吧？既然是道生出來的，顯然這個一不是道。《尚書》中有一篇《禹謨》，相傳是堯舜禹禪讓時說的話。「人心唯危，道心唯微，唯精唯一，允執厥中」，大家最好把這十六個字背下來，其堪稱中華文化的心法，老子說的一，其實就是「唯精唯一」的一。

　　孔子也說，「吾道一以貫之」，這裡也出現了一個「一」。曾子的解釋是「忠恕而已矣」。但是很顯然，曾子只說了「道」之用，而並沒有解釋「道」之體。這是儒家的一個鮮明特徵，就是不討論形而上，例如「子不語怪力亂神」與「未知生焉知死」。連繫孔子曾經問道於老子，給我的感覺就是，孔子認為老子把形而上的東西已經說得夠清楚了，不需要自己再去說了，所以把注意力集中在了形而下。加之教育對象都是相對低的階層，不涉及天子、諸侯，所以也沒必要拔高到形而上的層面去，也是為了因材施教。

以孔子思想之通透，他絕不可能沒有一個形而上的根基，缺了根基，儒學這麼宏偉的大廈是建立不起來的。就算勉強建立起來，也會因為根基不穩而自相矛盾、混亂不堪，那樣的話早就坍塌了，也就不會流傳以至今日。所以，孔子的「一」實際上與老子的「一」也是一個「一」。

說了這麼多，這個「一」究竟是什麼呢？這個一就是衝突對立統一的「一」，也就是包含有衝突雙方的那個統一體，也就是允許矛盾同時存在、相生相剋、缺一不可的那個統一體，也就是《周易》中所說的「太極」，也就是包含了「兩儀」即「陰陽」的那個「太極」，也叫「太初」或者「太一」。老子受到了《周易》《尚書》影響嗎？顯而易見，身為周朝的國家圖書館館長，說老子沒看過《周易》和《尚書》，你信嗎？兩本經典的內容，他肯定是爛熟於胸的。所以，《道德經》、《周易》、《尚書》等一系列經典是一脈相承的。這也解釋了為什麼孔子是在老子的基礎上加以發揮，因為他們兩位學習的教材都是一模一樣的。

老子在這給出了辯證法（Dialectics）的第一個定律，「衝突對立統一」，另外兩個定律「否定之否定」和「量變引起質變」對應的則是「反者道之動，弱者道之用」。每次說到辯證法，我都不禁感慨，開自己家的門，還得去鄰居家借鑰匙，多少還是有點諷刺吧？

衝突的對立統一是「一」的「體」，那麼「一」的「用」是什麼？就是後面所說的「天得一以清……」和「其致之也，謂天無以清，將恐裂……」，總之就是衝突的對立統一無處不在，天、地、神、谷、萬物、君王，誰都要用它。如果不用會怎麼樣？天不用它恐怕都要裂開，你說會怎麼樣？要是衝突只對立不統一，可不就萬事萬物都分崩離析不復存在了嘛！

所以「一」的用，就類似於物理學追求的「大統一理論」（Grand Unified Theory），為相對論、量子力學、各式各樣的粒子和四種基本力找一個統一的公式，透過這個公式就可以推匯出所有的其他公式，就相當於把所有

物理公式最後統一起來了，所以叫「大統一理論」。人類幾千年來，對美的追求始終沒有變化，根本上想要的還是那個極致的秩序，表現出來的就是簡潔且優雅，說白話點就是又簡單又好用。

既然對立統一是必不可少的，那麼貴就要容得下賤，沒有賤哪來的貴呢？高也要容得下低，因為我比低的高，所以才有高。說這些有什麼用呢？當然還是讓「侯王」們學習道嘛！自己貴，自己高，就要謙虛一點，所以才要稱自己是孤、寡、不穀。不穀大概就相當於現在的謙稱「不才」。

侯王為什麼要這麼稱呼自己呢？不就是貴要以賤為本嘛。我都已經至高無上了，就不要再追求那些名譽了。已經是天子了，還有什麼名譽比這個更高呢？既然已經獲得了至高名譽，那就別在乎讚譽了。所以，侯王們不要追求玉一般的圓潤華麗，而應追求石頭一般的樸實無華。瓊，從玉從琭，琭，甲骨文的字形是指從水井上打水用的轆轤。這東西現在不常見了，我小的時候鄉下老家有一口老井，還是用這東西打水，就是一個圓軸，一端帶搖把，搖動搖把就可以把井繩捲起來，水就提上來了。這東西是圓的，而且用久了會被磨得很光滑。加一個王字，就表示光滑圓潤的石頭，引申為圓潤華麗，這裡形容玉的美好。珞，這個字現在已經不用了，看起來從玉從各，應該是表示多而細小，與碌是相對的。

最後這句話解釋的方式很多，也可以理解為玉和石頭都是在比喻「譽」，意思是不管是華麗的讚譽還是樸素的讚譽，都不值得追求。還有人理解為既然是對立統一，那就是說既不能像玉也不能像石頭，要不貴不賤才好，例如蘇轍，即蘇東坡的弟弟，他就是這麼解釋的。其實怎麼解釋都無所謂，反正方向大家看清楚就行，之後就可以「得意而忘言」了。老子這番話，簡直就是說給創業的老闆們聽的。我是老闆，有了功勞我還跟員工爭？有了利益我還跟員工搶？我已經是公司裡位置最高的那個人了，公司都是我的，我還要名利幹嘛呢？把功勞給員工，並不影響我自己的功

勞，反而複製出了雙倍功勞，員工受到鼓勵，創造更大的價值，功勞不就越來越多了？

把利益給員工，眼前這點利益都是小錢，我的利益在長遠處。公司做大做強，做到市值百億，我還擔心自己沒有利益？財散人聚，員工能賺到錢就會拚命賺錢，大家拚命是為了誰？看似為了自己，實際不還是為了公司？公司是誰的？不還是我的嗎？想開了，也就不會再跟員工爭名奪利了。

當然，以上所說創業指的是做事業，那些做生意賺錢的恐怕算不上創業。所謂事業，是要有使命的，使命一定是創造某種價值，至於是什麼價值，那就取決於每個人的價值觀了。

就算我不創業，不當老闆，身為一個普通人我們真的需要別人的表揚嗎？如果需要，說明在內心裡，我們還是弱者，追求的還是得到別人的認可。這有什麼不對嗎？這不是對與錯的理論問題，而是能不能讓自己過得幸福的實際問題。如果我們追求別人的認可，時時刻刻「求求你表揚我」，那不就是之前講過的「寵辱若驚」了嗎？不表揚我，我很驚慌，一定是自己做得不好，別人瞧不起自己，這可怎麼辦呀？表揚我了，我還是很驚慌，今天被表揚了，萬一明天不表揚了怎麼辦？自己會多失望呀？這是不是就是所謂的討好型人格？是不是就像沒長大的小孩一樣？古時候稱這種人為小人，現在叫巨嬰。

一個強者不會在意他人的毀譽，可以評價強者的只有強者自己。身為一個強者，別人讚美時只需要對他的認可表示感謝，至於評價的內容則一笑了之，畢竟別人怎麼可能比我們自己還了解自己呢？別人謾罵時，則視而不見、聽而不聞，他怎麼有資格評價我呢？

什麼是領導，什麼是領袖

天下之至柔，馳騁天下之至堅，無有入無間。吾是以知無為之有益。不言之教，無為之益，天下希及之。（第四十三章）

「天下之至柔」，用的還是水的意象。水在山中川流不息，堅硬的岩石也被沖刷成溪谷。水沒有形狀，因此就算沒有縫隙也一樣可以滲透進去，我因此明白了「無為」的益處。不要說教，不刻意而為，這種益處天下沒有什麼能比得上。

很多公司要求員工「認同」公司文化，這就讓人匪夷所思了。文化之所以叫文化，重點在那個「化」字。化的甲骨文字形是正反兩個人，指把人逐漸地轉換過來，強調的就是不知不覺、循序漸進。如果是一下子就轉換了，就叫變，不叫「化」，潛移默化才叫「化」。要求別人認同我的「文化」，我自己要先有文化才行，連什麼叫文化都不知道，怎麼可能有文化呢？沒有文化，隨便說幾個詞幾句話當作口號，如何讓人家認同呢？

文化在古時候就表現為「禮」，而這種禮首先約束的就是管理者。古人說「禮不下庶人」，現代人不懂，認為這是階級壓迫，不平等。而當時的真實情況是怎麼樣呢？是禮很煩瑣，執行禮需要花費巨大的成本，要求普通人按照禮來婚喪嫁娶，大多數人一次就破產了。所以，禮不下庶人，不是階級壓迫，反而是對平民的保護。

那又有人問了，既然禮這麼不好，那為什麼統治階級樂此不疲呢？首先，統治階級也是咬著牙在遵守禮的，你以為他們自己願意呢？看看春秋，稍微一鬆懈不就禮崩樂壞了，大家想方設法地繞開禮。而且越是高位的人，禮就越多越重。天子的禮，現在一般人絕對受不了，其中大多數的禮並不是給他的特權，而是對他的束縛。

例如，子張曰：「《書》雲：『高宗諒陰，三年不言。』何謂也？」子曰：

「何必高宗？古之人皆然。君薨，百官總己以聽於塚宰三年。」就是說，殷高宗的爸爸死了，他身為新君即位，三年不在朝堂上說話，這三年所有事都聽命於塚宰，就是後來所說的宰相。為什麼不能說話呢？因為你只是個孩子，初來乍到還摸不清楚狀況，所以就算是君也要先聽著，跟著塚宰學三年，三年之後學好了，再出來說話。當然，這只是提倡，並不是強制的。

這就相當於現在，公司裡空降了一位執行長，這位執行長三個月不能插手管理，都要聽員工的，哪個領導者能受得了？既然守禮這麼窩囊，那古時候的統治者為什麼還非要自討苦吃呢？其實，禮的目的正是老子所說的「不言之教」。

身為老闆，想讓員工尊重我，光要求是沒用的，人家嘴裡不說但心裡卻可以罵。那要怎麼做？我要先尊重員工，不是裝裝樣子，而是要發自內心地尊重。人家是我們重金請來的呀，是來幫我們的呀，不尊重人家，那請人家來幹嘛呢？如果就是為了當裝飾品，隨便找點臨時演員，陪我們演皇帝太監的宮廷戲多過癮，何必費時費心還花大錢尋找人才來演奴才呢？

老闆希望員工認同自己的價值觀，同自己一起為了使命奮鬥，整天高談闊論地談理想、談人生是沒有用的。如果自己的價值觀不正、不完整，使命不清晰，只會誇誇其談，大家看我就是穿透明新衣的那位國王。人家說不定在心裡偷笑呢！

老闆希望員工團結一致，擰成一股繩，形成強大的戰鬥力，那首先我們自己就不要與員工爭名奪利。自己都從人家手裡搶東西，還指望人家乖乖雙手奉上？我們搶了他的，他就會搶別人的，搶得越多，浪費就越多。蛋糕沒做大不說，原來那個小蛋糕也被糟蹋得差不多了，結果就是雙輸、多輸。

既然禮的精神是尊重員工、是完整的價值觀、是清晰的使命、是為而不爭，那要怎麼去影響他人，讓他們也能夠追隨這種精神呢？這就是《曲

禮》的內容了，也就是一些日常用到的細小的禮儀。例如吃飯不要發出聲音，有長輩在不要走在長輩前面，彼此禮讓最多兩次就可以了，這叫「固辭」，推讓不超過三次，不要推個老半天，堵在門口。你看，都是非常瑣碎的禮節，今天我們依然會遇到，有些也依然適用。

老闆對員工其實可以參考約定俗成的禮儀自己設計出一些「禮」來。進電梯讓員工先進，出電梯老闆後出；聚餐敬酒先敬員工，有人拒絕兩次就不要再敬了；開會讓員工先表達想法，老闆聽完再發表意見……如果這些細節每一項都能做好，做到位，員工自然可以感受到老闆的尊重，自然覺得老闆人品端正，自然願意誠心誠意地跟著我們。

古禮雖然很多內容已經不合時宜了，但是禮的精神卻始終不會過時。只要人的欲望不能被極大地滿足，那麼不平等就必然存在。追求平等，需要的不是打破禮，恰恰是發揚禮的精神，制定與時俱進的禮。透過這些禮，限制既得利益階級，同時要讓他們做出表率，弘揚該弘揚的，抑制該抑制的。

直到有一天，全人類團結一致，使得物質極大豐富，人的求生欲、繁殖欲這兩種私欲被極大滿足之後，我們就會迎來真正的平等。而人類將前所未有的高度文明結合在一起，形成一個文明共同體。屆時，剩下的只有求知欲和美欲，與私欲相對的，我們叫它們「通欲」，是全人類共同擁有的欲望。為了滿足「通欲」，我們只有一件事可做，那就是追求「道」，即為宇宙建立完美的模型。

對團隊為什麼要追求人盡其才

聖人無常心，以百姓心為心。善者，吾善之；不善者，吾亦善之，德善。信者，吾信之；不信者，吾亦信之，德信。聖人在天下，歙歙為天下渾其心，百姓皆注其耳目，聖人皆孩之。（第四十九章）

　　這應該是全書最難讀懂的一章了，因為看起來像是前後文彼此衝突了。同時又是全書最重要的一章，因為它揭示了一個天大的「祕密」。

　　「聖人無常心」，這個很好懂，因為聖人心裡只有道，沒有功利之心。但是「以百姓心為心」可就不好理解了。百姓，這個詞在老子那個年代指的是諸侯、士大夫，並不是全體人民。那時候只有貴族才有姓，平民是沒有姓的。所以，百姓，就是字面那個意思，幾百個姓的貴族。所以，老子這句話適用的範圍並沒有那麼廣，實際上說的就是君主對貴族。

　　為什麼強調這個呢？因為把範圍縮小到貴族，我們比較容易理解老子的意思。貴族在當時基本上是衣食無憂的，因為私欲容易被滿足，所以他們更有可能追求一些更高尚的東西。而平民還是需要辛勤勞動才能保證不受凍挨餓，讓他們去讀《道德經》，顯然也不現實。所以，老子這裡也僅僅針對了貴族。我們先以貴族為例去理解，理解之後再延伸到社會大眾自然也沒問題。

　　這些貴族裡面有善的，君主要讓他們更善，不善的，君主也要讓他們變得善。用現在的話說，叫不拋棄不放棄。有人可能要問了，這不是以德報怨了嗎？跟孔子說的以直報怨是不是衝突？老子就知道有人會有此一問，所以接著馬上補充了一句：「德善」。之前不止一次地講過「德」字，就是眼直、心直、行直，你看是不是說的都是直？沒錯，老子所說的「德」，與孔子所說的「直」是一個意思，老子還說過「報怨以德」，這個「德」就是「直」的意思。用現在話說，就是想清楚目標，別管人家怎麼對我，我就專心致志地朝著目標去，這就叫「德」，也就是孔子的「直」。

　　老子的這個「德善」，說的就是為了自己的目標而善，而不是別人對我不善，我偏要對他善的意思。後面的「德信」，也是同樣的意思，就是我為了我的目標，該守信就守信，跟別人守不守信沒關係，這就叫「德信」。

　　可能有讀者會發現另一個問題了，前面講的不是「聖人以百姓為芻

狗」嗎？既然都把他們當作芻狗，對你好但與你無關了，為什麼這裡又要以他們的心為心，一心為他們考慮了呢？發現這個問題的讀者，恭喜大家，我們馬上就要接近《道德經》中一個巨大的真相了。

剛才講了「德善」與「德信」，說是朝自己的目標前進，該善就善，該信就信，但問題是自己的目標是什麼呢？當然是追求道了。既然是追求道，那又關百姓貴族什麼事呢？

我問大家，追求道難不難？難吧？為什麼難？因為要為宇宙建立一個完美的模型嘛！宇宙那麼複雜，那麼多維度、領域、方面，那麼多細節，一個人怎麼可能為它建立完美的模型呢？一個人就算皓首窮經地朝這個目標跑一輩子，能跑多遠？不管跑多遠都是杯水車薪，對吧？但是，一定要注意這個但是，是誰規定了這個模型就只能一個人去建呢？兩個人合作共同建立行不行？一個人跑了三千公尺，另一個人繼續跑三千公尺，這不就是六千公尺了嗎？如果十個人呢？如果一百個、一千個乃至全天下的人呢？

為什麼要寫《道德經》？身為深刻理解了聖人之道的人，老子當然不屑於對我們這些「芻狗」施以恩惠，所以他有且僅可能有一個目的，那就是把我們這些「芻狗」教育成「聖人」，然後跟他一同去追求道。一人之力微不足道，但合億萬人之力，歷經千萬年累積之後，其成果必然不可小覷，這就是老子講的「弱者道之用」，即量變引起質變。

明白了這一點，我們才能徹底地理解《道德經》，理解老子，以至於理解一切「聖人」。他們對我們好，德善、德信、報怨以德，可不是愛心氾濫，背後隱藏的就是這個巨大的目的，他們想把我們培養成跟他們一樣的「聖人」，讓我們與他們一起去追求道，去為宇宙建立模型。他們不再關注私欲，全心全意地求知、求美，完完全全地只在追求通欲。所以，即便他們的主觀目的不是為我們好，但是他們客觀上確實對我們有恩。而我

們要如何報答？想方設法去滿足人家的私欲嗎？人沒有私欲，我們怎麼滿足呢？那怎麼辦？唯一的辦法，就是同樣不再關注自己的私欲，成為跟他們一樣的人，僅僅求知、求美，一心為宇宙建立模型，也就是去追求道。

聖人對於天下，盡可能地收斂他們的私欲，使大家回歸渾然天成的純樸狀態。讓百姓只關注耳目，也就是不再關注口腹之欲，多聽多看，為建立模型累積材料。於是，百姓就回歸了「嬰兒」狀態。孩之，使動用法，使之孩。孩，嬰兒還不會笑稱為孩。這還是我們熟悉的「嬰兒」的意象，不但老子喜歡用，孟子也喜歡用，他的說法叫「赤子之心」。

為什麼宗師們都這麼喜歡嬰兒、赤子這個意象呢？因為嬰兒吃飽了，就別無所求，絕不會想著去爭名逐利滿足更大的私欲。與此同時，嬰兒對什麼都好奇，見到美的就喜歡，見到惡的就厭惡，完全出自本能，毫無後天掩飾。

這正是聖人們求道的狀態，忽視掉私欲，僅僅追求知識與美罷了！

如何把握管理中的「度」

其政悶悶，其民淳淳；其政察察，其民缺缺。禍兮福之所倚，福兮禍之所伏。孰知其極？其無正，正復為奇，善復為妖。人之迷，其日固久。是以聖人方而不割，廉而不劌，直而不肆，光而不耀。（第五十八章）

「水至清則無魚，人至察則無徒」，《禮記》和《道德經》再次有了同樣的理念。有人把這句話理解成做人不要堅持原則，要圓滑世故，盡量隨大流，能同流合汙就同流合汙。這種人沒搞清楚一個問題，對別人寬容就一定要對自己寬容嗎？兩者顯然不相關嘛！這句話說的是對他人不能吹毛求疵，人非聖賢孰能無過？我們盯著別人找碴，當然沒有一個人是好人。不是說聖賢是完美的嗎？為什麼又說沒一個是好人？那是因為聖賢不是活

人，死了就不會再犯錯誤，所以怎麼立牌坊都無所謂了。可你見過有活著敢稱聖賢的嗎？除非想自絕於天下，否則怎麼能允許在自己活著的時候立牌坊呢？本來好好的一個人，被牌坊一壓，也就活不了多久了。

別說找別人的碴簡單，找自己的碴也簡單。按理說，自己都知道自己有毛病了，還不改嗎？有些還真的需要很長時間才能改，例如價值觀。有些今天改了明天還會犯，例如損人利己、愛面子等。以至於，有些人對自己太苛刻，連自己的毛病都容忍不了，最後還得了憂鬱症。

嚴於律己，寬以待人，大致上來說是好事，但是也不能做得太極端，嚴苛到憂鬱症也不行。用老子的話說，就是「福禍相依」。看起來是好事，說不定隱藏著禍患；看起來是壞事，說不定又隱藏著機遇，用現在的話說，就是劇情反轉。可轉來轉去什麼時候才能結束呢？答案是沒有盡頭。

正過頭了就變成了奇，清正廉潔是正，可清廉過頭，就成了「無事袖手談心性，臨危一死報君王」，占著茅坑不拉屎的清官要他何用？公司裡面不是也有「搖頭黨」嗎？看起來堅持原則，剛正不阿，不論什麼方案都只是一味地搖頭拒絕。問他建議他們沒有建議，就是覺得不行而已。

善過頭了也會變成妖，油炸食物好不好吃？吃多了是不是高血脂高血壓就都來了？科技發展好不好？核彈夠毀滅人類幾百次了。發展生產好不好？公司擴大規模好不好？看看自己剩下的資金，是不是命懸一線了？

不是說這些就不好，而是說沒有節制地走極端不行，眼前看是福，可後患怎麼辦呢？可人偏偏就喜歡走極端，從古至今一貫如此，簡直是狗改不了吃屎。

要如何做？學會平衡自己。太過剛正就在語言上平和一點，這樣才不至於傷害別人；太廉潔就在行動上盡量讓利給別人，這樣就不會損害他人；太耿直就憋著少說話，這樣就不會顯得放肆；太優秀就表現得低調再低

調，這樣就不會閃瞎別人的眼。

老子是在強調凡事都要掌握一個限度嗎？是的，但這是第二步，做到這一步之前，我們要先做到「反求諸己」。你看，老子可沒有去要求別人怎麼樣吧？老子說的都是讓我們自己平衡自己，不能與人同流合汙，也不能嚴苛到得了憂鬱症。

君主如此，便是百姓之福，老闆如此，便是公司之福，人人如此，便是人人之福。

為什麼說管理不能「亂搞事」

治大國若烹小鮮。以道蒞天下，其鬼不神。非其鬼不神，其神不傷人。非其神不傷人，聖人亦不傷人。夫兩不相傷，故德交歸焉。（第六十章）

一句話概括治國，叫「不胡搞瞎搞」。「烹小鮮」，又是一個很經典的意象。小鮮，就是小魚。小魚要怎麼烹飪？放進鍋裡就別動了。魚小肉也嫩，亂動就碎了、沒辦法吃了。那小心點，用鍋鏟一條一條地翻行不行？太多了，哪翻得過來呢？擔心不翻面，魚沒完全熟怎麼辦？都是小魚，容易熟，倒是你要控制好火候，控制好水，別煮到爛了才是真的。

之前講過「靜」，講過「無為而無不為」，烹小鮮只不過換了個比喻而已，意思還是那個意思。做到了烹小鮮，也就順應了道。後面這些鬼啊神的，就當作比喻吧，老子那個年代確實有認知局限，說出點迷信的東西，我不刻意掩飾，也別像抓把柄一樣抓住不放。現在不也有不少人，拿著漫畫英雄做比喻嘛，也沒必要說人家迷信，對不對？重要的不是比喻本身，還是要順著手指去看方向。

怎麼讓神鬼不傷人？其實現在的世界就是個很好的例子。人人有書可

讀，人人有工作可做，都市的機會尤其多，人滿為患。大家都有機會賺錢，甚至還有機會發財，大家恨不得走路都用跑的。忙成這樣，你覺得還有人有精力想鬼神的事嗎？

有個瑞典女孩得了憂鬱症，醫生說因為瑞典人煙稀少，黑夜又長，對心理健康有影響，建議這女孩找個人多的地方生活一陣子。於是她去了某個大城市，天天擠大眾運輸工具上班，中午排隊吃飯，下班去超市搶特價品，然後排好長的隊結帳……半年之後，憂鬱症好了，不但好了，而且變得沒心沒肺的。

鬼啊、神啊這些東西，其來源就是古時候人煙稀少，天災人禍頻發，人們精神壓力大。壓力大了，人就容易產生臆想，所謂臆想，就是白天也能出現幻覺，也就是通常說的白日做夢，只不過是惡夢。這些人不知道自己是臆想，於是就把幻覺當成了真實的鬼神。因為他們確實幻想出來了鬼神，所以也就容易讓人相信。「某某某親眼看到鬼了」這種事一傳開，大家自然就信以為真了。

老子說得沒錯，老闆們把公司制度設定好，自己別胡亂搞。員工自然會努力工作，能賺錢誰不拚命做呢？業績做出來了，公司規模擴大了，大家從早到晚忙不停，努力就有收穫，豐衣足食，那時候大家相信的就是自己的雙手，誰還有時間去迷信「鬼神」呢？達到這個狀態，就是「德交歸焉」。

員工教育對於公司來說有多重要

道者，萬物之奧，善人之寶，不善人之所保。美言可以市尊，美行可以加人。人之不善，何棄之有！故立天子，置三公，雖有拱璧，以先駟馬，不如坐進此道。古之所以貴此道者何？不曰以求得，有罪以免邪？故為天下貴。（第六十二章）

「奧」，指房子裡供奉神靈的地方。古時候，人們認為房屋的西南角是神靈之所居，是風水寶地，所以平常會讓家裡的老人住在那裡，稱為「奧」。「道」，是化育萬物之地，是善於追尋之人的寶藏，也使得不善於追尋之人得以保全。

美言可以換來尊重，美行可以使人成長，既然人是可以改變的，為什麼還要放棄不善之人呢？所以才會有天子和三公，他們的職責就是教化萬民，使人向善。就算是四匹馬拉著的巨大美玉，也不如教化百姓使之成為有用之才來得寶貴吧？

古時候為什麼以教化百姓為貴？不就是因為百姓受到教化，可以免除罪過，成為有用之才嗎？所以，這才是天下最重要的事情啊。這是老子的教育觀，以人為本，不拋棄，不放棄，人盡其才，物盡其用。

老子是把百姓當芻狗的人，怎麼又換了說法呢？這可不是話鋒一轉，在當時的條件下，這是最有效的治國之道。春秋時期，一國人口大概就是千萬，那時候真的是地廣人稀。我們看當時地圖，上百個國家，密密麻麻的，就誤以為當時的中國也像現在一樣，人滿為患。但是你仔細看，有沒有發現什麼問題？哎，當時的國家怎麼沒有國境邊界呢？所謂國家，就是在地圖上標了個名字，有那麼一兩個城，其他就什麼都沒有了。

你以為是年代久遠，國界不可考嗎？並不是，而是那時候的所謂國家，根本就沒有邊界。沒有邊界就不怕被別的國家侵占領土嗎？還真不怕，當時有很多的無主之地，國與國之間是大片的荒山野嶺，別說人了，連路都沒有，這種地方誰會擔心被別人侵占？恐怕花錢請人侵占人家都不去，因為占不住嘛，去了也只能被餓死。

這種條件下，人就成了最重要的資源。有了足夠的人，才能去開墾荒地，擴大生產。那時候，一個大國也就幾十萬人，小國只有幾萬人，怎麼才能充分利用這點人就成了首當其衝的問題。每個人必須辛勤勞作才能吃

飽穿暖，也必須與人為善減少能量的消耗，才能實現增長。所以，君主們沒有資本挑肥挑選瘦，必須盡其所能地教育好每一個人，一萬人的小國，一個人勤勞還是懶惰，和外面相比就差了有萬分之二了，影響是極其顯著的。

從成本考慮，教育一個人比生養一個人成本還是要低很多的。生孩子本身就有風險，難產的話反而還少了一個人。生了孩子就要養育，又是十幾年的投入，不光孩子只吃飯不做事，大人也得花時間照顧，一來一去勞動力減少的可不少。為了增加一個人口而投入巨大資源，萬一好吃懶做、遊手好閒呢？有那麼幾百個「廢材」，說不定一個小國就亡國了。所以，無論如何都要重視教育才行。

我們今天了解這些，除了圖個新鮮，對指導現實生活有什麼幫助呢？身為父母，如何重視子女教育，都不為過。當然，在當代社會，這事好像就沒必要操心了。不過態度雖然人人都好，但重點不能只放在結果上，更應該放在方法上，放在過程上，就是老子所說「美言可以市尊」和「美行可以加人」。

身為公司的老闆，員工教育也是個大問題。我們先不說那些更複雜的東西，就以算個小帳來說好了。應徵一個員工需要多少成本？下載履歷需要錢，面試需要時間，整個過程需要投入人員來協調。入職之後，真正上手要好幾個月，適應公司氛圍、融入環境要至少一年，達到高產出之前實際上我們一直都是虧本的。如果這個人只做一年就走了，再招一個，是不是就徹底虧了？不光虧了，而且虧大了。

一個小公司，也就那麼幾十人，分到一個部門可能就幾個人，其中一個跟不上，影響的就是幾分之一，公司能承受得了這種損失嗎？所以，越小的公司，重新招人的成本就越高，對人的容錯能力也越低。怎麼辦？只能是教育好每一個人，用好每一個人，把每一個人都培養成優秀人才去獨

當一面,讓每一個人融入公司文化,認可公司,與公司共進退。

現在我們知道員工教育的重要性了,那要怎樣教育?就是講過的嘛。行不言之教,後其身,外其身,搭好戲臺,支持員工去唱戲,散財聚人,抓大放小。

什麼是團隊的內功

用兵有言:「吾不敢為主而為客,不敢進寸而退尺。」是謂行無行,攘無臂,扔無敵,執無兵。禍莫大於輕敵,輕敵幾喪吾寶。故抗兵相加,哀者勝矣。(第六十九章)

這一章直接讀容易讓人疑惑,不如我們看看孫子是怎麼說的。「昔之善戰者,先為不可勝,以待敵之可勝。不可勝在己,可勝在敵。故善戰者,能為不可勝,不能使敵之必可勝。故曰:勝可知,而不可為。」孫子這一段,就是對老子用兵之法最好的注釋。

「不敢為主而為客」,就是「先為不可勝」。不敢貿然主動發起進攻,而是把自己的防守做好,讓自己無懈可擊,然後像客人一樣,靜觀其變。不敢進寸而進尺,就是「以待敵之可勝」。把自己的防守做好之後,要靜待時機,引誘敵人露出破綻。一旦敵人露出破綻,我便攻其要害,一招制敵。

為什麼不可勝在己?因為排兵布陣是自己說了算,振奮士氣是自己說了算,調整心態是自己說了算,訓練士兵也是自己說了算。只要安排好戰場外的準備,上了戰場就可以把防守做得滴水不漏,使自己立於不敗之地。

怎麼才算做好準備?士兵行軍布陣已經被訓練成肌肉記憶,不用指揮就可以自動自覺地列陣,這叫「行無行」。戰鬥意志頑強,不用袒露右

臂，不用舉臂高呼，就鬥志昂揚，這叫「攘無臂」。兩軍對陣，異常冷靜，沒有仇恨，沒有任何情緒波動，只是按照部署執行任務，這叫「扔無敵」。日常嚴格訓練，刀馬嫻熟，拿著兵器卻像沒有拿，因為兵器已經與人融為一體，可以隨心所欲，這叫「執無兵」。

　　老子的生平實在隱藏得太好，以至於我們沒有辦法知道他做過什麼。但從這段用兵之法來看，我們很難相信這是一個完全沒有帶過兵的人想像出來的，因為他說得實在太具體了。

　　我雖然也沒帶過兵，但帶過籃球隊。籃球隊雖然比軍隊簡單得多，但也可以從中體會到用兵之法。籃球場上形勢瞬息萬變，所以絕對不會有一個所謂的「完美陣型」。不論是防守還是進攻，都需要根據對方的戰術、我方隊員的組成和狀態隨時進行調整。這麼頻繁的調動，難道靠教練或者隊長一個一個地指揮嗎？根本不可能。靠的就是平時訓練的幾套戰術，再結合場上局勢進行靈活應對。一下子聯合防禦，一下子人盯人，一下子又全場緊逼，目的就是不讓對手搞清楚我們的防守，這樣他們就沒有特別好的進攻機會。在戰場上陣型就是戰術，不可能一個陣型從頭打到尾，靠的也是平時訓練的那幾套陣型在戰場上的隨機應變，所以就叫「行無行」。

　　好的隊伍，是善於保持鬥志的。比賽之前不用教練花太多時間鼓舞士氣，每個人都很興奮，大家只有一個信念，那就是贏球。為什麼會有這種信念？因為平時訓練付出了汗水，對自己的球隊有信心，對隊友有信心，對籃球有熱愛，對勝利無限憧憬。打仗也是一個道理，如果士兵訓練不足，身邊的人都不認識，讓他們信賴這些戰友跟他們一起去拚命，他們敢嗎？可能上了戰場腿就軟了，別說打仗了，可能動都動不了。就像打籃球，比賽開始了，隊裡全是菜鳥，沒見過大場面，緊張得渾身僵硬，腿都動不了，人家一波小高潮就可以擊潰你，然後就沒有然後了。冷兵器時代跟打籃球差不多，士氣是最重要的，所謂「一鼓作氣，再而衰，三而

竭」，這就是所謂的「攘無臂」。

打籃球，教練最討厭的隊員就是不多思考、容易衝動的。這種隊員往往被對方挑釁一下，就失去理智了，開始置氣、蠻幹、單挑，結果當然行不通，教練會把他果斷換下來。如果換晚了，就會被對方抓住這個漏洞窮追猛打。腦子不清醒，就防不住，越防不住越犯規，越犯規越放不開手腳，很快就會被打爆。一個點打爆，很可能一場比賽就完蛋了。

籃球尚且如此，戰爭可是以命相搏，更要慎之又慎。如果有哪一支部隊，腦子發熱殺紅了眼，很容易會被對方誘敵深入，而一旦掉進陷阱可能就全軍覆沒。區域性被突破，人家就會趁機擴大戰果，很快戰爭就此結束。所以，不論在戰場上，還是球場上，都不可以被情緒所左右，「善戰者不怒」。怎麼才能不怒？不把敵人當敵人，沒有殺人的欲望，只有取勝的目標，自然就不會怒。不怒就可以執行戰術，訓練程度相似，比的就是誰能更好地執行戰術，這就叫「扔無敵」。扔，之前講過，這裡就是接戰之意。

籃球技術訓練到什麼程度才算達標？要做到「人球合一」。這可不是誇張，當我們把技術訓練到一定程度，確實會感覺籃球就是身體的一部分。運球的時候，彷彿手與球之間有千絲萬縷的連線，可以把球牢牢地控制住；投籃的時候，不管離籃框多遠，感覺就像自己的手臂伸長到籃框邊上把球「撥」進去；走上籃球場，有一種回家的感覺，無比熟悉，無比親切。士兵操練，大致上也是如此，他們要與兵器融為一體，感覺兵器就是自己手臂的延長，操縱起來得心應手、隨心所欲。握著兵器就好像抓住了命運，無比踏實，只要有兵器在，誰能拿我怎麼樣？只有訓練到這種程度，球員才有底氣上球場，士兵才有底氣上戰場，這就是「執無兵」。

輕敵是球場大忌，也是兵家大忌。尤其對於不熟悉的隊伍，千萬不要以為自己練得好就可以為所欲為。我每天練八小時，人家就可以練九小

時；我每週練五天，人家就可以練六天。本來勢均力敵，但我們輕敵了，上去猛攻猛打，想一鼓作氣拿下比賽，可對方早就有所準備了，防守反擊試探虛實，結果我們中計了，不需要多，被連著防三個，人家打三個反擊，場上隊員馬上就愣住了。再一再二不再三嘛！本隊三次都打不成，球員就會有一種「撞牆」的感覺，士氣會一落千丈，很可能整場都恢復不了，直接被擊潰了。

打仗只會有過之而無不及。籃球被防下來三次就會潰堤，打仗衝擊對方陣地，三次衝不垮，前排精兵死的死傷的傷，後排士兵都看在眼裡，還不是萬念俱灰？於是只能一心想著逃命或者等死了。所以，輕敵就是拿士兵的性命開玩笑，就是浪費民力國力，就是窮兵黷武、好大喜功。老子的三寶是什麼？一曰慈，二曰儉，三曰不敢為天下先，一朝輕敵，三寶喪失殆盡。

兩軍對壘，只有懷著敬慎之心，懷著保家衛國之心，懷著伸張正義之心才能在策略上取勝。重視對手，「能為不可勝，不能使敵之必可勝」，然後「靜待敵之可勝」，如此才能在戰術上取勝。這就是孫子最後總結的「勝可知，不可為」。老子說「無為無不為」，孫子說「可知不可為」，孟子說「反求諸己」，蓋異曲同工之妙也。

為什麼公司文化可以極大降低人力成本

民不畏死，奈何以死懼之？若使民常畏死，而為奇者，吾得執而殺之，孰敢？常有司殺者殺。夫代司殺者殺，是謂代大匠斲。夫代大匠斲者，希有不傷其手矣。（第七十四章）

老百姓如果不怕死，怎麼還能用死恐嚇他們呢？老百姓為什麼不怕死？因為君主的所作所為讓他們生不如死。食不果腹，衣不蔽體，妻離子

散，家破人亡，活著沒有尊嚴，過著豬狗不如的生活。如此，與其活著，不如死了算了。老百姓真要是被逼迫到這種境地上，那就只能等著陳勝的至理名言：「今亡亦死，舉大義亦死，等死，死國可乎？」。

如果能讓老百姓怕死，那就沒什麼可擔憂的了。怎麼讓老百姓怕死？豐衣足食，幸福安康，家庭和睦，人人平等，人人自由，過這種日子的老百姓會捨得去死嗎？如果大家都過上了小康生活，若還有人投機取巧、罔顧法律，我就殺了他，試問誰還敢犯法作亂？

殺人，必是不得已而為之，要慎之又慎。能不殺就不殺，寧肯放過，絕不能錯殺，就更不要說濫殺了。所以，只有「司殺者」才有權力殺人。誰是「司殺者」？不是一個人，也不是一個官衙，而是一種制度，是法。而法源自德，德源自道。所以，殺人必須符合於德，德符合於道。

如果不是按照制度殺人，而是憑一己好惡殺人，那就成了代替能工巧匠去砍削木頭，很少有不傷到手的。前面講了民不畏威，講了勇於不敢則活，這一章講的就是對於刑罰要謹慎，要「勇於不敢」。該殺的殺，這叫「勇」，不濫殺則是「不敢」。

君主離我們太遠，創業離我們很近，老闆們要如何治理公司？「使民畏死」，在公司來說是讓員工害怕失去工作。如果員工人人都不想繼續做了，我們還怎麼指揮人家做事呢？怎麼讓員工害怕失去工作？物質上是薪水，精神上是企業文化，兩者缺一不可。

有人以為只要錢給得多，員工就會死心塌地地賣命。可什麼是「給足」呢？我給四萬，就有人給四萬五，我給四萬五，還有人給五萬。在市場上與我競標的是成千上萬家公司，我能保證始終給出最高的薪水？就算做到了，成本也會虛高。價格圍繞價值波動，給到最高就意味著價格已經偏離了價值，並且偏離到了極限，那樣的話離倒閉也就不遠了吧？所以，最好的做法還是按照公平價值（Fair Value）來確定薪水。

　　那麼如何抵消價格波動帶來的人員流失？這就要靠公司文化了。一個簡單、理性、共贏、以人為本的公司文化會大大降低員工間的溝通成本、提高工作效率。工作效率的提升不僅使得公司受益，同時也使得員工快速成長。一個整天鉤心鬥角的人，就算工作了十年、二十年，他也只是累積了勾心鬥角的經驗。他可能擅長搬弄是非，擅長推卸責任，擅長耍手段，唯獨不擅長解決問題。這也不能怪他，因為他從來沒有學過如何解決問題嘛！而一個每天都在發現問題、解決問題的人，可能不用多久就可以超過那個「高手」。而大多數公司需要的是解決問題，而不是搬弄是非。

　　如果公司文化可以使員工得到快速成長，那就變成了跳槽的機會成本。說白了，就是現在跳槽每個月可以多賺三千塊，但是從此以後沒有辦法再漲了，一輩子都是這個價格。可如果在這裡鍛鍊三年，三年之後每個月可以多拿一萬。是你的話如何選擇？顯然是選擇後者，對不對？後者的總收益明顯更多，這叫磨刀不誤砍柴工。況且，磨刀的時光也是美好的，每天看著自己成長，那種喜悅不是用錢可以衡量的吧？

　　具備了以上的基礎，員工們當然會珍惜眼前的工作，害怕失去工作。這時候，我們根據規章制度，把那些耍小聰明、投機取巧的害群之馬抓出來，開除他們。請問誰還有膽量再犯？其實已經不是敢不敢犯的問題了，而是人人都為開除了那害群之馬而拍手叫好，解決了這些老鼠屎，公司文化更純粹，效率更高，員工工作得更開心，收穫也更大。

　　是誰開除了那些老鼠屎呢？不是某一個人，也不是某一個部門，而是公司制度。公司制度源自公司文化，公司文化又是人心所向。心存目標，朝目標前進，就是德。眾人一心，便是公德。那個一致的目標，就是追求道了。

如何處理團隊中的爭端

和大怨，必有餘怨，安可以為善？是以聖人執左契，而不責於人。有德司契，無德司徹。天道無親，常與善人。（第七十九章）

仇怨是無法消解的。大的仇怨看似被調和了，其實它只是變成了其他形式暫時被掩蓋了而已，這就是我們常說的「禍根」，所以又有了一個詞，叫斬草除根。可是，偏偏越想斬草除根，就越除不了根，反而會因為把事情做得太決絕而引起更多的反抗，到最後變成了「官逼民反，不得不反」。

我們的部門中是不是經常有這樣的人？討論問題，自己發現別人一個漏洞，便開始攻擊。即便人家已經認錯開始尋求意見，可這位還是不依不饒，最後讓對方氣得咬牙切齒，那時對錯已經不重要了，既然你非要趕盡殺絕，那我們就只能「狹路相逢勇者勝」了。於是本來可以解決的問題沒有解決，倒是又多了一對冤家。這時候想緩和情緒已經晚了，就算暫時安撫住了，你放心，以後都別指望這兩位會再合作了，一定是有你沒我、勢同水火。這麼做有什麼好處嗎？自己生一肚子氣不說，還多了一個冤家，真是有百害而無一利。

聖人的做法是，占據優勢，但卻不責難別人。契，古人通常是在木簡、竹簡上刻字，把合約內容一式兩份寫在兩邊，中間刻上記號。然後把簡從記號中間剖開，一人一份進行保管。兩片半簡合起來就是一個完整的記號，這就是「合約」的由來，中間那個記號相當於現在的騎縫章。古人以左為陽、為上，所以「執左契」就相當於今天的「甲方」，也就是比較強勢的一方。

但是簽署了契約，就可以凡事依照契約照章辦事而得理不饒人了嗎？也不是，契約只是一個底線，是一種威懾，就好像核武器，只有在沒有發

射的時候才能嚇唬人，發射出去了誰還怕你呢？大不了同歸於盡嘛！所以，聖人是不會按照契約苛責於人的。有理讓三分，對方本來就理虧，又看到人家如此寬宏，理所當然地就會心服口服，努力去完成契約。這樣就不會產生怨，只有預防了怨，才不會留有餘怨，這叫「為之於未有」。

古代如此，現在難道不一樣嗎？所謂合約，只有在法庭上才有意義。不上法庭，就沒有辦法強制對方執行。就算我們比較有理，可把對方逼急了，人家就來一句「你去告我好了」，然後怎麼辦？真的去告他嗎？很多時候，告贏了損失反而更大。因為彼此徹底撕破了臉，對方無論如何都不配合，事事跟我作對，一個案件拖個三年五載也是常事。有爭議的事肯定沒辦法繼續了，沒爭議的難道還能繼續嗎？我都開告人家了，還想跟人家合作？

所以，不到萬不得已，還是要以合作共贏的原則為本去協商解決問題。真到了萬般無奈，要對簿公堂的時候，雙方的損失就都已經無可避免了。這就是「有德司契，無德司徹」。有德的做法是，依據契約進行合作，用契約進行道德上的威懾，但輕易不付諸實際行動。無德的做法是，得理不饒人，每件事都去搬契約裡面的條款出來作為說詞，找碴還挑刺，甚至故意引誘對方違反條款，然後去訴諸法律。這就變成了訟棍。徹，甲骨文的字形是一隻手拿著一個器皿，指付諸行動。

說到底，這是在另一個層面來解釋德的應用，心直、眼直、行直。想清楚雙方合作的目標，這個目標一定是共贏的，如果損人利己那說明心術不正，心都不正了後面就都正直不了，《大學》裡面說「誠心正意」就是這個意思。起跑姿勢不對，別說跑第一，能跑了之後不跌倒都算不錯。既然是合作共贏，那就盯著這個目標去努力，別去挑三揀四、找碴，專門找碴眼就歪了，眼歪了還能行得直嗎？跑步的時候轉頭看觀眾，能跑到終點？眼睛看著前面卻橫著跑，難免與人家直行的相撞，不受傷送醫就不錯，更

不要說跑到終點了。設定好目標、眼裡只有目標，腳下的行動也要朝向目標。

「道」沒有親疏遠近，對誰都一樣。誰善於追尋道、符合道，誰自然就會無往而不利。怎麼才能符合道呢？靠的還是修德，建構價值觀，不斷的累積並改進，使之完整且符合邏輯。邊修德，邊踐行德，或者應該說，踐行德才是修德，光憑腦子想而不去做，最後只能「思而不學則殆」。想要知行合一，還要在事上琢磨才可以。

團隊內部勾心鬥角是因為我們沒有做到這一點

不尚賢，使民不爭；不貴難得之貨，使民不為盜；不見可欲，使民心不亂。是以聖人之治：虛其心，實其腹；弱其志，強其骨。常使民無知無欲，使夫智者不敢為也。為無為，則無不治。（第三章）

這句話一直以來有比較大的爭議，很多人以此批判老子愚民。我們現在提倡「歷史唯物主義」（Historical Materialism），其前提就是要把歷史事件放到當時的歷史背景下去研究，說白了就是不能斷章取義。

那麼這章的背景和上下文是什麼呢？老子是周朝的國家圖書館館長，專門為周天子和朝廷提供諮詢服務的，所以，老子的這些為政治國理念的主體應該不是來自於他的親身實踐，而是來自於典籍，有說是來自於《金人銘》的。

相傳這個《金人銘》就是歷代天子的治國經驗的總結被凝鍊成了警句，刻在銅人或者銅器上面，這樣就可以長久儲存，供繼承人參考。不管金人存在與否，這種警句存在的可能性是很大的，就是後來被叫做「帝王心術」的東西，其實也沒什麼可神祕的，就是天子、帝王們代代相傳的「家學」。

不知道大家有沒有發現，我們從學校步入社會，很多社交嘗試都只能自己從頭摸索，很多時候茫然不知所措。但是古時候可不是這樣的，父母會教孩子做人，教得好不好暫且不論，但是年輕人過河，還是能摸著石頭過的，大家至少都知道要多聊、多笑，更進階的還有家語、家訓、祖訓等，這就是傳統的「家學」。

下一代就不一樣了，經歷了三代人的累積，也可以出貴族了。越來越多的家庭開始把自己的人生經驗加以總結，重新形成「家學」去輔助子女走向社會，先別管做得好不好，得先有了才行，有了切入點，做出一個基礎之後，就可以不斷累積後改進，一代人累積不好，十代人呢？別說一個家族，就是一個民族，一個文明都是這樣過來的。

回到剛才的問題，不管有沒有《金人銘》，老子身為國家圖書館館長，帝王的傳世之言肯定是能看到的，這些應該就是他思想的基礎，甚至很多語錄，很可能是他轉載或者加工了歷代帝王、聖賢的名人名言，加上一些他自己的感悟之後傳授給了關令尹喜，再由尹喜編撰成書，於是有了最初的《道德經》。最初《道德經》的目標群體絕不可能是普通老百姓，而是給君主們看的。

從另一面看，以當時的生產力，一本書要賣多少錢？老百姓怎麼知道有這本書？去哪買？能識字的有幾人？能讀懂這五千字嗎？飯都吃不飽，看這個有什麼用？所以，我們站在當時老百姓的角度看，這本書他們根本接觸不到，更不會是主要讀者。所以，老子絕對不會透過書去跟老百姓對話，老子可能甚至都想不到，幾千年後，會有這麼多平民百姓讀他的書，所以直接愚民是不可能的。

那有沒有可能是他在教上位者愚民呢？我們看看他對統治者說了什麼不就知道了？「不尚賢」這個說法跟後來儒、墨大力提倡的「尚賢」不是衝突嗎？還是那句話，讀書切忌斷章取義，不能單獨拿出來三個字就批判人

家，還是要老老實實地看上下文，看完全篇後按照人家所指的方向去走，而不是去糾結人家的手指。

統治者不要把活人標榜成「賢」，什麼是賢？上從臣從手，下從貝，就是用眼睛盯住、用手管好祖輩留下來的財產，後來引申為能夠守業。有賢就有不肖，之前講過衝突總是成對出現，對吧？什麼是不肖，就是不像，最常見的叫「不肖子」，就是敗家子。

什麼意思呢？就是不管我是家長、老師還是老闆，都不要為活人立牌坊。

我們說這個兒子好，那其他子女怎麼想？說他好，就是說我不好？你當父母的偏心啊，他昨天還多吃了一口肉呢，你還維護他？那好，既然你說我不好，我就不好給你看，自暴自棄算了。而且，以後有什麼事，你也別來找我，他好，你什麼事就都去找他；他有什麼困難，我肯定不會幫忙，因為他好我不好，我怎麼能幫他呢？你看，順理成章地就成為對立面了。

上學的時候，你看過有同學願意跟老師標榜的「好學生」一起玩嗎？反正我們那時候沒有。你以為是嫉妒人家？其實不是嫉妒那麼簡單，因為我們認為「好學生」是叛徒，是老師的「鷹犬」，肯定是他去舉報我們上課看小說。所以，「好學生」通常沒有好人緣，甚至過一段時間，老師都沒辦法再表揚他了，因為下面坐著一堆表情不屑的「壞學生」。這是「好學生」的問題嗎？不是啊，他也是受害者，人家只是老實聽話、人畜無害呀，怎麼就被孤立了呢？就是我們這個老師害的。

管理員工也是同理，我不知道要有多麼無畏，才敢在員工裡樹立標竿。有人說業績冠軍不是都有嗎？那不能算「尚賢」，而是一個事實。人家數據擺在名面上，就算不標榜他，他也是業績冠軍。怎麼分析問題？一定要分清楚哪些是事實判斷，哪些是價值判斷，如果搞不清楚，就沒辦

法溝通了。什麼叫價值判斷？就是好壞、美醜、善惡等等不可量化的形容詞。

例如，某人一心為了公司，天天加班最後一個走，我們要向他學習。你放心，說完這句話所有的目光就會死死盯著他，有人嫉妒，有人好奇，做的事差不多，怎麼老闆就特別表揚他了呢？於是大家紛紛盯著他學，他加班大家也都加班。可是怎麼可能一間公司，一年 365 天，天天都有那麼多事需要加班呢？這人也有清閒的時候啊，但是都被老闆捧高了，騎虎難下啊。怎麼辦？沒事做的時候就只能沒事找事做。

於是其他人發現，原來他就是「瞎忙」呀，那我們也學他，誰怕誰？於是一個比一個能裝忙，逐漸地，這人堅持不下去了，因為太無聊了，而且大家私底下說他就只會瞎忙。於是這人只好白天少做事，留一些工作等到晚上加班再做。想白天沒事做不又被人說閒話？所以小張只好想方設法地摸更多的魚。大家都有眼睛，摸魚還想立牌坊？於是大家開始說「小張不但加班加得好，更是個摸魚高手」。沒過多久，小張的名聲毀了，團隊也人心浮躁，毀掉一個團隊原來這麼簡單。

牌坊還是留給死人吧，死了什麼都不知道，壓在下面也不難受；活人還是算了，人無完人，活著就會犯錯，犯錯牌坊就倒了，倒了就會砸死人。

鑽石那麼貴，不就是石墨的同質異構體嗎？金子如果不是人們把他當寶，誰會處心積慮去偷呢？玻璃也不錯，有人把玻璃當水晶賣，還不便宜吧？水晶有人偷，可誰見過有人偷玻璃嗎？

上學最怕什麼？考試嗎？排名嗎？都不是，怕的是排名出來之後老師、父母看自己的眼神。如果分數只有自己知道，只是為了檢驗自己的學習成果，或者就算是測試考試能力吧，那樣就不會有「別人家的孩子」，也不會有「好學生」，大家都不會盯著別人看，不會越看越眼紅而自己

的成績卻越來越差。就因為我們身為父母、身為老師表現出了自己的私「欲」，孩子的心就全「亂」。為什麼亂了？因為他已經不是為了滿足求知欲而學，他是為了滿足我們望子成龍的繁殖欲而學，心思都被恐懼占滿了，哪還有精力學習呢？

那要怎麼做呢？別總讓他心裡胡思亂想，裝滿各種欲望，而只是填飽他肚子。別總讓他盯著功利的目標，也就是「志」，心之止，即心滿意足的地方，而是讓他有點骨氣，打起精神。這樣那個「意」就不會被求生欲、繁衍欲占據過多空間，多出來的空間就可以轉向求知欲、美欲，去格物、去悟道。

讓大家別整天滿腦子歪門邪道，耍小聰明，窮奢極欲。如果沒有一個人如此，那些想鑽營投機的人也就不敢漁財獵色。

不刻意，就沒有治理不好的員工。這是愚民嗎？如果是的話，讓他們愚得更猛烈些吧，民會爭著搶著希望被「愚」的。可能有人會問，既然這是講給管理者聽的，我一個下層員工聽它做什麼呢？我倒是想問問讀者，我們這麼確定自己就只是一個角色嗎？這恐怕不可能吧。上下只是相對而言，一個人不可能一輩子只有一個角色，這些角色中必定有的在上位，有的在下位。自己對父母是下位，對子女就是上位；對老闆是下位，對員工就是上位。

你說自己沒有子女，沒有下屬？那至少要管理自己吧？自己就只有一個角色嗎？在公司是員工、在校是學生、在家是子女，這幾個角色總要有吧？幾個角色怎麼扮演？什麼時候切換，是不是也需要管理？所以，最不濟，我們的「心」也是自己幾個不同角色的管理者。而真正上面再沒有上位的恐怕只有我們的心了吧，因為我們的心是自由的。

既然是自由的，要如何選，在上位抑或在下位？就全憑我心了。

如何避免員工之間爭功、推卸責任

道常無為而無不為。侯王若能守之，萬物將自化。化而欲作，吾將鎮之以無名之樸。無名之樸，夫亦將無欲，不欲以靜，天下將自定。（第三十七章）

傳統的《道德經》分為《道經》和《德經》，這章就是道經的最後一章。有些版本把《德經》放在前面，《道經》放在後面。

怎麼看這種劃分方式呢？個人認為，根本沒必要。《道德經》全篇純粹講道的，其實就那麼屈指可數的幾章，其餘大部分都是藉著道在講德，因為德就是我們在追求道的路上，自己心裡那個半成品的道嘛！

《道德經》作為一部君主治國的教材，最終目的當然還是講「如何做」。至於道是什麼？大概沒有哪個君主真的會關心。老子沒有用大篇幅去單獨講形而上的東西，應該也是考慮了讀者因素。但是，又不能一點道都不講，因為不講道，德從哪來呢？體系不完善，說服力就不夠。現在告訴我們，德就是模仿道，這說法就可信了吧？所以讀者就不用再糾結理論依據夠不夠強的問題了。

例如這一章，「道常無為而無不為」，看似說的是道，但後面馬上「王侯」就出場了吧？所以，這還是教人怎麼模仿道，那不還是德嘛！

前面批判過好多次好吃懶做之輩總是喜歡曲解老子的意思，打著大宗師的旗幟混吃等死，說老子讓大家「無為」，所以自己就真的躺平，什麼都不做了。可能也正因為太懶了，所以他連一句話都懶得看完，後面的「無不為」就忽略沒看了。否則看到的話，倒是請他解釋解釋，躺平之後是怎麼「無不為」的？

之前講過，所謂的「無為」，指的是不刻意而為，不急功近利而為。老子主張追尋著道去做事，可道「善利萬物而不爭」，人家只是「不爭」，

可不是什麼都沒做，人家是把所有事都做了。所以，這才叫「無為而無不為」。

為什麼又描述了道？因為管理者修練德還是要對著道的樣子照做嘛。守住了道，萬物自己就逐漸轉向歸附於我了。化，甲骨文的字形是兩個人，一正一反，指一個人自己慢慢地調了方向。化與變是對應的，變，指透過外力使事物發生轉變。化是自發的，變是外力使然；化的過程長，不易察覺，變的過程短，效果明顯。所以，按照道行事，使萬物產生的是潛移默化的轉變，而不是突變。

在順其自然的過程中，難免會產生貪欲，那麼我就用「無名之樸」鎮住它。鎮，其字形是以金屬壓在一旁使其穩定。現在鎮壓一起使用，但是壓其實和鎮是相對的，指的是完全覆蓋地壓住。之所以用鎮而不用壓，是因為鎮不是一種強力，而是一種旁敲側擊的柔力。這種柔力就來自於「無名之樸」，什麼無名？什麼未經雕琢？只有道了。

我用道的無形之力把那些貪欲鎮住，它們就會逐漸消散。當貪欲消散殆盡，人心便歸於寧靜。人心歸於寧靜，天下便可以自行執於正軌之上了。

還是有點不夠具體，我們放到生活中看。例如管教孩子，希望他多讀書，成績能進步，怎麼辦呢？天天逼著他讀書，然後自己玩手機嗎？你放心，他就算去讀書了，也是裝模作樣而已，心裡說不定一直在抱怨：你自己都不讀書在那邊玩手機，憑什麼讓我看書？正確做法是，我們把手機放下，自己去讀書。久而久之，孩子就會有樣學樣，自動自發地學著我們讀書，這就叫「自化」。

身為老闆，最煩的是什麼？是員工爭功、推卸責任對不對？怎麼才能凝聚他們，讓他們不要爭功也不要推卸責任呢？首先，有功我們自己就不能自居，把功勞給員工，盡可能地獎勵，物質的、精神的都要有。尤其精

神獎勵沒什麼成本，要給足夠，發自內心地、不吝溢美之詞地讚美他們。我們自己不爭名奪利，反而把功勞全部讓出來，在這種人格的感召之下，還有人好意思去爭功嗎？

推卸責任這種事，總是需要一個背鍋的，鍋從哪來？一開始當然是從老闆這裡來。如果我們把問題都攬在自己身上了，團隊還有必要推卸責任嗎？以上說的是我的心，也就是儒家說「誠意正心」的「正心」。把心擺正之後，當然還是要賞罰分明的。但是一旦自己的心正了，把自己應該承擔的承擔下來，萬不得已再去處罰員工，才能讓人心服口服。

為什麼合作中要極力避免陷入「納許均衡」

天下有道，卻走馬以糞；天下無道，戎馬生於郊。禍莫大於不知足，咎莫大於欲得。故知足之足，常足矣。（第四十六章）

老子生活在春秋時期，禮樂崩壞，滅國過百，有「春秋無義戰」之說，老子這一篇就是來勸架的。

天下有道，國家就不用養那麼多戰馬，可以讓老百姓用馬去耕種。卻，右邊是一個跪著的人，表示屈服。走馬，載人行走的馬，指戰馬，耕種的馬不載人。糞，指把種子撒播出去，就是播種，這個字後來異化得很嚴重，不過那是老子之後很久的事情了。

天下無道，國家就要徵用戰馬。春秋時期的戰爭還是以戰車為核心，所謂千乘之國，就是有上千輛戰車的國家。一輛戰車需要四匹馬，叫做駟，駟馬難追就是這麼來的。所以，打仗對戰馬的需求量是巨大的。而且，春秋之前，大家講究的是「滅國存嗣」。說白了就是打你只是因為你這個君主無道，民不聊生，我是弔民伐罪。把這個君主趕走之後，這個國我不要，在這個國的宗族裡面找一位賢明的人繼續當國君。我不但不爭奪

利益，反而會幫助你治理國家。這就是所謂的「王道」。

但是，進入春秋時期情況就變了，各國君主的私欲開始膨脹，發動戰爭的目的已經不是弔民伐罪，而是土地兼併，擴充實力。所以，春秋開始的戰爭逐漸開始既滅國又滅嗣了。這個打法使得所有君主人人自危，因為這是真拚命呀，搞不好就滅門了，而滅門率之高也是駭人聽聞的。春秋初期有一百多個國，春秋末年只剩了二三十個，其餘一百多個都被滅了。在這種情況下，打起來那真是拚盡全力、以死相搏。

打仗一般在「郊」這個地方打，也就是城外不遠的地方。因為舉傾國之力用於戰爭，受孕的母馬都被徵調去打仗，以至於直接在戰場上產下小馬，可以想像一下，這是何等慘烈的情景。

當然，春秋時期各個諸侯還多少會找點藉口遮遮掩掩。老子、孔子覺得還可以搶救一下，所以來勸架，想讓大家冷靜下來，回歸王道。可王道是什麼？是帕雷托效率（Pareto efficiency），也就是每個人在不損己的情況下積極利他，好是好，但這是一種不穩定的平衡。只要有一個人開始損人利己，這種平衡就會被打破。而由於私欲的存在，在長週期裡面，這種事是必然會發生的。所以，這種平衡必須有一個強力進行維持，春秋之前這個強力是周天子。可維持自身實力來保持強力本就很難，而這個強力還需要公正無私，也就是要施行「王道」，這可就難上加難了。歷代周天子挺了四百年才進入春秋，這已經是個奇蹟了，後面就真的沒辦法堅持下去了。

一旦周王室稍顯頹勢，各個諸侯被壓制的私欲便抬頭了。從鄭莊公開始，千里之堤潰於蟻穴。私欲這東西就是星星之火可以燎原，一旦起了個頭，後面就一發不可收拾。於是天下開始傾向另一種均衡，就是大名鼎鼎的納許均衡（Nash equilibrium），其經典模型就是「囚徒困境」。其實說白了，就是人心隔肚皮，人與人之間無法建立信任，所謂害人之心不可有，

防人之心不可無，於是大家都把對方往最壞的方向想，自己做好最壞的打算，最後所有人獲得一個僅次於最差的結果。

為了防人，寧可自己受點損失也比被人騙了受最大損失來得好，於是每個人都採取最保守的策略，這種策略可以保證即便遇到最差情況，我也不會有更多損失。所以，納許均衡才是穩定的平衡狀態，如果任由博弈自然發展，最終一定會穩定在納許均衡的狀態。在這種趨勢下，再堅守王道可能立刻就會被打敗，所以大家轉而遵循「霸道」，說白了就是誰武力值高就聽誰的。

但霸道是有罪的，因為它是透過壓榨大部分人，來滿足小部分人的私欲，這叫「罪莫大於可欲」。霸道帶來災禍，因為任由私欲發展，永遠不會有滿足的一天。不但滿足不了，胃口還會越來越大。為了滿足一己私欲，就要進一步壓榨其他人。有壓迫就有反抗，一群人紅了眼要跟他拚命，離災禍還遠嗎？霸道就會犯錯，因為總是在追逐名利，總是渴望更多，自己爭名奪利，別人就必定會跟他爭奪。

有罪、有貨、有咎，長此以往，必然萬劫不復。那要怎麼辦？對私欲，要懂得適可而止。一個饅頭能吃飽，山珍海味也能吃飽，可能還會吃出高血脂、高血壓。就算是吃貨，頓頓大魚大肉，確定自己能吃出食物的味道？恐怕吃的都是調料味吧？沒吃過饅頭的人不多，但是能品嚐出麵香的有幾個？不信，自己餓一天，然後去超市隨便買個饅頭，用微波爐熱一下，撕一小塊放在嘴裡細細地咀嚼品味，會發現一個新世界。

如果真有很多精力無處發洩，除了私欲我們不是還有通欲嗎？我們可以拚命地去求知，就算皓首窮經，也絕對不會對任何人有所傷害；可以拚命地去追求美、創造美，就算我們把自己外表整理得再整潔，把自己內在修練得再通透，也絕不會讓任何人蒙受損失。相反的，我們博學通透，大家會向我們學習，從中獲益。

都說同行是冤家，那只是因為有私欲，大家為了私欲你爭我奪，所以成了冤家。但是，什麼時候見過兩個求知者成了冤家？也沒見過哪兩位美的追求者成為冤家吧？因為這些是通欲，把我們的知識分享給他人，知識不但不會減少，反而會讓我們的理解更深刻、更通透。創造美供他人欣賞，美不但不會減少，反而會感召他人去創造更多的美。放棄私欲，追求通欲的人，便是在追求道。

如何避免團隊內部消耗

古之善為道者，非以明民，將以愚之。民之難治，以其智多。故以智治國，國之賊；不以智治國，國之福。知此兩者亦稽式，常知稽式，是謂玄德。玄德深矣、遠矣，與物反矣。然後乃至大順。（第六十五章）

這章就是「愚民」的出處了。當今愚民行為已經天理不容，所以就有很多人以此來批判老子。批判是可以，而且提倡批判精神，但是批判之前，我得先把人家的話聽懂了，理解透了，然後對其中錯誤的地方進行糾正，這才叫批判。所謂批，原意是反手打；所謂判，是用刀分割。兩個都是很暴力的字，用這兩個字就是為了告訴我們，批判是很嚴重的事情，不可視為兒戲。我們有批判的權力，同時就要承擔批判的後果，批判的好是好事，批判的不好可是死過人的。「死生之地，不可不察！」

而且，批判也不是現在才有的。兩千多年前，孔子就說過，「擇其善者而從之，其不善者而改之」，看看人家的批判，有善也有不善，這些我們首先得能分得清，然後才能決定從之或者改之。一言以為知，一言以為不知，不可不慎也！

老子說的愚民，是什麼意思呢？還是要觀其上下文去讀才能理解。以前善於追尋道的人，並不會用道來教化人民，而是用道使人民純樸。人民

之所以難以治理，就是因為機巧之心太重。所以，以智巧治理國家，就是國家的禍害；不以智巧治國，才是國家的福。理解了這兩點，就可以暫時掌握治國正規化。稽，停留之意，稽首，就是叩頭之後，頭在地上停留不著急抬起。式，是楷模、正規化，「為天下式」中講過。稽式，就是停留在正規化上。如果一直謹記，始終停留在正規化上，就叫「玄德」，也就是深邃莫測的德，也就是混沌系統產生的完整價值觀。

因為背後是混沌系統，所以玄德深不可測，浩渺悠遠，以至於表面看起來與事物正好相反，即前文講過的「明道若昧，進道若退」云云。雖然看起來相反，但堅持下去，最終會達到「大順」。

讀完原文，是不是就可以理解老子愚民的真正含義了？這裡的愚，不是愚昧的愚，而是使人民拋棄智巧，回歸純樸之意。

什麼是智巧？智巧就是為了滿足一己私欲而不擇手段。這有什麼問題嗎？問題就在於，它使人只能看到眼前小利，為了這點小利你爭我奪、以命相搏，卻放棄了更大的利益，結果就成了「三個和尚沒水喝」。

人人都聽過這個小故事，人人都嘲笑三個和尚，可真到了現實中，好多人就成了這三個和尚卻不自知。現在好多人崇尚「摸魚」，說是這樣能報復公司。我一個人摸魚，就有人要把我沒做的部分做了。可我在摸魚，人家憑什麼幫我做事？於是人家也不做事，大家一起摸魚。一個公司所有人都在摸魚，這個公司還能存在嗎？公司倒閉了，大家都失業。那就再找工作。可是我一直在摸魚，除了摸魚還會什麼，總不能把「擅長摸魚」寫在履歷上吧？

有些人說，我仇視的不是其他和尚，我仇視的是老闆。可我為什麼就比老闆低一等呢？口口聲聲喊著要平等，可到了關鍵時候，自己主動跪了，擺出一副受害者的可憐相，可憐就有理了嗎？努力讓公司越來越好，我們自己也增進不少能力和見識；摸魚把公司搞垮，自己沒本事沒工作。

合則兩利，鬥則兩傷，不是很顯而易懂的道理嗎？做個坦蕩君子，我們跟老闆在人格上是平等的，大家只是有著共同目標的合作者，各盡其職就好，沒必要總是期期艾艾，對吧？

不但為民的不應該有機巧之心，為君的更不能有機巧之心。老子的話說得很重，身為君主，投機取巧，那是「國之賊」！如果我非要說老子愚民，那老子是不是還愚君呢？君都愚了，誰去愚民呢？

機巧之心，實際上就是爭名奪利之心，就是滿足一己私欲之心，之前講過好多次，只要我們存心與他人爭利，那你放心，絕對不會有人束手待斃。人家也有私欲，哪怕你是君，但搶了我的利，讓我吃不飽、穿不暖，我憑什麼還把你當君？那我就是賊了。

其實當老闆說難也不難，能有一番成就的，都是有本事能做出成績的。既然有本事，剩下的事就簡單了。把功勞讓出去，全部讓給員工，自己一點不占，這很難嗎？也就是動動嘴巴而已。況且，員工的功勞不還是我們的功勞？公司裡滿是優秀員工，我這個老闆還能不是優秀老闆？想開了，邁過心裡這道檻，就豁然開朗了，這就是「後其身而身先，外其身而身存」。

仔細想想，還真的就是老子說的：正道看起來是反的，越刻意爭利就越得不到利，反而樹敵無數，整日提心吊膽；越不爭、越把利益讓出去，反而就越會獲得更多的利，周圍人都死心塌地地追隨我們，那時候，想不成功都難吧！

終章

不要說而要去做

信言不美，美言不信；善者不辯，辯者不善；知者不博，博者不知。聖人不積，既以為人，己愈有；既以與人，己愈多。天之道，利而不害；聖人之道，為而不爭。（第八十一章）

「美言、辯、博、積」，這些都是爭，爭的原因還不是因為私欲？「美言」，是因為貪圖名利，就是孔子說的「巧言令色鮮矣仁」。如果不是貪圖名利，踏踏實實埋頭苦做就好了，說那麼多漂亮話幹什麼？漂亮話說多了，也就沒有精力、沒有時間去踏實做事。不做事，說出來的話就沒有辦法實現。

日常生活中，我們遇到那些誇下海口，動不動就說「包在我身上」的人，可要更小心了，這種人十有八九最後會讓我們失望。為什麼呢？因為他根本就沒有用心去思考這件事的難度，精力全花在了口舌上面。反倒是那些沉吟猶疑，把醜話說在前面的人，倒是可以相信他，至少他們真的花心思去思考了，也清楚地知道困難在哪裡。對障礙有正確的預想，也有預備方案，遇到困難才不會擺爛，這樣的人才能給我們自己想要的結果。

我們怎麼對待這兩種人呢？巧言令色的人，一定要追問，問他打算怎麼做？問他覺得困難是什麼？有沒有可能實現不了計畫？如果實現不了，有什麼補救方案？通過這些問題，把他們的注意力拉回到問題，幫他們重新聚焦，這樣可以避免不少麻煩。

猶豫不決的人，同樣是與他溝通這些問題，目的是幫他們把問題條列清楚，一個一個給出應對方案。這樣，消解了他們的畏難情緒，同時也調

整彼此的心態，讓事情可以順利開始。開始之後再快速累積、檢討並改進，不但防止裹足不前，也防範跌倒了爬不起來。

之前講過，「知者不言，言者不知」。形式邏輯的特點是，假設相同，雙方透過邏輯推匯出來的結論就必然相同。如果不同呢？說明一個人的推導過程錯了，這個人並不擅長形式邏輯，就是「不善」。如果是「善者」，大家的答案本就是一致的，為什麼還要花時間辯論呢？如果是價值判斷，美與醜、善與惡、高與下，本就沒有固定標準。有人愛吃甜豆花，有人愛吃鹹豆花，哪種好吃？有必要辯論嗎？如果有，辯論的目的是什麼？得出結論之後要如何做？難道要消滅甜豆花？所以，價值判斷就是私人的事情，不需要辯論，甚至應該禁止辯論。

如果有人非要跟我們辯論怎麼辦？告訴他，「你高興就好」。如果還是不依不饒怎麼辦？離他遠點，不要無謂地浪費生命。

求知欲有時候跟繁殖欲引起的表現欲會被很多人搞混，因為兩種人雖然看起來都知道很多，而差別就在於，受求知欲所驅動的人，他雖然處處好奇，時時渴求知識，但他會把獲取的知識分門別類、按部就班地放進自己的知識框架中，使它們形成一個知識網路。知識與知識之間有了千絲萬縷且緊密的連接，並且會不斷地抽象，經驗抽象為方法，方法繼續抽象為方法論，最終建立起一個完整的模型，達到「一以貫之」。

而表現欲強的人，他們只是記住了很多零散的知識碎片，時不時地「炫耀」一下自己知道很多，但是你會發現，他們並沒有一條貫串的主線，也沒有一個明確的目的，他們說一件事的時候，就只是在說一件事，為什麼要說這件事？這件事對我們有什麼啟發或者幫助？然後想說什麼？通通不知道。

如何解決「顯擺」的問題呢？說容易也容易，說難也難。為什麼說容易？因為我們只要管好嘴，說之前先格一下想說話這個念頭，問問自己為

什麼想說這個？是為了實現自己的什麼目的？如果回答不了，那就不要說了，因為自己只是想炫耀而已。

為什麼說難？因為大多數人說話，其實是不多加思考的，如果他們真的能在說每一句話之前格一下自己的欲情念，我們苦口婆心地說這麼多也是多餘。如果他們意識不到這是個問題，我們說再多也是對牛彈琴。認知，是一個人最難突破的障礙。這也是為什麼老子說「知者不言」，涉及認知說再多也無濟於事。

聖人不積蓄，那聖人就不怕有朝一日傾家蕩產、窮困潦倒嗎？我問問大家，假如我們培養出了 100 個千萬富翁，你覺得自己還會窮困嗎？假如我們對 100 萬人施予了恩惠，我們會潦倒嗎？那時候，就算我們想窮，首先那 100 個千萬富翁就不答應，那 100 萬受我們恩惠的人也不會答應。退一萬步說，就算他們通通忘恩負義，只要他們還有私欲，為了一己之私，他們也不會讓我們窮，因為我們窮了，他們就少了財富的來源，就沒有了施予者。

這就是《道德經》全書一再強調的「聖人之道，為而不爭」，至此，該學的都已經學了，剩下的就只有實踐了吧！

老子教我來創業：
成功的方法論與心態

作　　者：墨子連山

發 行 人：黃振庭

出 版 者：財經錢線文化事業有限公司

發 行 者：財經錢線文化事業有限公司

E-mail：sonbookservice@gmail.com

粉 絲 頁：https://www.facebook.com/
　　　　　sonbookss/

網　　址：https://sonbook.net/

地　　址：台北市中正區重慶南路一段六十一號八
　　　　　樓 815 室

Rm. 815, 8F., No.61, Sec. 1, Chongqing S. Rd.,
Zhongzheng Dist., Taipei City 100, Taiwan

電　　話：(02)2370-3310

傳　　真：(02)2388-1990

印　　刷：京峯數位服務有限公司

律師顧問：廣華律師事務所 張珮琦律師

定　　價：375 元

發行日期：2024 年 02 月第一版

◎本書以 POD 印製

國家圖書館出版品預行編目資料

老子教我來創業：成功的方法論與
心態 / 墨子連山 著 . -- 第一版 . --
臺北市：財經錢線文化事業有限公
司 , 2024.02
面；　公分
POD 版
ISBN 978-957-680-735-0(平裝)
1.CST: 道德經 2.CST: 創業 3.CST:
成功法
494.1　　113000185

電子書購買

臉書

爽讀 APP

獨家贈品

親愛的讀者歡迎您選購到您喜愛的書，為了感謝您，我們提供了一份禮品，爽讀 app 的電子書無償使用三個月，近萬本書免費提供您享受閱讀的樂趣。

ios 系統	安卓系統	讀者贈品

清先依照自己的手機型號掃描安裝 APP 註冊，再掃苗「讀者贈品」，複製優惠碼至 APP 內兌換

優惠碼（兌換期限2025/12/30）
READERKUTRA86NWK

爽讀 APP

📖 多元書種、萬卷書籍，電子書飽讀服務引領閱讀新浪潮！

🎧 AI 語音助您閱讀，萬本好書任您挑選

🔍 領取限時優惠碼，三個月沉浸在書海中

🔔 固定月費無限暢讀，輕鬆打造專屬閱讀時光

不用留下個人資料，只需行動電話認證，不會有任何騷擾或詐騙電話。